双稳态可变形复合材料结构

张　征　柴国钟　姜少飞　编著

本书获浙江工业大学专著与研究生教材出版基金资助

（基金编号 20170108）

科 学 出 版 社

北　京

内 容 简 介

本书取材于双稳态可变形复合材料结构的最新研究进展和作者近年来从事相关研究工作的最新成果。全书共 8 章，系统阐述双稳态可变形复合材料结构的基本理论、实验方法和数值模型。通过理论、实验与数值模拟，对双稳态结构变形机理、环境影响和黏弹性本构进行重点分析与详细讨论。主要包括绪论、双稳态结构理论分析、双稳态结构实验与模拟、温度对双稳态结构的影响、温湿环境对双稳态结构的影响、黏弹性理论分析、黏弹性实验与模拟、非规则铺设和初始缺陷影响特例等内容。

本书可作为高等学校机械工程、力学、土木和航空航天等专业的研究生课程教材，也可作为上述专业工程技术人员和教师的参考用书。

图书在版编目（CIP）数据

双稳态可变形复合材料结构/张征，柴国钟，姜少飞编著. —北京：科学出版社，2018.1

ISBN 978-7-03-055191-7

Ⅰ. ①双… Ⅱ. ①张… ②柴… ③姜… Ⅲ. ①复合材料结构 Ⅳ. ①TB33

中国版本图书馆 CIP 数据核字（2017）第 270560 号

责任编辑：朱英彪　赵晓廷 / 责任校对：桂伟利
责任印制：张　伟 / 封面设计：蓝正设计

科 学 出 版 社 出版
北京东黄城根北街 16 号
邮政编码：100717
http://www.sciencep.com

北京中石油彩色印刷有限责任公司 印刷

科学出版社发行　各地新华书店经销

*

2018 年 1 月第　一　版　开本：720×1000　B5
2021 年 6 月第四次印刷　印张：14
字数：277 000

定价：98.00 元

（如有印装质量问题，我社负责调换）

前　言

双稳态复合材料结构是一种具有两种不同稳定状态、可变形的新型先进复合材料结构。由于其独特的多功能特性，在航空航天、国防军事、汽车电子和绿色能源等领域得到了广泛的应用。近年来，双稳态复合材料结构已被用于可折叠结构、可变形机翼、能量收集器及自适应结构等可变形智能结构的研发与制造，具有极强的应用特性和广泛的使用场合。双稳态可变形复合材料结构是空间可变形柔性结构的一种，以非对称正交铺设方式为主的双稳态结构在三十多年前就被人们发现并展开研究，而反对称铺设圆柱壳的研究近十年来也得到了广泛、持续的关注。

本书第一作者在香港城市大学进行访问研究期间接触到这种具有特殊特性的可变形复合材料结构，即被其所具有的优良性能深深吸引。2009 年到浙江工业大学任教后，对此类变形结构进行了持续关注和系列研究，系统完成了从变形机理、环境影响和黏弹性本构等方面的研究工作，并有望在后期研究中将其应用于仿生机械和折叠结构中。

本书首先由基础理论开始，逐渐扩展至实验、模拟等方面，然后提升到考虑温度、温湿的影响，进而考虑基体的黏弹性特性，最后对两个特殊案例进行了讨论。本书叙述由浅入深，分层递进。本书撰写历时六年多，包含了作者多年来从事该项研究的成果，并广泛参考了国内外有关代表性论著。对于他人的工作，书中在引用时已做了标注，在此向各位作者表示感谢。

本书相关的研究工作得到了国家自然科学基金（51675485，51205355）、浙江省杰出青年科学基金（LR18E050002）、浙江省自然科学基金（LY15E050016，Y1100108）和高等学校博士学科点专项科研基金（20123317120003）等的资助。

本书由浙江工业大学张征、柴国钟和姜少飞编著。课题组研究生吴和龙、叶钢飞、陈丹迪、潘豪、李阳、黄仪、马伟力和张豪等为本书的出版工作做出了贡献，在此表示衷心感谢。

本书获浙江工业大学专著与研究生教材出版基金（基金编号 20170108）和浙江省一流 A 类学科（机械工程）的资助。

受专业和水平所限，书中难免存在不妥之处，敬请读者批评、指正。

作　者

2017 年 9 月

目　　录

第1章 绪 论

1.1 概 述

复合材料是由两种或两种以上具有不同性质的材料通过一种物理或者化学的方法，在宏观的尺度上组合成的具有新性能的材料[1]，从而可以克服单一材料性能的某些缺点，以期获得综合的特殊力学性能。复合材料具有比强度和比模量高、质量轻、抗疲劳性能优异、减振性能好、加工成形方便、耐化学腐蚀性能好等诸多优点。基于复合材料发展起来的先进复合材料结构，如双稳态复合材料结构[2]、可折叠复合材料结构[3]和复合材料点阵结构[4]等，因其优异的复合力学性能被广泛应用于航空航天、汽车能源、能量收集、电子器件以及其他特殊需求领域。

复合材料的成形工艺包括手糊成形工艺、缠绕成形工艺、喷射成形工艺、树脂传递模塑成形工艺等，其中手糊成形工艺又分为湿法成形工艺和干法成形工艺[1]。实验中试件的制备又包括试件的结构尺寸设计和纤维的铺设方式选择，其中铺设方式包括对称铺设（如$[\alpha_n/\alpha_n]$）和非对称铺设，非对称铺设中除了正交铺设外还有两种特殊的铺设方式：一般非对称正交铺设（如$[0^\circ_n/90^\circ_n]$）和反对称铺设（如$[\alpha_n/-\alpha_n]$），如图 1.1 所示。

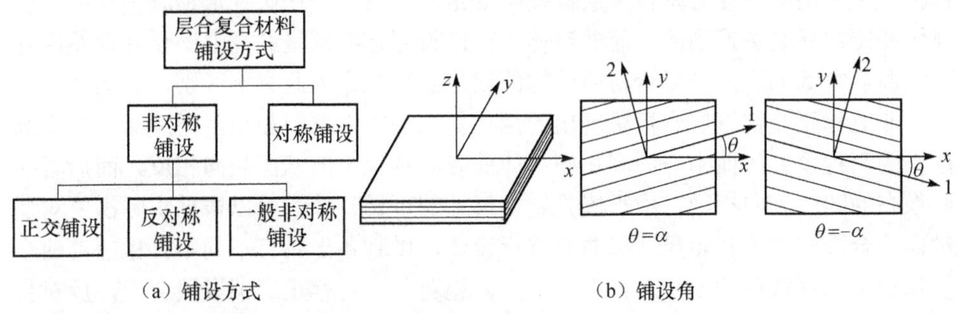

（a）铺设方式　　（b）铺设角

图 1.1　层叠复合材料的构造形式

由多层含纤维增强项层合材料叠加铺设（铺层方式包括反对称、正交和一般非对称等）高温固化制备而成，同时具有两种不同稳定状态特性的复合材料结构统称为双稳态复合材料结构（bistable composite structure）[2]。相对于对称铺设和一般非对称铺设方式，采用特殊正交铺设和反对称铺设方式制备的复合材料结构能够获得外轮廓为规则圆柱状的双稳态结构。图 1.2 所示为制备的稳态呈圆柱状的两种双稳态复合材料结构。在机械力、智能材料（压电片或形状记忆合金）、温度场等外载荷驱动下，双稳态复合材料结构可以由一种稳态转变为另一种稳态，且无须外力维持[5,6]。作为一种新型的先进复合材料结构，双稳态复合材料结构因其质量轻、力学性能优异以及空间利用率高等优点引起了国内外诸多学者的广泛关注。近年来，双稳态复合材料结构已被用于可折叠结构[7-10]、可变形机翼[11-14]、能量收集器[15,16]及自适应结构[17,18]等可变形智能结构的研究与制造。

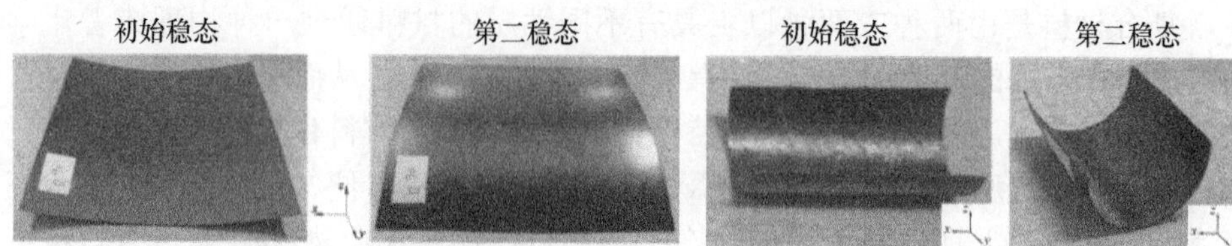

（a）非对称正交铺设层合板的两种稳态　　（b）反对称层合圆柱壳的两种稳态

图 1.2　两种双稳态复合材料结构

美国弗吉尼亚理工学院暨州立大学的 Hyer[2]于 1981 年发现了非对称铺设层合板的双稳态特性，并率先对其开展了理论、实验研究。通常情况下，非对称铺设的复合材料层合板具有双稳态特性，但是只有非对称正交铺设$[0^\circ_n/90^\circ_n]$层合板的两种稳态呈现出规则的圆柱状。早些年对双稳态特性的研究主要集中在非对称正交铺设层合板，至今已有三十多年的历史[2,19-23]。1996 年，英国学者 Daton-Lovett[24]发现具有反对称铺层的复合材料圆柱壳结构也能够呈现出圆柱状的两种稳态。反对称层合圆柱壳与非对称正交铺设层合板的区别在于：反对称层合圆柱壳是由多个复合材料单层板按照既定的铺层顺序在圆柱形钢制模具中保压固化并冷却后制备得到的；而非对称正交铺设层合板则是经高温固化并自然冷却至室温后得到的。两种复合材料结构的双稳态特性也因此有所区别，如图 1.2 所示，非对称正交铺设层合板呈现出的两种稳态的曲率方向相反，而反对称层合圆柱壳的两种稳态的曲率方向则相同；即前者两种稳态的凹面朝向相反，而后者两种稳态的凹面朝向相同。由于模具结构尺寸的可设计性，可以根据实际需要对反对称层合圆柱壳的初始尺寸和曲率进行设计，以制备出具有不同第二稳态卷曲半径和稳态转变载荷的双稳态试件。因此，相对于非对称正交铺设层合板，反对称层合圆柱壳具有更好的可设计性和更广泛的应用前景。

1.2　双稳态结构研究现状

双稳态问题的求解包括解析方法、数值分析方法和实验方法。大多数解析方法基于最小势能原理来预测复合材料结构的双稳态特性。当结构的总势能最小时，可以获得两个或多个局部最小值，每个稳定的局部最小势能状态都对应一个稳定的构型。数值分析方法如常用的有限元法，采用有限元软件对复合材料结构的双稳态特性进行预测并对结构的稳态转变过程进行模拟和捕捉。实验研究则是通过实验方法对双稳态试件施加外载荷从而驱动试件发生稳态转变，采用相关仪器设备捕捉其变形过程并对其双稳态特性进行测量、表征。在实验研究中，外载荷可以由拉伸试验机或智能材料（压电片或形状记忆合金）驱动直接提供，也可以以温度场的方式提供。

Hyer[25]最早通过实验发现，非对称铺设复合材料层合板（初始状态为平板）经过高温固化并冷却至室温后，其最终形状并不总是遵循经典层合板理论所预测的马鞍形[26]，而是呈现出两种不同曲率的柱壳状。Hyer 同时指出，在外载荷驱动下，非对称层合板能够在两种稳态间发生相互转变。随后，美国弗吉尼亚理工大学[27,28]、英国布里斯托大学的先进复合材料创新及科学中心[29-33]以及英国巴斯大学的机械工程学院等[34-36]先后对非对称层合板的双稳态特性进行了理论、实验及有限元模拟研究，并对其在可变形机翼、多稳态结构和减振器等领域中的应用进行了探讨。1996 年，在 Daton-Lovett[24]发现反对称铺设双稳态层合圆柱壳结构后，英国剑桥大学率先对此类双稳态复合材料结构进行了相关理论研究，选用的反对称铺设结构避免了弯曲和扭转的耦合效应[37]。随后，我国的同济大学[38-40]、清华大学等[41,42]也相继对反对称铺设层合壳的双稳态性能开展了相关研究。本节对两种双稳态复合材料结构的研究现状进行阐述。

1.2.1 理论研究

1. 非对称正交铺设层合板

由于填充纤维与基底材料的热膨胀系数不同，非对称铺设层合板经高温固化、自然冷却至室温后会发生翘曲，并呈现出两种不同的稳定形状。其中，采取正交铺设的非对称层合板的两种稳态均为规则的圆柱状，不同于一般非对称铺设层合板所呈现的扭转翘曲。而经典层合板理论不能对这类实验现象进行准确预测。

在发现非对称铺设层合板的双稳态性能后，Hyer[25]基于经典层合板理论考虑层合板的几何非线性，提出用于预测非对称正交铺设层合板双稳态特性的理论模型。该模型假设 x（y）方向应变不随层合板 x（y）方向坐标变化，采用多项式逼近方法建立层合板的位移函数，利用瑞利-里茨能量法求出非对称正交铺设层合板冷却至室温后的稳态解，较好地预测了层合板的双稳态行为。分析表明：非对称正交铺设方形层合板冷却至室温后的形状包括马鞍形、单一圆柱状和双稳态圆柱状，是否具有双稳态特性很大程度上取决于层合板的几何尺寸和铺设方式。1982

年，Hyer[19]取消了上述对 x（y）方向应变的假设，对四种不同铺设方式的非对称正交层合板的双稳态特性进行了分析、预测。数值计算结果表明：x（y）方向上的应变不随 x（y）坐标而变化，这与之前的假设一致；当层合板边长达到一定尺寸后，x（y）方向的应变与 x（y）方向坐标均无关。但是，上述理论模型均没有考虑面内剪切应变对非对称正交铺设层合板双稳态性能的影响。

韩国的 Jun 和 Hong[43]在 Hyer 研究的基础上，在位移函数中引入了更多项来考虑非对称正交铺设层合板面内剪切应变对其变形的影响。研究结果表明：长厚比在一定范围内的方形非对称正交层合板的剪切应变不能被忽略，而长厚比较小或较大时则可以忽略。

Dang 和 Tang[44]将 Hyer 的非对称正交铺设层合板的双稳态理论模型扩展到一般非对称铺设层合板，用以预测任意非对称铺设层合板的变形。尽管预测结果与 Hyer[2]的实验结果吻合较好，但是位移函数中的系数无法单独求出。Jun 和 Hong[45]完善了 Dang 和 Tang 的模型，增加了位移函数的项数并采用三角函数关系对各变量的关系式进行了简化。结果表明：对于长厚比较小的层合板，该模型预测的变形结果与 Dang 和 Tang 的预测结果存在差异。Hyer 的实验结果验证了该模型的正确性，但是对于层合板变形后的主曲率方向缺少实验验证。

1998 年，加拿大拉瓦尔大学的 Dano 和 Hyer[5]通过考虑面内剪切应变并合理假设主曲率方向为变量，直接采用多项式逼近建立了层合板的中面应变函数，进而提出任意非对称铺设层合板的双稳态理论模型。实验结果显示，该理论模型与 Jun 和 Hong[45]的理论模型相比在层合板固化温度附近对层合板的变形给出了更加精确的预测，且在变形分叉点附近与有限元解具有更好的吻合性。2002 年，Dano 和 Hyer[46]在前期提出的理论模型基础上，采用瑞利-里茨能量法和虚功原理预测了非对称层合板发生稳态转变所需的弹性突变力和弯矩，这对采用智能材料驱动双稳态层合板的研究具有指导意义。随后，Dano 和 Hyer[47]又引入了形状记忆合金（shape memory alloys, SMA）本构模型，建立了 SMA 驱动双稳态非对称层合板的理论模型。2006 年，美国学者 Schultz 等[23]建立了压电材料驱动双稳态非对称正交铺设层合板的理论模型并进行了实验研究，理论预测的弹性突变电压与实验结果存在 25.5%的误差。美国的 Ren 等也对采用压电材料驱动双稳态非对称正交铺设层合板变形进行了相关研究[22,48]。

2. *反对称层合圆柱壳结构*

英国剑桥大学的 Iqbal 等[37]基于经典层合板理论提出了一个简单的线弹性双稳态模型，并得出了应变能关于纵向和横向曲率及柱壳横截面圆心角的函数关系式，采用最小势能原理对反对称铺设壳结构的双稳态行为进行了预测。但是，该模型忽略了纵向应变和扭曲率等参数，因此也不能对正对称和反对称铺设的层合壳的双稳态行为进行区分。Galletly 和 Guest[49]发展了 Iqbal 等的理论模型，通过假设层合壳结构无限长、应变沿长度方向不变且允许结构在纵向的任意变形，从而将层合壳简化为梁并采用梁理论来计算结构的应变。该模型考虑了扭转对复合材料层合壳双稳态特性的影响，能够对正对称和反对称铺设层合壳的双稳态特性进行预测。随后，Galletly 和 Guest[50]在此基础上假设壳结构横截面始终为圆弧状而圆弧半径可变，从而提出了“梁模型”，预测的反对称层合圆柱壳结构第二稳态半径与有限元模拟结果[51]吻合较好，但与实验结果[37]有较大差异。之后，Galletly 和 Guest[52]又提出了“壳模型”，该模型取消了对层合壳横截面形状的假定，预测结果与“梁模型”基本一致，但同样与实验结果相差较大。给出的原因是，在高应变状态下，复合材料基体呈现出黏弹性，而理论计算中材料是线弹性的，材料参数不变[52]。

Guest 和 Pellegrino[53]在总结前述工作时指出，之前提出的模型均没有充分地考虑影响壳结构双稳态特性的关键因素。在此基础上，他们提出了一个简单的“双参数模型”。该模型假设结构在初始状态下无初应力、中面无拉伸及结构变形均匀，可以用圆柱来描述壳结构的变形。因此，对于壳的每一种可能的形状，都可以用两个参数来加以定义：一是对应的潜在圆柱半径；二是与潜在圆柱相关的壳的方向。他们对反对称铺层、正对称铺层和各向同性圆柱壳结构的双稳态特性进行了计算分析，与采用前述更为复杂的理论[49,50,52]计算得到的结果相比具有很好的一致性；同时指出，存在预应力的各向同性壳结构也具有双稳态特性。近年来，英国剑桥大学又先后对表面褶皱的多稳态复合材料壳结构[54-57]和含有预应力的各向同性层合壳结构[58]的双稳态特性进行了相关研究。

国内同济大学的聂国华和顾欣对反对称层合圆柱壳结构的力学特性进行了研究，建立了双稳态结构的力学模型[39,59]。该模型考虑了拉弯耦合效应，并给出了壳在稳态转变过程中的应变能表达式。黎志伟[40]对双稳态复合材料壳结构进行了进一步研究，考虑将压电材料聚偏二氟乙烯膜（polyvinylidene fluoride, PVDF）结合到双稳态复合材料结构中，提出了压电片-反对称层合圆柱壳结构的双稳态模型。清华大学的雷一鸣[41]研究了双稳态结构折叠与展开过程中的力学变形理论机制，提出了双稳态结构的控制方程。通过数值方法求解方程发现，反对称铺设层合圆柱壳结构存在双稳态特性的前提是其初始圆心角大于某一临界值。通过对壳结构的应变能进行分析，给出了反对称铺设层合圆柱壳结构的两种稳态之间的简明关系。

1.2.2 有限元模拟研究

有限元数值模拟相比实验和理论研究有其独特的优势，不但可以保证较高的求解精度，而且计算成本低，能求解复杂几何形状和本构关系的模型。借助现有商业有限元软件可对双稳态复合材料结构的稳态转变过程进行捕捉和模拟，从而对复合材料结构的双稳态特性进行预测，计算结果的显示也更加直观。将有限元模拟结果与理论和实验结果进行对比分析，可对理论模型的完善和实验研究提供参考依据。

1. 非对称正交铺设层合板

Dano 等[5]提出任意非对称铺设层合板的双稳态理论模型时，就采用 ABAQUS 软件对多种非对称正交铺设层合板进行了有限元模拟，模拟得到的层合板稳态形状与理论计算结果相吻合。

英国布里斯托大学通过有限元模拟方法对非对称正交层合板的双稳态性能进行了长期的研究。Gigliotti 等[60]采用 ABAQUS 软件对热应力下的[0°/90°]层合板的变形进行了模拟，模拟结果与理论计算相吻合。对于长方形层合板，有限元模拟能够预测分叉的消失，而瑞利-里茨能量法则不能，文献中的有限元模拟结果也得到了实验的验证。Mattioni 等[61]用 ABAQUS 软件对冷却过程的非对称层合板进行有限元模拟，分析了热应力对双稳态复合材料结构的最终形态的影响。通过模拟给出了双稳态非对称层合板冷却过程的临界转变温度 T_{cr}，在冷却过程中，当温度大于 T_{cr} 时，层合板结构呈马鞍形，不具备双稳态特性；当温度下降到 T_{cr} 以下时，结构才具有双稳态特性。Portela 等[6]通过修正材料的热膨胀系数，在有限元模型中考虑了环境湿度对非对称层合板的双稳态性能的影响，模拟得到的层合板稳态曲率和稳态转变载荷与实验结果较为吻合。同时，对采用 MFC（macro fiber composite）压电片驱动层合板实现双稳态转变的可行性进行了有限元模拟。结果表明：现有压电驱动材料提供的驱动力有限，要实现层合板双稳态间的可逆转换较为困难，采用智能材料实现双稳态层合板的双向驱动有待于进一步研究。Shaw 和 Carrella[33]通过有限元模拟和实验研究了非对称正交层合板在周期载荷下发生稳态转变时的动态响应。实验和有限元模拟获得的载荷-位移曲线表明层合板的响应存在滞后性，双稳态层合板的这种特性可降低系统的固有频率并用于振动隔离器中。

英国的 Giddings 等[34]在有限元模型中考虑了树脂黏结剂对双稳态层合板厚度的影响，模拟得到的层合板变形比理想有限元模型更符合实验测量结果；并采用 ANSYS 软件建立了贴有 MFC 压电片的双稳态层合板的三维有限元模型，模拟得到的层合板稳态形状和稳态转变所需的弹性突变电压与实验结果进行了对比，面外位移误差为 16.0%而弹性突变电压则相差较小。

2. 反对称层合圆柱壳结构

Iqbal 和 Pellegrino[51]采用 ABAQUS 软件对反对称层合圆柱壳结构的双稳态行为进行了有限元分析，并对所施加的边界条件和分析步参数进行了讨论，给出了反对称层合圆柱壳结构的稳态转变过程和第二稳态结构的应力分布。当初始圆心角小于120° 时，有限元模拟得到的壳结构的第二稳态卷曲半径与理论计算结果[37]存在明显差异。黎志伟[40]采用 ANSYS 软件对含压电层的反对称层合圆柱壳结构的双稳态行为进行了有限元模拟，对反对称层合圆柱壳结构的第二稳态卷曲半径进行了预测。陈孟[38]采用 ABAQUS 软件对嵌有 SMA 的反对称层合圆柱壳结构的稳态转变过程进行了有限元模拟，对不同形状的 NiTi 合金（合金丝、合金带及薄膜）驱动下的反对称层合圆柱壳结构的第二稳态卷曲半径和应力分布进行对比，发现了 NiTi 形状记忆合金带作为驱动元件所获得的驱动效果最佳。

1.2.3 实验研究

在双稳态复合材料结构的实验研究中，通常需要施加驱动载荷诱导双稳态试件发生弹性突变，从而实现试件稳态转变。按照驱动载荷施加方式分为机械力载荷驱动和智能材料驱动。机械力载荷是通过拉伸试验机实验平台对试件施加力或弯矩，诱导双稳态结构的弹性突变，捕捉双稳态结构的稳态转变过程并测量转变所需的稳态转变载荷、第二稳态曲率半径及载荷-位移曲线。智能材料驱动通过对双稳态结构嵌入压电材料（如 MFC）或 SMA（如 NiTi 合金），通过施加电场（对 MFC）或温度场（对 SMA）使驱动材料产生应变，从而达到驱动双稳态复合材料结构变形的目的。

1. *机械力载荷驱动*

Dano 和 Hyer[46]设计了一种简单并且巧妙的加载方式，通过调节水量控制载荷的大小，以此测定双稳态层合板发生稳态转变所需的稳态转变载荷。对相同铺层数、不同铺层方式的非对称层合板发生稳态转变所需的载荷进行了实验测定，测量结果与理论计算吻合较好。英国布里斯托大学的 Potter 等[62]通过实验对[0°/90°]非对称正交铺设层合板的双稳态性能及两种稳态间的转换过程进行了研究，采用类似于“三点弯曲”的加载方法对层合板形心加载，诱导双稳态层合板发生弹性突变，测得了层合板形心的载荷-位移曲线。实验发现，非对称正交层合板在稳态转变过程中并不是关于中心呈对称变化的，而是两边先后各自向第二稳态发生转变。Daynes 等[63]和 Tawfik 等[64]采用类似的实验加载方案（图 1.3），获得具有不同几何形状和尺寸的正交铺设层合板发生稳态转变所需的最大载荷（即稳态转变载荷）及两种稳态的曲率变化。Etches 等[65]考虑了湿度对双稳态层合板的力学性能的影响，实验研究了在 20℃、相对湿度为 65%的环境下，[0°/90°]层合板的几何形状、重量以及稳态转变载荷随时间的变化。实验结果表明：非对称正交铺设层合板的几何尺寸、重量及对应的稳态转变载荷在实验初期随时间变化明显，后渐趋于平缓。

雷一鸣[41]设计了一种施加偏心载荷的压头（图 1.4），使$[\pm45°]_2$铺设的碳纤

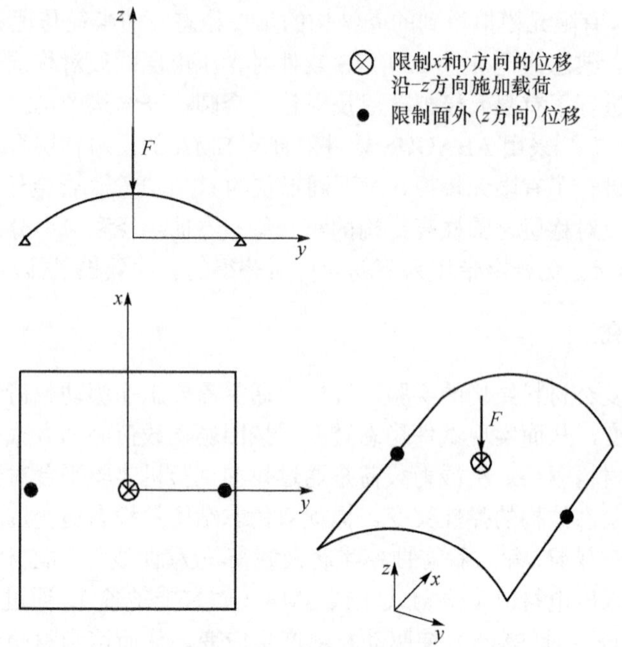

图 1.3　非对称正交铺设层合板的实验加载方案[64]

维/环氧树脂、玻璃纤维/环氧树脂复合材料层合壳试件弯曲。通过捕捉试件的弯曲过程，分析了材料、剖面弧度等参数对试件弯曲性能的影响，得到了试件在弯曲过程中所受弯矩和纵向曲率半径的变化规律。

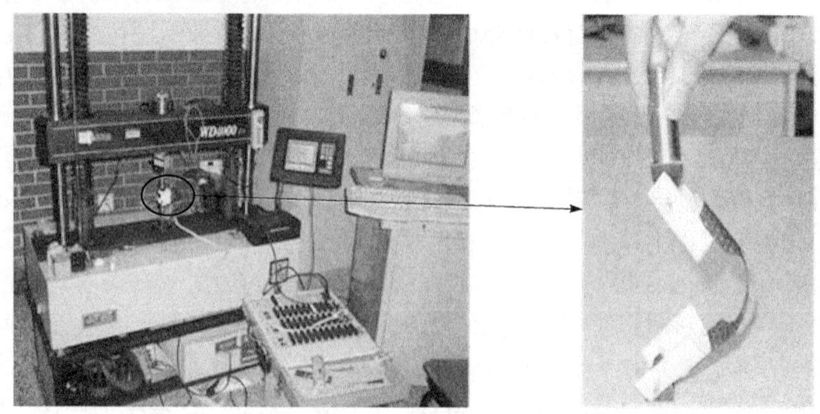

图 1.4　针对反对称层合圆柱壳的偏心载荷施加方案[41]

2. 智能材料驱动

采用智能材料驱动双稳态复合材料结构实现稳态转变是近年来研究的热点，

对具有自主控制的智能可变形结构的设计和制备具有重要的指导意义。已有文献主要对智能材料驱动非对称正交铺设层合板实现稳态转变的可行性和驱动效果进行了研究。

Dano 和 Hyer[47]率先将 SMA 结合到层合板表面（图 1.5），通过控制合金丝的温度来产生大小不同的驱动力，实现对非对称铺设层合板的双稳态转变的智能控制，实验测得的 SMA 应变-温度变化趋势与理论预测大致吻合。Schultz 等[28]对采用压电材料驱动[0°/90°]双稳态层合板实现稳态转变的可行性进行了实验研究，通过改变外加电压来控制非对称层合板的变形，但实验测得的稳态转变电压与理论计算结果之间的误差较大。Tawfik 等[66]在非对称正交铺设层合板的两面都贴上 MFC 压电片（图 1.6），通过施加电压实现了层合板在两种稳态间的可逆转变。实验测得的稳态转变所需最大电压与有限元模拟结果的误差在 10%以内。

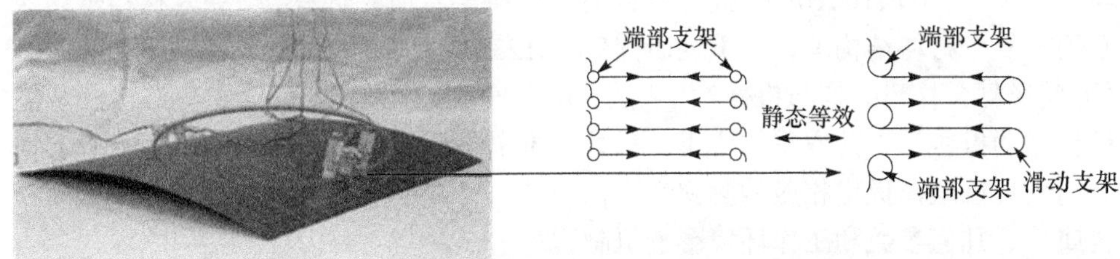

图 1.5 SMA 驱动非对称正交层合板的实验方案[47]

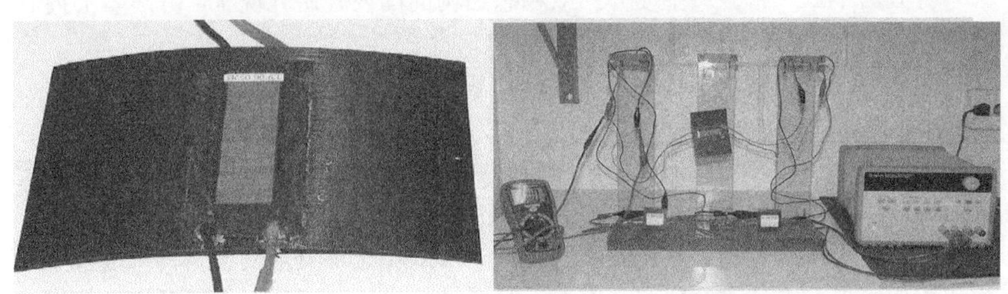

图 1.6 MFC 驱动非对称正交层合板的实验方案及装置[66]

Giddings 等对采用电压控制压电片-双稳态层合板结构的变形量进行了研究，得出了电压-变形量之间的变化关系，对智能可变形结构的设计及控制具有指导意义[67,68]。韩国首尔大学的 Kim 等[69]结合 SMA 高应变和 MFC 响应快的优点，同时采用 MFC 和 SMA 成功实现了双稳态悬臂梁结构在两种稳态下的可逆变换。

由上述可知，双稳态复合材料结构作为一种新型的可延展性结构在诸多领域具有广泛的应用前景，特别是两种稳态能够呈现出规则圆柱状的非对称正交铺设层合板和反对称层合圆柱壳结构。对非对称正交铺设层合板双稳态特性的研究已经有三十多年，双稳态层合板理论模型的发展、智能控制的实现以及其在可变形机翼中的应用等研究成果较为丰富。对于反对称层合圆柱壳结构双稳态特性的研究仅有十几年，对其稳态转变的力学行为缺乏深入理解和实验研究，限制了其在实际应用中的发展。

1.3 本书内容安排

本书内容源于国家自然科学基金“磁场驱动双稳态仿生结构变形机理与控制方法研究”（51675485）和“具有双稳态特性的复合材料结构粘弹性模型与变形机理研究”（51205355）、浙江省杰出青年科学基金“基于折纸技术的新型管道变形机制与驱动方法”（LR18E050002）、浙江省自然科学基金“非接触式磁场驱动的仿捕虫草智能结构机理研究”（LY15E050016）和“双稳态复合材料结构机理研究与主动设计”（Y1100108）、高等学校博士学科点专项科研基金“智能材料驱动的双稳态复合材料结构理论与机理研究”（20123317120003）等项目的研究成果，以“可变形复合材料结构与机械”为主题，介绍在可变形双稳态复合材料结构和智能材料驱动机械等方面取得的成果。另外，本书揭示了新型变形结构——双稳态结构的变形机理，提出相应的黏弹性本构理论、计算模型和实验方法，解释了其材料属性、几何参数和工作环境影响机制。

本书共 8 章，各章内容安排如下：

（1）第 1 章（绪论）主要介绍双稳态结构的国内外研究现状，并对本书内容进行简要概括。

（2）第 2 章（双稳态结构理论分析）基于复合材料经典层合板理论和最小势能原理，推导出正交非对称、规则反对称双稳态结构的能量表达式；研究双稳态结构本构关系和变形机理，并给出相应的算例分析；进而对温度影响、温湿影响下的理论进行分析与讨论。

（3）第 3 章（双稳态结构实验与模拟）对双稳态可变形复合材料结构采用实验和数值模拟的方法进行研究；在对其材料性能进行测试后，采用两点加载法进行载荷施加和相应稳态转变测试；采用有限元软件建立对应的有限元模型，对不同参数影响进行系统讨论。

（4）第 4 章（温度对双稳态结构的影响）在对国内外研究现状分析的基础上，首先采用实验、模拟方法对考虑温度、温度梯度场影响下的双稳态可变形结构进行分析；然后建立温度影响下的双稳态复合材料的计算模型，讨论温度改变量与温度梯度对双稳态的影响规律，实现对反对称圆柱壳的双稳态特性的调控；最后研究热暴露温度和时间对热暴露后双稳态结构宏观性能、微观结构的影响。

（5）第 5 章（温湿对双稳态结构的影响）在对国内外研究现状分析的基础上，采用实验、模拟方法对考虑温湿影响下的双稳态可变形结构进行分析；理论、实验与模拟方法结合，系统讨论结构变形和综合影响调控。

（6）第 6 章（黏弹性理论分析）在对国内外研究现状分析基础上，对碳纤维复合材料黏弹性材料属性进行讨论，包括黏弹性理论、动态力学分析（dynamic mechanical analysis, DMA）实验、晶胞模型有限元分析等；给出较真实描述双稳态构型的黏弹性理论，建立双稳态结构黏弹性理论模型，并对加载时间、温度对双稳态结构的影响进行理论研究。

（7）第 7 章（黏弹性实验与模拟）对双稳态结构分别进行黏弹性实验、有限元模拟。首先对松弛位置、加载时间和温度对双稳态构型的影响进行讨论，给出扫描电镜微观结构实验结论；然后利用有限元软件建立相应的有限元模型，研究加载时间和温度对层合结构第二稳态性能的影响；最后将理论、模拟和实验结果进行对比分析。

（8）第 8 章（非规则铺设和初始缺陷影响特例）对非规则反对称铺设圆柱壳结构和初始缺陷对双稳态结构的影响分别进行讨论；主动设计出非规则铺设的反对称层合圆柱壳结构，利用铺层顺序改变如$[+\alpha_1/-\alpha_2/+\alpha_2/-\alpha_1]$和$[+\alpha_2/-\alpha_1/+\alpha_1/-\alpha_2]$等来获取不同的第二稳态卷曲半径；采用有限元软件对不同初始缺陷的反对称铺设圆柱壳结构进行稳态转变模拟，考虑包括多余树脂层缺陷、厚度缺陷、铺设角缺陷等初始缺陷因素的影响。

参 考 文 献

[1] 刘新东, 刘伟. 复合材料力学基础[M]. 西安: 西北工业大学出版社, 2010.

[2] Hyer M W. Some observations on the cured shape of thin unsymmetric laminates[J]. Journal of Composite Materials, 1981, 15(2): 175-194.

[3] Pagitz M, Bold J. Shape-changing shell-like structures[J]. Bioinspiration & Biomimetics, 2013, 8: 016010-1-016010-11.

[4] Wang B, Wu L Z, Ma L, et al. Low-velocity impact characteristics and residual tensile strength of carbon fiber composite lattice core sandwich structures[J]. Advanced Materials Research, 2011, 42(4): 891-897.

[5] Dano M L, Hyer M W. Thermally-induced deformation behavior of unsymmetric laminates [J]. International Journal of Solids and Structures, 1998, 35(17): 2101-2120.

[6] Portela P, Camanho P, Weaver P, et al. Analysis of morphing, multi stable structures actuated by piezoelectric patches[J]. Computers and Structures, 2008, 86(3/4/5): 347-356.

[7] Yee J C H, Pellegrino S. Folding of woven composite structures[J]. Composites Part A: Applied Science and Manufacturing, 2005, 36(2): 273-278.

[8] Soykasap Ö. Deployment analysis of a self-deployable composite boom[J]. Composite Struct-

ures, 2009, 89(3): 374-381.

[9] Yao X F, Ma Y J, Yin Y J, et al. Design theory and dynamic mechanical characterization of the deployable composite tube hinge[J]. Science China Physics, Mechanics and Astronomy, 2011, 54(4): 1-7.

[10] Lei Y M, Yao X F. Experimental study of bistable behaviors of deployable composite structure [J]. Journal of Reinforced Plastics and Composites, 2009, 29(6): 865-873.

[11] Diaconu C G, Weaver P M, Mattioni F. Concepts for morphing airfoil sections using bi-stable laminated composite structures[J]. Thin-Walled Structures, 2008, 46(6): 689-701.

[12] Daynes S, Weaver P M, Potter K D. Aeroelastic study of bistable composite airfoils[J]. Journal of Aircraft, 2009, 46(6): 2169-2174.

[13] Daynes S, Nall S J, Weaver P M, et al. On a bistable flap for an airfoil[C]. 50th AIAA/ASME/ASCE/AHS/ASC Structures, Structural Dynamics, and Materials Conference, Palm Springs, 2009.

[14] Panesar A S, Weaver P M. Optimization of blended bistable laminate for morphing flap[J]. Composite Structures, 2012, 94(10): 3092-3105.

[15] Paknejad A, Rahimi G, Farrokhabadi A, et al. Analytical solution of piezoelectric energy harvester patch for various thin multilayer composite beams[J]. Composite Structures, 2016, 154: 694-706.

[16] Arrieta A F, Hagedorn P, Erturk A, et al. A piezoelectric bistable plate for nonlinear broadband energy harvesting[J]. Applied Physics Letters, 2010, 97(10): 104102-1-104102-3.

[17] Arrieta A F, Neild S A, Wagg D J. Nonlinear dynamic response and modeling of a bi-stable composite plate for applications to adaptive structures[J]. Nonlinear Dynamics, 2009, 58(1/2): 259-272.

[18] Hufenbach W, Gude M, Kroll L. Design of multistable composites for application in adaptive structures[J]. Composites Science and Technology, 2002, 62(16): 2201-2207.

[19] Hyer M W. The room-temperature shapes of four-layer unsymmetric cross-ply laminates[J]. Journal of Composite Materials, 1982, 16(4): 318-240.

[20] Vogl G A, Hyer M W. Natural vibration of unsymmetric cross-ply laminates[J]. Journal of Sound and Vibration, 2011, 330(20): 4764-4779.

[21] Mattioni F, Weaver P M, Potter K I, et al. Analysis of thermally induced multistable composites [J]. International Journal of Solids and Structures, 2008, 45(2): 657-675.

[22] Ren L. Theoretical study on shape control of arbitrary lay-up laminates using piezoelectric actuators[J]. Composite Structures, 2008, 83(1): 110-118.

[23] Schultz M R, Hyer M W, Brettwilliams R B, et al. Snap-through of unsymmetric laminates using piezocomposite actuators[J]. Composites Science and Technology, 2006, 66(14):

2442-2448.

[24] Daton-Lovett A J. An extendible member: UK, PCT/GB97/00839[P]. 2001-4-17[2017-3-20].

[25] Hyer M W. Calculations of the room-temperature shapes of unsymmetric laminates[J]. Journal of Composite Materials, 1981, 15: 296-310.

[26] Jones R M. Mechanics of Composite Materials[M]. New York: Mcgraw-Hill, 1975.

[27] Mattioni F, Weaver P M, Friswell M I. Multistable composite plates with piecewise variation of lay-up in the planform[J]. International Journal of Solids and Structures, 2009, 46(1): 151-164.

[28] Schultz M R, Hyer M W. Snap-through of unsymmetric cross-ply laminates using piezoceramic actuators[J]. Journal of Intelligent Material Systems and Structures, 2003, 14(12): 795-814.

[29] Arrieta A F, Neild S A, Wagg D J. On the cross-well dynamics of a bi-stable composite plate [J]. Journal of Sound and Vibration, 2011, 330(14): 3424-3441.

[30] Pirrera A, Avitabile D, Weaver P M. On the thermally induced bistability of composite cylindrical shells for morphing structures[J]. International Journal of Solids and Structures, 2011, 49(5): 685-700.

[31] Lachenal B X, Weaver P M, Daynes S. Multi-stable composite twisting structure for morphing applications[J]. Proceedings of the Royal Society A: Mathematical, Physical and Engineering Science, 2012, 468(2141): 1230-1251.

[32] Panesar A S, Hazra K, Weaver P M. Investigation of thermally induced bistable behaviour for tow-steered laminates[J]. Composites Part A: Applied Science and Manufacturing, 2012, 43(6): 926-934.

[33] Shaw A D, Carrella A. Force displacement curves of a snapping bistable plate[M]//Adams D, Kerschen G, Carrella A. Topics in Nonlinear Dynamics, Volume 3. New York: Springer, 2012.

[34] Giddings P F, Bowen C R, Salo A I T, et al. Bistable composite laminates: Effects of laminate composition on cured shape and response to thermal load[J]. Composite Structures, 2010, 92(9): 2220-2225.

[35] Bowen C R, Betts D N, Giddings P F, et al. A study of bistable laminates of generic lay-up for adaptive structures[J]. Strain, 2012, 48(3): 235-240.

[36] Giddings P F, Kim H A, Salo A I T, et al. Modelling of piezoelectrically actuated bistable composites [J]. Materials Letters, 2011, 65(9): 1261-1263.

[37] Iqbal K, Pellegrino S, Daton-Lovett A. Bi-stable composite slit tubes[M]//Pellegrino S, Guest S. IUTAM-IASS Symposium on Deployable Structures: Theory and Applications. Dordrecht: Kluwer Academic Publishers, 1998.

[38] 陈孟. 含形状记忆合金双稳态复合材料壳结构的有限元数值模拟[D]. 上海: 同济大学, 2009.

[39] 顾欣. 双稳态复合材料结构力学特性的分析[D]. 上海: 同济大学, 2004.

[40] 黎志伟. 含压电层双稳态复合材料层合壳体的力学特性及数值模拟[D]. 上海: 同济大学, 2007.

[41] 雷一鸣. 双稳态复合材料设计及力学行为研究[D]. 北京: 清华大学, 2007.

[42] 姚学锋, 丁涛, 雷一鸣, 等. 折叠复合材料结构的制备及性能表征[J]. 材料工程, 2007, 增刊 1: 85-89.

[43] Jun W J, Hong C S. Effect of residual shear strain on the cured shape of unsymmetric cross-ply thin laminates[J]. Composites Science and Technology, 1990, 38(1): 55-67.

[44] Dang J L, Tang Y Z. Calculation of the room-temperature shapes of unsymmetric laminates[C]. Proceedings of the International Symposium on Composite Materials and Structures, Beijing, 1986.

[45] Jun W J, Hong C S. Cured shape of unsymmetric laminates with arbitrary lay-up angles[J]. Journal of Reinforced Plastics and Composites, 1992, 11(12): 1352-1366.

[46] Dano M L, Hyer M W. Snap-through of unsymmetric fiber-reinforced composite laminates[J]. International Journal of Solids and Structures, 2002, 39(1): 175-198.

[47] Dano M L, Hyer M W. SMA-induced snap-through of unsymmetric fiber-reinforced composite laminates[J]. International Journal of Solids and Structures, 2003, 40(22): 5949-5972.

[48] Gude M, Hufenbach W, Kirvel C. Piezoelectrically driven morphing structures based on bistable unsymmetric laminates[J]. Composite Structures, 2011, 93(2): 377-382.

[49] Galletly D A, Guest S D. Equilibrium and stability analysis of composite slit tubes[C]. Proceedings of the IASS-IACM, Chania, 2000.

[50] Galletly D A, Guest S D. Bistable composite slit tubes. Ⅰ. A beam model[J]. International Journal of Solids and Structures, 2004, 41(16/17): 4517-4533.

[51] Iqbal K, Pellegrino S. Bi-stable composite shells[C]. 41st AIAA/ASME/ ASCE/AHS/ASC Structures, Structural Dynamics, and Materials Conference and Exhibit, Atlanta, 2000.

[52] Galletly D A, Guest S D. Bistable composite slit tubes. Ⅱ. A shell model[J]. International Journal of Solids and Structures, 2004, 41(16): 4503-4516.

[53] Guest S D, Pellegrino S. Analytical models for bistable cylindrical shells[J]. Proceedings of The Royal Society A: Mathematical, Physical And Engineering Sciences, 2006, 462(2067): 839-854.

[54] Seffen K A. 'Morphing' bistable orthotropic elliptical shallow shells[J]. Proceedings of the Royal Society A: Mathematical, Physical and Engineering Science, 2007, 463(2077): 67-83.

[55] Golabchi M R, Guest S D. Morphing multiscale textured shells[C]. Proceedings of the International Association for Shell and Spatial Structures (IASS) Symposium, Valencia, 2009.

[56] Norman A D, Guest S D, Seffen K A, et al. Multistable corrugated shells[J]. Proceedings of the Royal Society A: Mathematical Physical and Engineering Sciences, 2008, 464(2095):

1653-1672.

[57] Schenk M, Guest S D. Folded textured sheets[C]. Proceedings of the International Association for Shell and Spatial Structures (IASS) Symposium, Valencia, 2009.

[58] Seffen K A, Guest S D. Prestressed morphing bistable and neutrally stable shells[J]. Journal of Applied Mechanics, 2011, 78(1): 011002-1-011002-7.

[59] 聂国华, 顾欣. 复合材料壳体结构的双稳态特性研究[C]. 中国力学学会学术大会, 北京, 2005.

[60] Gigliotti M, Wisnom M R, Potter K D. Loss of bifurcation and multiple shapes of thin [0/90] unsymmetric composite plates subject to thermal stress[J]. Composites Science and Technology, 2004, 64(1): 109-128.

[61] Mattioni F, Weaver P M, Potter K, et al. The analysis of cool-down and snap-through of cross-ply laminates used as multistable structures[C]. Proceedings of the ABAQUS UK User Group Conference, Manchester, 2006.

[62] Potter K, Weaver P, Seman A A, et al. Phenomena in the bifurcation of unsymmetric composite plates[J]. Composites Part A: Applied Science and Manufacturing, 2007, 38(1): 100-106.

[63] Daynes S, Potter K D, Weaver P M. Bistable prestressed buckled laminates[J]. Composites Science and Technology, 2008, 68(15/16): 3431-3437.

[64] Tawfik S A, Dancila D S, Armanios E. Planform effects upon the bistable response of cross-ply composite shells[J]. Composites Part A: Applied Science and Manufacturing, 2011, 42(7): 825-833.

[65] Etches J, Potter K, Weaver P, et al. Environmental effects on thermally induced multistability in unsymmetric composite laminates[J]. Composites Part A: Applied Science and Manufacturing, 2009, 40(8): 1240-1247.

[66] Tawfik S A, Dancila D S, Armanios E. Unsymmetric composite laminates morphing via piezoelectric actuators[J]. Composites Part A: Applied Science and Manufacturing, 2011, 42(7): 748-756.

[67] Giddings P, Bowen C R, Butler R, et al. Characterisation of actuation properties of piezoelectric bi-stable carbon-fibre laminates[J]. Composites Part A: Applied Science and Manufacturing, 2008, 39(4): 697-703.

[68] Bowen C, Butler R, Jervis R, et al. Morphing and shape control using unsymmetrical composites[J]. Journal of Intelligent Material Systems and Structures, 2006, 18(1): 89-98.

[69] Kim H A, Betts D N, Salo A I T, et al. Shape memory alloy-piezoelectric active structure for reversible actuation of bistable composites[J]. Journal of Aircraft, 2010, 48(6): 1265-1268.

第2章　双稳态结构理论分析

复合材料层合板[1,2]的弹性性能，既取决于构成复合材料单层板的弹性性能，又取决于复合材料单层板之间的铺层方向、铺层顺序和铺层层数。为了采用经典层合板理论对反对称层合圆柱壳结构的弹性性能及双稳态特性进行有效的理论分析，反对称层合圆柱壳结构需满足经典层合板理论的基本假设[3,4]：

（1）层合板的各单层板之间黏结牢固，有共同的变形，不产生滑移。

（2）各单层板可近似地认为处于平面应力状态。

（3）变形前垂直于中面的直线段，变形后仍为垂直于变形后中面的直线段，并且长度不变，此即直法线不变假定。

（4）平行于中面的各截面上的正应力与其他应力相比很小，可以忽略不计。

基于上述假设建立的层合板理论即经典层合板理论。

2.1　经典层合板基础理论

1. 复合材料单层板应力-应变关系

根据复合材料力学，复合材料单层板的应力-应变关系为[5]

$$\boldsymbol{\sigma}=\begin{bmatrix}\sigma_x\\ \sigma_y\\ \tau_{xy}\end{bmatrix}=\bar{\boldsymbol{Q}}\boldsymbol{\varepsilon}=\begin{bmatrix}\bar{Q}_{11} & \bar{Q}_{12} & \bar{Q}_{16}\\ \bar{Q}_{21} & \bar{Q}_{22} & \bar{Q}_{26}\\ \bar{Q}_{61} & \bar{Q}_{62} & \bar{Q}_{66}\end{bmatrix}\begin{bmatrix}\varepsilon_x\\ \varepsilon_y\\ \gamma_{xy}\end{bmatrix} \tag{2.1}$$

式中，$\bar{\boldsymbol{Q}}$为刚度矩阵$\boldsymbol{Q}$的转换矩阵，是对称矩阵，且

$$\begin{bmatrix}\bar{Q}_{11}\\ \bar{Q}_{22}\\ \bar{Q}_{12}\\ \bar{Q}_{66}\\ \bar{Q}_{16}\\ \bar{Q}_{26}\end{bmatrix}=\begin{bmatrix}m^4 & n^4 & 2m^2n^2 & 4m^2n^2\\ n^4 & m^4 & 2m^2n^2 & 4m^2n^2\\ m^2n^2 & m^2n^2 & m^4+n^4 & -4m^2n^2\\ m^2n^2 & m^2n^2 & -2m^2n^2 & (m^2-n^2)^2\\ m^3n & -mn^3 & m^3n-mn^3 & 2(mn^3-m^3n)\\ mn^3 & -m^3n & mn^3-m^3n & 2(m^3n-mn^3)\end{bmatrix}\begin{bmatrix}Q_{11}\\ Q_{22}\\ Q_{12}\\ Q_{66}\end{bmatrix} \tag{2.2}$$

式中，$m=\cos\theta$，$n=\sin\theta$，θ为单层板材料主方向在自然坐标系下的角度，即单层板中填充纤维的铺设角。

刚度矩阵$\boldsymbol{Q}$的各元素与如下材料参数相关：

$$Q_{11}=\frac{E_1}{1-\nu_{12}\nu_{21}},\quad Q_{22}=\frac{E_2}{1-\nu_{12}\nu_{21}},\quad Q_{66}=G_{12},\quad Q_{12}=\frac{\nu_{12}E_2}{1-\nu_{12}\nu_{21}}=\frac{\nu_{21}E_1}{1-\nu_{12}\nu_{21}}$$

2. 复合材料层合板的应力-应变关系

由复合材料层合板横截面上内力的定义可知

$$\begin{bmatrix} N_x \\ N_y \\ N_{xy} \end{bmatrix}=\int_{-\frac{\text{th}}{2}}^{\frac{\text{th}}{2}}\begin{bmatrix} \sigma_x \\ \sigma_y \\ \tau_{xy} \end{bmatrix}\text{d}z,\quad \begin{bmatrix} M_x \\ M_y \\ M_{xy} \end{bmatrix}=\int_{-\frac{\text{th}}{2}}^{\frac{\text{th}}{2}}\begin{bmatrix} \sigma_x \\ \sigma_y \\ \tau_{xy} \end{bmatrix}z\text{d}z \tag{2.3}$$

对于由 n 层复合材料单层板构成的复合材料层合板，其应力沿层合板厚度方向 th 在各单层板之间将发生间断（不连续），因此式（2.3）应改写为

$$\begin{bmatrix} N_x \\ N_y \\ N_{xy} \end{bmatrix}=\sum_{i=1}^{n}\int_{z_{i-1}}^{z_i}\begin{bmatrix} \sigma_x \\ \sigma_y \\ \tau_{xy} \end{bmatrix}_i\text{d}z,\quad \begin{bmatrix} M_x \\ M_y \\ M_{xy} \end{bmatrix}=\sum_{i=1}^{n}\int_{z_{i-1}}^{z_i}\begin{bmatrix} \sigma_x \\ \sigma_y \\ \tau_{xy} \end{bmatrix}_i z\text{d}z \tag{2.4}$$

式中，z_i 为第 i 层至层合板中面的 z 轴坐标。

层合板的几何方程为

$$\begin{bmatrix} \varepsilon_x \\ \varepsilon_y \\ \gamma_{xy} \end{bmatrix}=\begin{bmatrix} \varepsilon_x^0 \\ \varepsilon_y^0 \\ \gamma_{xy}^0 \end{bmatrix}+z\begin{bmatrix} k_x \\ k_y \\ k_{xy} \end{bmatrix} \tag{2.5}$$

式中，ε_x^0、ε_y^0、γ_{xy}^0 为中面应变；k_x、k_y 为中面弯曲挠曲率；k_{xy} 为中面扭曲率。这六个量均与 z 坐标无关。

将单层板应力-应变关系式（2.1）及层合板几何方程（2.5）代入式（2.4），得

$$\begin{aligned}\begin{bmatrix} N_x \\ N_y \\ N_{xy} \end{bmatrix}&=\sum_{i=1}^{n}\int_{z_{i-1}}^{z_i}\bar{\boldsymbol{Q}}_i\left(\begin{bmatrix} \varepsilon_x^0 \\ \varepsilon_y^0 \\ \gamma_{xy}^0 \end{bmatrix}+z_i\begin{bmatrix} k_x \\ k_y \\ k_{xy} \end{bmatrix}\right)\text{d}z \\ &=\sum_{i=1}^{n}\bar{\boldsymbol{Q}}_i\left((z_i-z_{i-1})\begin{bmatrix} \varepsilon_x^0 \\ \varepsilon_y^0 \\ \gamma_{xy}^0 \end{bmatrix}+\frac{z_i^2-z_{i-1}^2}{2}\begin{bmatrix} k_x \\ k_y \\ k_{xy} \end{bmatrix}\right) \\ &=\begin{bmatrix} A_{11} & A_{12} & A_{16} \\ A_{12} & A_{22} & A_{26} \\ A_{16} & A_{26} & A_{66} \end{bmatrix}\begin{bmatrix} \varepsilon_x^0 \\ \varepsilon_y^0 \\ \gamma_{xy}^0 \end{bmatrix}+\begin{bmatrix} B_{11} & B_{12} & B_{16} \\ B_{12} & B_{22} & B_{26} \\ B_{16} & B_{26} & B_{66} \end{bmatrix}\begin{bmatrix} k_x \\ k_y \\ k_{xy} \end{bmatrix}\end{aligned} \tag{2.6a}$$

同理，得

$$
\begin{bmatrix} M_x \\ M_y \\ M_{xy} \end{bmatrix} = \sum_{i=1}^{n}\int_{z_{i-1}}^{z_i} \bar{\boldsymbol{Q}}_i \left(\begin{bmatrix} \varepsilon_x^0 \\ \varepsilon_y^0 \\ \gamma_{xy}^0 \end{bmatrix} + z_i \begin{bmatrix} k_x \\ k_y \\ k_{xy} \end{bmatrix} \right) z\mathrm{d}z
$$

$$
= \sum_{i=1}^{n} \bar{\boldsymbol{Q}}_i \left(\frac{z_i^2 - z_{i-1}^2}{2} \begin{bmatrix} \varepsilon_x^0 \\ \varepsilon_y^0 \\ \gamma_{xy}^0 \end{bmatrix} + \frac{z_i^3 - z_{i-1}^3}{3} \begin{bmatrix} k_x \\ k_y \\ k_{xy} \end{bmatrix} \right)
$$

$$
= \begin{bmatrix} B_{11} & B_{12} & B_{16} \\ B_{12} & B_{22} & B_{26} \\ B_{16} & B_{26} & B_{66} \end{bmatrix} \begin{bmatrix} \varepsilon_x^0 \\ \varepsilon_y^0 \\ \gamma_{xy}^0 \end{bmatrix} + \begin{bmatrix} D_{11} & D_{12} & D_{16} \\ D_{12} & D_{22} & D_{26} \\ D_{16} & D_{26} & D_{66} \end{bmatrix} \begin{bmatrix} k_x \\ k_y \\ k_{xy} \end{bmatrix} \tag{2.6b}
$$

也可将式（2.6）表示为[6]

$$
\begin{bmatrix} \boldsymbol{N} \\ \boldsymbol{M} \end{bmatrix} = \begin{bmatrix} N_x \\ N_y \\ N_{xy} \\ M_x \\ M_y \\ M_{xy} \end{bmatrix} = \left[\begin{array}{ccc|ccc} A_{11} & A_{12} & A_{16} & B_{11} & B_{12} & B_{16} \\ A_{12} & A_{22} & A_{26} & B_{12} & B_{22} & B_{26} \\ A_{16} & A_{26} & A_{66} & B_{16} & B_{26} & B_{66} \\ \hline B_{11} & B_{12} & B_{16} & D_{11} & D_{12} & D_{16} \\ B_{12} & B_{22} & B_{26} & D_{12} & D_{22} & D_{26} \\ B_{16} & B_{26} & B_{66} & D_{16} & D_{26} & D_{66} \end{array}\right] \begin{bmatrix} \varepsilon_x^0 \\ \varepsilon_y^0 \\ \gamma_{xy}^0 \\ k_x \\ k_y \\ k_{xy} \end{bmatrix} = \begin{bmatrix} \boldsymbol{A} & \boldsymbol{B} \\ \boldsymbol{B} & \boldsymbol{D} \end{bmatrix} \begin{bmatrix} \boldsymbol{\varepsilon}^0 \\ \boldsymbol{k} \end{bmatrix} \tag{2.7}
$$

式中

$$
\boldsymbol{A} = \sum_{i=1}^{n} \bar{\boldsymbol{Q}}_i (z_i - z_{i-1}), \quad \boldsymbol{B} = \sum_{i=1}^{n} \bar{\boldsymbol{Q}}_i \left(\frac{z_i^2 - z_{i-1}^2}{2} \right), \quad \boldsymbol{D} = \sum_{i=1}^{n} \bar{\boldsymbol{Q}}_i \left(\frac{z_i^3 - z_{i-1}^3}{3} \right) \tag{2.8}
$$

$\boldsymbol{A}$、$\boldsymbol{B}$、$\boldsymbol{D}$ 分别为复合材料层合板的拉伸刚度矩阵、耦合刚度矩阵和弯曲刚度矩阵。式（2.7）就是复合材料层合板的应力-应变关系（物理方程）[7,8]。

3. 不同铺设方式层合板的弹性特性对比

1）非对称正交铺设层合板（如$[0°/90°]_n$）

对于非对称正交铺设层合板[9,10]，由式（2.8）有

$$
A_{16}=A_{26}=D_{16}=D_{26}=0, \quad B_{12}=B_{66}=B_{16}=B_{26}=0
$$

将上式代入式（2.7）即得非对称正交铺设层合板的内力-应变关系：

$$
\begin{bmatrix} N_x \\ N_y \\ N_{xy} \\ M_x \\ M_y \\ M_{xy} \end{bmatrix} = \left[\begin{array}{ccc|ccc} A_{11} & A_{12} & 0 & B_{11} & 0 & 0 \\ A_{12} & A_{22} & 0 & 0 & B_{22} & 0 \\ 0 & 0 & A_{66} & 0 & 0 & 0 \\ \hline B_{11} & 0 & 0 & D_{11} & D_{12} & 0 \\ 0 & B_{22} & 0 & D_{12} & D_{22} & 0 \\ 0 & 0 & 0 & 0 & 0 & D_{66} \end{array}\right] \begin{bmatrix} \varepsilon_x^0 \\ \varepsilon_y^0 \\ \gamma_{xy}^0 \\ k_x \\ k_y \\ k_{xy} \end{bmatrix} \tag{2.9}
$$

2）对称铺设层合板（如$[\alpha/\alpha]_n$）

对于对称铺设层合板，由式（2.8）有

$$\boldsymbol{B}=\bar{\boldsymbol{Q}}_1\left(\frac{z_1^2-z_0^2}{2}\right)+\cdots+\bar{\boldsymbol{Q}}_i\left(\frac{z_i^2-z_{i-1}^2}{2}\right)+\cdots+\bar{\boldsymbol{Q}}_i\left(\frac{z_{i-1}^2-z_i^2}{2}\right)+\cdots+\bar{\boldsymbol{Q}}_1\left(\frac{z_0^2-z_1^2}{2}\right)=0$$

该结果表明，复合材料对称层合板耦合刚度矩阵$\boldsymbol{B}\equiv 0$。将$\boldsymbol{B}\equiv 0$代入式（2.7），得

$$\begin{bmatrix} N_x \\ N_y \\ N_{xy} \\ M_x \\ M_y \\ M_{xy} \end{bmatrix}=\left[\begin{array}{ccc|ccc} A_{11} & A_{12} & A_{16} & 0 & 0 & 0 \\ A_{12} & A_{22} & A_{26} & 0 & 0 & 0 \\ A_{16} & A_{26} & A_{66} & 0 & 0 & 0 \\ \hline 0 & 0 & 0 & D_{11} & D_{12} & D_{16} \\ 0 & 0 & 0 & D_{12} & D_{22} & D_{26} \\ 0 & 0 & 0 & D_{16} & D_{26} & D_{66} \end{array}\right]\begin{bmatrix} \varepsilon_x^0 \\ \varepsilon_y^0 \\ \gamma_{xy}^0 \\ k_x \\ k_y \\ k_{xy} \end{bmatrix} \tag{2.10}$$

D_{16}和D_{26}非零则表明，对称铺设复合材料层合板无拉弯耦合效应，但存在交叉效应（弯扭耦合效应）。

3）反对称铺设层合板（如$[\alpha/-\alpha]_n$）

同理，对于反对称铺设层合板[11,12]，由式（2.8）有

$$A_{16}=A_{26}=0,\quad B_{11}=B_{12}=B_{22}=0,\quad D_{16}=D_{26}=0$$

代入式（2.7）即得反对称铺设层合板的物理方程：

$$\begin{bmatrix} N_x \\ N_y \\ N_{xy} \\ M_x \\ M_y \\ M_{xy} \end{bmatrix}=\left[\begin{array}{ccc|ccc} A_{11} & A_{12} & 0 & 0 & 0 & B_{16} \\ A_{12} & A_{22} & 0 & 0 & 0 & B_{26} \\ 0 & 0 & A_{66} & B_{16} & B_{26} & 0 \\ \hline 0 & 0 & B_{16} & D_{11} & D_{12} & 0 \\ 0 & 0 & B_{26} & D_{12} & D_{22} & 0 \\ B_{16} & B_{26} & 0 & 0 & 0 & D_{66} \end{array}\right]\begin{bmatrix} \varepsilon_x^0 \\ \varepsilon_y^0 \\ \gamma_{xy}^0 \\ k_x \\ k_y \\ k_{xy} \end{bmatrix} \tag{2.11}$$

式（2.11）表明，反对称铺设层合板不存在弯扭耦合效应。虽然$\boldsymbol{B}\neq 0$，但其导致的拉弯耦合效应[13,14]对层合壳的双稳态性能影响很小，故非对称正交铺设和反对称铺设的层合板更适用于制备双稳态壳结构以获得双稳态特性。

2.2　反对称层合圆柱壳的双稳态特性

2.2.1　理论推导

反对称层合壳结构的双稳态行为源自层合板的弯曲和拉伸相互作用。由反对称铺设层合板的本构关系式（2.11）可知，因不存在扭转，故假设扭转曲率$k_{xy}=0$。

由实际观察可知反对称层合壳结构的两种稳态均为柱壳状，可假设其横向和纵向曲率分布均匀。反对称铺设层合圆柱壳的初始状态及变形过程如图 2.1 所示，L 为结构的纵向长度，R_1 为层合圆柱壳的初始横截面半径，β 为初始横截面圆弧对应的圆心角。为了使反对称层合圆柱壳由初始状态到达第二稳态，对纵向两直边施加弯矩 M_y 使柱壳展平，同时对横向两壳边施加弯矩 M_x 使柱壳纵向卷曲到达第二稳态。

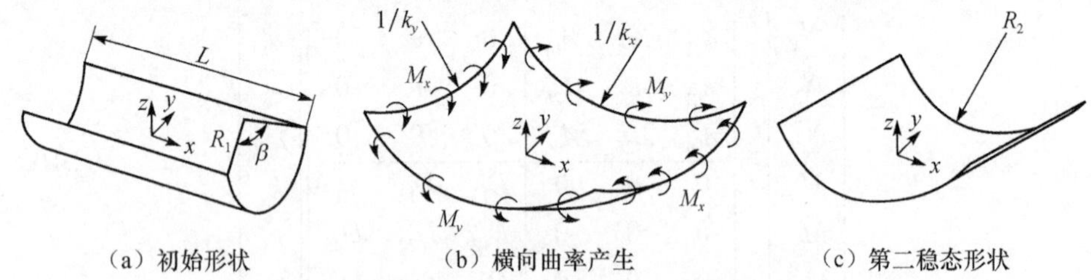

（a）初始形状　　（b）横向曲率产生　　（c）第二稳态形状

图 2.1　反对称铺设层合圆柱壳的稳态转变过程

从能量角度分析，反对称层合壳结构的两种稳态对应结构总势能的两个极小值，可通过分析其变形过程中应变能的变化来建立反对称层合圆柱壳的双稳态理论模型[15,16]。

1. 弯曲应变能

层合板单位面积的弯曲应变能由式（2.12）给出[17]：

$$u_{\mathrm{b}}=\frac{1}{2}(M_x k_x+M_y k_y+M_{xy}k_{xy}) \tag{2.12}$$

将式（2.7）代入式（2.12），式（2.12）可写成如下形式：

$$u_{\mathrm{b}}=\frac{1}{2}\begin{bmatrix}\varepsilon_x^0 & \varepsilon_y^0 & \gamma_{xy}^0 & k_x & k_y & k_{xy}\end{bmatrix}\begin{bmatrix}\boldsymbol{B}\\ \boldsymbol{D}\end{bmatrix}\begin{bmatrix}k_x\\ k_y\\ k_{xy}\end{bmatrix} \tag{2.13}$$

由反对称铺设层合板本构关系式（2.11）可知，$B_{11}=B_{12}=B_{22}=B_{66}=0$ 和 $D_{16}=D_{26}=0$。由前述分析有：$M_{xy}=k_{xy}=0$，层合壳的横向初始曲率为 $1/R_1$，代入式（2.13）即得

$$\begin{aligned}u_{\mathrm{b}}=\frac{1}{2}\Bigg\{&\left[B_{16}\gamma_{xy}^0+D_{11}k_x+D_{12}\left(k_y-\frac{1}{R_1}\right)\right]k_x\\&+\left[B_{26}\gamma_{xy}^0+D_{12}k_x+D_{22}\left(k_y-\frac{1}{R_1}\right)\right]\left(k_y-\frac{1}{R_1}\right)\Bigg\}\end{aligned} \tag{2.14}$$

由于弯曲应变能沿纵向分布均匀，单位长度层合壳的弯曲应变能可表示为

$$U_{\mathrm{b}} = \frac{1}{2}\beta R_1\left\{\left[B_{16}\gamma_{xy}^0 + D_{11}k_x + D_{12}\left(k_y - \frac{1}{R_1}\right)\right]k_x + \left[B_{26}\gamma_{xy}^0 + D_{12}k_x + D_{22}\left(k_y - \frac{1}{R_1}\right)\right]\left(k_y - \frac{1}{R_1}\right)\right\} \tag{2.15}$$

式中，γ_{xy}^0 可由经典层合板的物理方程式（2.7）的半逆形式求出：

$$\gamma_{xy}^0 = A'_{16}N_x + A'_{26}N_y + A'_{66}N_{xy} + B'_{61}k_x + B'_{62}k_y + B'_{66}k_{xy} \tag{2.16}$$

式中，矩阵 $\boldsymbol{A}'=\boldsymbol{A}^{-1}$，$\boldsymbol{B}'=-\boldsymbol{A}^{-1}\boldsymbol{B}$。

已知 $k_{xy}=0$，由图 2.1 的边界条件可知 $N_x=N_y=N_{xy}=0$，代入式（2.16）即可得到

$$\gamma_{xy}^0 = B'_{61}k_x + B'_{62}k_y \tag{2.17}$$

由式（2.15）和式（2.17）可得弯曲应变能表达式为

$$U_{\mathrm{b}} = \frac{1}{2}\beta R_1\left[(D_{11} + B_{16}B'_{61})k_x^2 + (2D_{12} + B_{16}B'_{62} + B_{26}B'_{61})k_x\left(k_y - \frac{1}{R_1}\right) + (D_{22} + B_{26}B'_{62})\left(k_y - \frac{1}{R_1}\right)^2\right] \tag{2.18}$$

2. 拉伸应变能

层合板单位面积的拉伸应变能由式（2.19）给出[18]：

$$u_{\mathrm{s}} = \frac{1}{2}\left(N_x\varepsilon_x^0 + N_y\varepsilon_y^0 + N_{xy}\gamma_{xy}^0\right) \tag{2.19}$$

结合式（2.11）得到

$$u_{\mathrm{s}} = \frac{1}{2}\begin{bmatrix}\varepsilon_x^0 & \varepsilon_y^0 & \gamma_{xy}^0 & k_x & k_y & k_{xy}\end{bmatrix}\begin{bmatrix}\boldsymbol{A}\\ \boldsymbol{B}\end{bmatrix}\begin{bmatrix}\varepsilon_x^0\\ \varepsilon_y^0\\ \gamma_{xy}^0\end{bmatrix} \tag{2.20}$$

注意到，$\varepsilon_y^0 = k_{xy} = 0$，又 $B_{11}=B_{12}=B_{22}=B_{66}=0$ 及 $D_{16}=D_{26}=0$，式（2.20）可简化为

$$u_{\mathrm{s}} = \frac{1}{2}\left[A_{11}\left(\varepsilon_x^0\right)^2 + B_{16}\gamma_{xy}^0\varepsilon_x^0 + A_{66}\left(\gamma_{xy}^0\right)^2 + B_{16}k_x\gamma_{xy}^0 + B_{26}k_y\gamma_{xy}^0\right] \tag{2.21}$$

式中，纵向应变 ε_x^0 由 Iqbal 等[18]给出：

$$\varepsilon_x^0 = \left[\frac{2\sin(\beta R_1 k_y/2)}{\beta R_1 k_y^2} - \frac{\cos\theta}{k_y}\right]k_x \tag{2.22}$$

将式（2.17）、式（2.22）代入式（2.21）后沿层合圆柱壳横截面积分，即得到层合圆柱壳结构的拉伸应变能表达式：

$$U_{\mathrm{s}}=\frac{1}{2}A_{11}\left[\frac{\beta R_1}{2}\frac{k_x^2}{k_y^2}+\frac{\sin(\beta R_1 k_y)}{2}\frac{k_x^2}{k_y^3}-\frac{4\sin^2(\beta R_1 k_y/2)}{\beta R_1}\frac{k_x^2}{k_y^4}\right]$$

$$+\frac{1}{2}\beta R_1 k_y\left[A_{66}(B'_{61}k_x+B'_{62}k_y)^2+(B_{16}k_x+B_{26}k_y)(B'_{61}k_x+B'_{62}k_y)\right] \tag{2.23}$$

结合弯曲应变能和拉伸应变能可获得反对称层合圆柱壳结构的总应变能表达式：

$$U=U_{\mathrm{b}}+U_{\mathrm{s}} \tag{2.24}$$

已知层合壳第二稳态对应于一个势能极小值，且第二稳态时，层合壳横向曲率 $k_y\approx0$。采用最小势能原理，当总势能 U 对 k_x 的一阶偏导数为零时，即可得到反对称双稳态层合壳的第二稳态曲率解 k_x：

$$\frac{\mathrm{d}U}{\mathrm{d}k_x}=0\Rightarrow k_x=\frac{B_{16}B'_{62}+B_{26}B'_{61}+2D_{12}}{2R_1(B_{16}B'_{61}+D_{11})} \tag{2.25}$$

第二稳态曲率半径为

$$R_2=\frac{1}{k_x} \tag{2.26}$$

由复合材料力学基础知识可知，当铺层数 $n\geqslant8$ 时，可近似认为层合板的耦合效应消失，即层合板不存在拉弯耦合。因此，若不考虑反对称层合壳的拉弯耦合效应，即 $\boldsymbol{B}\equiv0$，则式（2.25）变为[19]

$$\frac{\mathrm{d}U}{\mathrm{d}k_x}=0\Rightarrow k_x=\frac{D_{12}}{R_1D_{11}} \tag{2.27}$$

式（2.27）即 Iqbal 等[18]分析得到的反对称层合壳理论模型。

2.2.2　算例分析

若组成反对称层合板的各单层板厚度相等，材料性能相同，且铺设角都为 $+\alpha$、$-\alpha$，如铺设方式为 $[+\alpha/-\alpha/+\alpha/-\alpha]$ 的反对称层合板，就是规则反对称层合板。同理，对于类似铺设方式的层合圆柱壳，称为规则反对称层合圆柱壳。反之，把铺设方式类似于 $[+\alpha_1/-\alpha_2/+\alpha_2/-\alpha_1]$（$\alpha_1\neq\alpha_2$）的复合材料圆柱壳结构定义为非规则反对称层合圆柱壳。因此，可将规则反对称层合圆柱壳看成非规则反对称层合圆柱壳的特例，即 $[+\alpha_1/-\alpha_2/+\alpha_2/-\alpha_1]$（$\alpha_1=\alpha_2$）。反对称复合材料结构在书中若无特别说明，规则反对称层合圆柱壳简称为反对称层合圆柱壳，非规则反对称层合圆柱壳保持不变。

实验中，反对称层合圆柱壳试件由单层厚度为 0.185mm 的碳纤维填充环氧树脂基体（T700/TDE-85）预浸布按照预先设计的铺层方式在圆柱状钢制模具中高温保压固化并冷却后制得[20,21]，T700/TDE-85 单层板的材料参数如表 2.1 所示。

表 2.1　T700/TDE-85 单层板的材料参数

参数	E_1/GPa	E_2/GPa	G_{12}/GPa	G_{13}/GPa	G_{23}/GPa	v_{12}	th/mm
取值	132	10.3	6.5	6.5	3.91	0.25	0.185

依照图 2.1 对反对称层合圆柱壳的几何参数进行标记：L 表示结构的纵向长度，R_1 为层合圆柱壳的初始圆弧横截面半径，β为初始横截面圆心角，n 为层合圆柱壳的铺层数，α 为反对称层合圆柱壳的铺设角。为了便于对不同规格试件的几何参数进行描述，采用字符串“L-R_1-β-$n$antiα_shell”来表示所制备的反对称层合圆柱壳试件。例如，100-25-180-5anti45_shell 表示的反对称层合圆柱壳试件的几何参数为：纵向长度 L=100mm、初始横截面半径 R_1=25mm、初始圆心角 β=180°、铺层数 n=5 层、anti 表示反对称（anti-symmetric）铺设方式、shell 表示壳结构、铺设角 α=45°，即铺层方式为[45°/−45°/0°/45°/−45°]。当铺层数为奇数时，试件中间层的铺设角相应为 0°。按照上述标记法，所制备的不同规格的反对称层合圆柱壳试件及相应的几何参数如表 2.2 所示。

表 2.2　反对称层合圆柱壳试件及相应的几何参数

试件	L-R_1-β-$n$antiα_shell
1	100-25-120-4anti30_shell
2	100-25-180-4anti30_shell
3	100-25-180-4anti45_shell
4	100-25-120-5anti30_shell
5	100-25-180-5anti30_shell
6	150-30-180-4anti30_shell
7	150-30-180-5anti30_shell

已知反对称层合圆柱壳的两种稳态均为规则的圆柱状，即在初始状态时，横向曲率 $k_y=1/R_1$，$k_x=0$；在第二稳态时，$k_y=0$，$k_x=1/R_2$，如图 2.1 所示。因此，令 $k_y=0$，即可由式（2.24）得到反对称层合圆柱壳在第二稳态时的总势能与纵向曲率 k_x 之间的关系。图 2.2 给出了表 2.2 所列反对称层合圆柱壳试件第二稳态的 U-k_x 关系曲线，从图中可以看出，各试件的总势能存在一个极小值，这个极小值对应着各试件的第二稳态，对应势能极小值的纵向曲率即各试件的第二稳态曲率。结合式（2.26），可以很容易地从图 2.2 中得到各个试件的第二稳态卷曲半径。

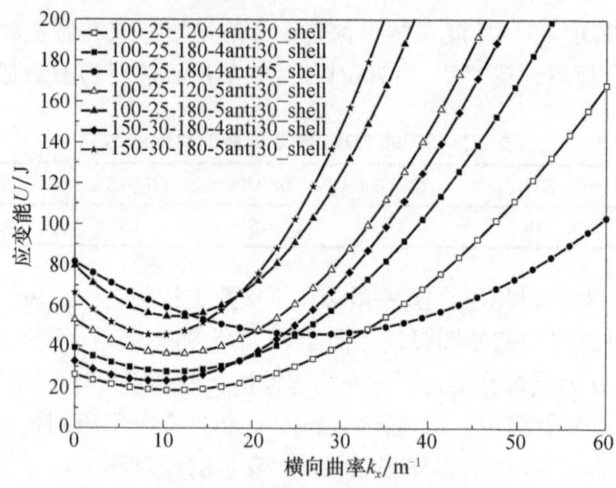

图 2.2　应变能与横向曲率的变化关系（k_y=0）

根据式（2.25）可知，反对称层合圆柱壳的第二稳态曲率（半径）与结构纵向长度 L 和初始横截面圆心角 β 无关。对于给定的铺层数，如 100-R_1-180-4antiα_shell，试件的第二稳态曲率半径仅取决于其初始横截面半径 R_1 和铺设角 α。图 2.3 和图 2.4 分别给出了第二稳态卷曲半径随初始横截面半径和铺设角变化的关系曲线。

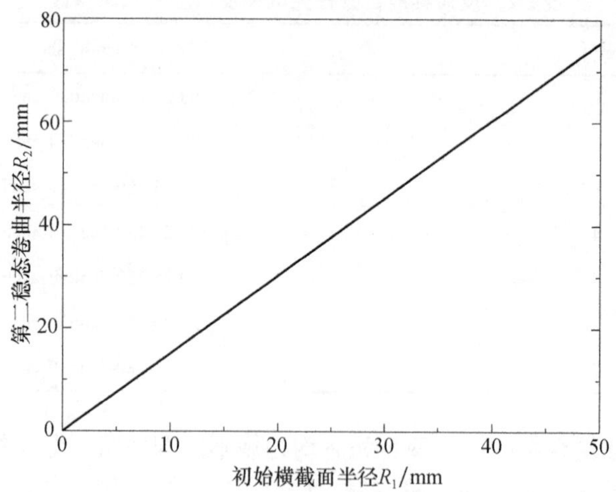

图 2.3　初始横截面半径 R_1 对第二稳态卷曲半径 R_2 的影响（L-R_1-β-4anti45_shell）

从图 2.3 中可以看出，在铺层数和铺设角一定的情况下，反对称层合圆柱壳的第二稳态卷曲半径与初始横截面半径呈线性递增关系。当 R_1=25mm 时，可从图中得出对应试件 3（100-25-180-4anti45_shell）的第二稳态卷曲半径 R_2=37.8mm。图 2.4 表明，在初始半径和铺层数一定的情况下，反对称层合圆柱壳的第二稳态

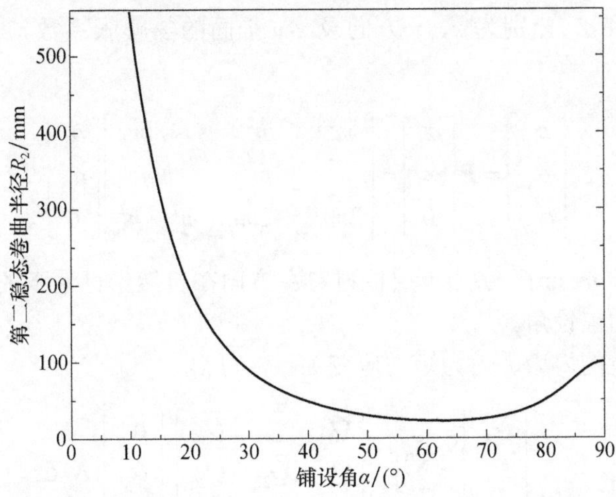

图 2.4　铺设角 α 对第二稳态卷曲半径 R_2 的影响（L-25-β-4antiα_shell）

卷曲半径随着铺设角的增大先减小而后又逐步增大，第二稳态卷曲半径在铺设角 α=63°时取得最小值 23.1mm。

2.3　温度影响下的双稳态结构理论模型

2.3.1　理论推导

考虑温度影响时双稳态复合材料圆柱壳结构的理论模型增加了由热引起的热应变[22-24]，仍然可以采用最小势能原理的方法[25,26]，对双稳态特性进行有效的理论分析，进而求得稳态解。

正交各向异性复合材料层合板在不受外部载荷情况下，当温度变化 ΔT 时，单层板材料主方向的热膨胀应变为

$$\begin{bmatrix} \varepsilon_1^{\mathrm{T}} \\ \varepsilon_2^{\mathrm{T}} \\ \gamma_{12}^{\mathrm{T}} \end{bmatrix} = \begin{bmatrix} \alpha_1 \\ \alpha_2 \\ 0 \end{bmatrix} \Delta T \tag{2.28}$$

式中，α_1 和 α_2 分别为材料 1、2 方向的热膨胀系数；由于温度变化不引起剪应变，γ_{12}^{T} 为 0。

在自然坐标系下的热膨胀应变为

$$\begin{bmatrix} \varepsilon_x^{\mathrm{T}} \\ \varepsilon_y^{\mathrm{T}} \\ \gamma_{xy}^{\mathrm{T}} \end{bmatrix} = \boldsymbol{P} \begin{bmatrix} \varepsilon_1^{\mathrm{T}} \\ \varepsilon_2^{\mathrm{T}} \\ \gamma_{12}^{\mathrm{T}} \end{bmatrix} = \boldsymbol{P} \begin{bmatrix} \alpha_1 \\ \alpha_2 \\ 0 \end{bmatrix} \Delta T = \begin{bmatrix} \alpha_x \\ \alpha_y \\ \alpha_{xy} \end{bmatrix} \Delta T \tag{2.29}$$

式中，α_x、α_y和α_{xy}分别为x、y方向及x-y平面的热膨胀系数，与α_1和α_2的关系为

$$\begin{bmatrix}\alpha_x\\ \alpha_y\\ \alpha_{xy}\end{bmatrix}=\boldsymbol{P}\begin{bmatrix}\alpha_1\\ \alpha_2\\ 0\end{bmatrix}=\begin{bmatrix}m^2 & n^2 & -mn\\ n^2 & m^2 & mn\\ 2mn & -2mn & m^2-n^2\end{bmatrix}\begin{bmatrix}\alpha_1\\ \alpha_2\\ 0\end{bmatrix} \tag{2.30}$$

式中，m=cosθ，n=sinθ，θ为单层板材料主方向在自然坐标系下的角度，即单层板中填充纤维的铺设角。

由温度产生的内力、内力矩与应变关系，可得

$$\begin{bmatrix}N_x^{\mathrm{T}}\\ N_y^{\mathrm{T}}\\ N_{xy}^{\mathrm{T}}\end{bmatrix}=\sum_{i=1}^{n}\int_{z_{i-1}}^{z_i}\begin{bmatrix}\bar{Q}_{11} & \bar{Q}_{12} & \bar{Q}_{16}\\ \bar{Q}_{21} & \bar{Q}_{22} & \bar{Q}_{26}\\ \bar{Q}_{61} & \bar{Q}_{62} & \bar{Q}_{66}\end{bmatrix}_i\begin{bmatrix}\alpha_x\\ \alpha_y\\ \alpha_{xy}\end{bmatrix}_i\Delta T\mathrm{d}z \tag{2.31}$$

$$\begin{bmatrix}M_x^{\mathrm{T}}\\ M_y^{\mathrm{T}}\\ M_{xy}^{\mathrm{T}}\end{bmatrix}=\sum_{i=1}^{n}\int_{z_{i-1}}^{z_i}\begin{bmatrix}\bar{Q}_{11} & \bar{Q}_{12} & \bar{Q}_{16}\\ \bar{Q}_{21} & \bar{Q}_{22} & \bar{Q}_{26}\\ \bar{Q}_{61} & \bar{Q}_{62} & \bar{Q}_{66}\end{bmatrix}_i\begin{bmatrix}\alpha_x\\ \alpha_y\\ \alpha_{xy}\end{bmatrix}_i\Delta Tz\mathrm{d}z \tag{2.32}$$

由于温度影响下的本构方程为

$$\begin{bmatrix}\boldsymbol{N}^{\mathrm{T}}\\ \boldsymbol{M}^{\mathrm{T}}\end{bmatrix}=\begin{bmatrix}\boldsymbol{A} & \boldsymbol{B}\\ \boldsymbol{B} & \boldsymbol{D}\end{bmatrix}\begin{bmatrix}\boldsymbol{\varepsilon}^{0\mathrm{T}}\\ \boldsymbol{k}^{\mathrm{T}}\end{bmatrix} \tag{2.33}$$

则得到温度产生的应变和曲率为

$$\begin{bmatrix}\boldsymbol{\varepsilon}^{0\mathrm{T}}\\ \boldsymbol{k}^{\mathrm{T}}\end{bmatrix}=\begin{bmatrix}\boldsymbol{A} & \boldsymbol{B}\\ \boldsymbol{B} & \boldsymbol{D}\end{bmatrix}^{-1}\begin{bmatrix}\boldsymbol{N}^{\mathrm{T}}\\ \boldsymbol{M}^{\mathrm{T}}\end{bmatrix} \tag{2.34}$$

由于温度对反对称铺设圆柱壳结构的影响，考虑温度影响情况下的本构方程包括机械载荷和温度载荷两部分产生的应变与曲率，其表达式为

$$\begin{bmatrix}\boldsymbol{N}\\ \boldsymbol{M}\end{bmatrix}=\begin{bmatrix}\boldsymbol{N}^{\mathrm{M}}+\boldsymbol{N}^{\mathrm{T}}\\ \boldsymbol{M}^{\mathrm{M}}+\boldsymbol{M}^{\mathrm{T}}\end{bmatrix}=\begin{bmatrix}\boldsymbol{A} & \boldsymbol{B}\\ \boldsymbol{B} & \boldsymbol{D}\end{bmatrix}\begin{bmatrix}\boldsymbol{\varepsilon}^{0}\\ \boldsymbol{k}\end{bmatrix}=\begin{bmatrix}\boldsymbol{A} & \boldsymbol{B}\\ \boldsymbol{B} & \boldsymbol{D}\end{bmatrix}\begin{bmatrix}\boldsymbol{\varepsilon}^{0\mathrm{M}}+\boldsymbol{\varepsilon}^{0\mathrm{T}}\\ \boldsymbol{k}^{\mathrm{M}}+\boldsymbol{k}^{\mathrm{T}}\end{bmatrix} \tag{2.35}$$

式（2.31）～（2.35）中，上标M和T分别表示由力和温度引发的相关项。

将式（2.11）代入弯曲应变能式（2.12）和拉伸应变能式（2.19），可得

$$\begin{aligned}u_{\mathrm{b}}=\frac{1}{2}\Big(&B_{16}\gamma_{xy}k_x+D_{11}k_x^2+D_{12}k_xk_y+B_{26}\gamma_{xy}k_y+D_{12}k_xk_y+D_{22}k_y^2\\ &+B_{16}\varepsilon_xk_{xy}+B_{26}\varepsilon_yk_{xy}+D_{66}k_{xy}^2\Big)\end{aligned} \tag{2.36}$$

$$u_{\mathrm{s}}=\frac{1}{2}\Big(A_{11}\varepsilon_x^2+A_{12}\varepsilon_x\varepsilon_y+B_{16}\varepsilon_x k_{xy}+A_{12}\varepsilon_x\varepsilon_y+A_{22}\varepsilon_y^2+B_{26}\varepsilon_y k_{xy}+A_{66}\gamma_{xy}^2+B_{16}\gamma_{xy}k_x+B_{26}\gamma_{xy}k_y\Big) \tag{2.37}$$

则总的应变能密度为

$$u=u_{\mathrm{s}}+u_{\mathrm{b}}=\frac{1}{2}\Big(A_{11}\varepsilon_x^2+2A_{12}\varepsilon_x\varepsilon_y+2B_{16}\varepsilon_x k_{xy}+2B_{26}\varepsilon_y k_{xy}+A_{22}\varepsilon_y^2+A_{66}\gamma_{xy}^2+2B_{16}\gamma_{xy}k_x+2B_{26}\gamma_{xy}k_y+D_{11}k_x^2+2D_{12}k_xk_y+D_{22}k_y^2+D_{66}k_{xy}^2\Big) \tag{2.38}$$

把式（2.17）代入式（2.38），化简得到

$$u=\frac{1}{2}\Big[A_{11}\varepsilon_x^2+2A_{12}\varepsilon_x\varepsilon_y+2B_{16}\varepsilon_x k_{xy}+2B_{26}\varepsilon_y k_{xy}+A_{22}\varepsilon_y^2+(D_{11}+B_{16}B'_{61})k_x^2+(2D_{12}+B_{16}B'_{62}+B_{26}B'_{61})k_xk_y+(D_{22}+B_{26}B'_{62})k_y^2+D_{66}k_{xy}^2\Big] \tag{2.39}$$

温度产生的应变及曲率由式(2.34)所得，把 $\varepsilon_x=\varepsilon_x^0+\varepsilon_x^{\mathrm{T}}$， $\varepsilon_y=\varepsilon_y^0+\varepsilon_y^{\mathrm{T}}$，$k_x=k_{x2}-k_x^{\mathrm{T}}$，$k_y=k_{y2}-1/R_1-k_y^{\mathrm{T}}$，$k_{xy}=k_{xy2}-k_{xy}^{\mathrm{T}}$，$\varepsilon_y^0\approx 0$ [18]，代入式（2.39）得

$$\begin{aligned}u=\frac{1}{2}\Big[&A_{11}\left(\varepsilon_x^0\right)^2+2A_{11}\varepsilon_x^0\varepsilon_x^{\mathrm{T}}+A_{11}\left(\varepsilon_x^{\mathrm{T}}\right)^2+2A_{12}\left(\varepsilon_x^0+\varepsilon_x^{\mathrm{T}}\right)\varepsilon_y^{\mathrm{T}}+2B_{16}\left(\varepsilon_x^0+\varepsilon_x^{\mathrm{T}}\right)\\&\times\left(k_{xy2}-k_{xy}^{\mathrm{T}}\right)+2B_{26}\varepsilon_y^{\mathrm{T}}\left(k_{xy2}-k_{xy}^{\mathrm{T}}\right)+A_{22}\left(\varepsilon_y^{\mathrm{T}}\right)^2+\left(D_{11}+B_{16}B'_{61}\right)\left(k_{x2}-k_x^{\mathrm{T}}\right)^2\\&+\left(2D_{12}+B_{16}B'_{62}+B_{26}B'_{61}\right)\left(k_{x2}-k_x^{\mathrm{T}}\right)\left(k_{y2}-1/R_1-k_y^{\mathrm{T}}\right)\\&+\left(D_{22}+B_{26}B'_{62}\right)\left(k_{y2}-1/R_1-k_y^{\mathrm{T}}\right)^2+D_{66}\left(k_{xy2}-k_{xy}^{\mathrm{T}}\right)^2\Big]\end{aligned} \tag{2.40}$$

式中，k_{x2} 和 k_{y2} 分别为圆柱壳第二稳态 x、y 方向上的曲率；k_{xy2} 为圆柱壳第二稳态的扭曲率。

把 $\varepsilon_x^0=\left[\dfrac{2\sin(\beta R_1k_{y2}/2)}{\beta R_1k_{y2}^2}-\dfrac{\cos\theta}{k_{y2}}\right]k_{x2}$ [18]代入式（2.40），并积分得到总的应变能表达式为

$$\begin{aligned}U=&\frac{1}{2}LA_{11}\left[\frac{\beta R_1k_{x2}^2}{2k_{y2}^2}+\frac{\sin\left(\beta R_1k_{y2}\right)k_{x2}^2}{2k_{y2}^3}-\frac{4\sin^2\left(\beta R_1k_{y2}/2\right)k_{x2}^2}{\beta R_1k_{y2}^4}\right]+\frac{1}{2}\beta R_1L\\&\times\Big[A_{11}\left(\varepsilon_x^{\mathrm{T}}\right)^2+2A_{11}\varepsilon_x^{\mathrm{T}}\varepsilon_y^{\mathrm{T}}+2B_{16}\varepsilon_x^{\mathrm{T}}\left(k_{xy2}-k_{xy}^{\mathrm{T}}\right)+2B_{26}\varepsilon_y^{\mathrm{T}}\left(k_{xy2}-k_{xy}^{\mathrm{T}}\right)+A_{22}\left(\varepsilon_y^{\mathrm{T}}\right)^2\\&+\left(D_{11}+B_{16}B'_{61}\right)\left(k_{x2}-k_x^{\mathrm{T}}\right)^2+\left(2D_{12}+B_{16}B'_{62}+B_{26}B'_{61}\right)\left(k_{x2}-k_x^{\mathrm{T}}\right)\\&\times\left(k_{y2}-1/R-k_y^{\mathrm{T}}\right)+\left(D_{22}+B_{26}B'_{62}\right)\left(k_{y2}-1/R_1-k_y^{\mathrm{T}}\right)^2+D_{66}\left(k_{xy2}-k_{xy}^{\mathrm{T}}\right)^2\Big]\end{aligned} \tag{2.41}$$

第二稳态时 $k_{y2}\approx 0$，通过最小势能法求得第二稳态 k_{x2} 和 k_{xy2} 为

$$\frac{\mathrm{d}U}{\mathrm{d}k_{x2}}=0\Rightarrow k_{x2}=\frac{\left(2D_{12}+B_{16}B'_{62}+B_{26}B'_{61}\right)}{2\left(D_{11}+B_{16}B'_{61}\right)}\left(\frac{1}{R_1}+k_y^{\mathrm{T}}\right)+k_x^{\mathrm{T}} \tag{2.42}$$

$$\frac{\mathrm{d}U}{\mathrm{d}k_{xy2}}=0\Rightarrow k_{xy2}=-\frac{B_{16}\varepsilon_x^{\mathrm{T}}+B_{26}\varepsilon_y^{\mathrm{T}}}{D_{66}}+k_{xy}^{\mathrm{T}} \tag{2.43}$$

圆柱壳第二稳态的卷曲半径 R_2 则由第二稳态 k_{x2} 和 k_{xy2} 共同决定。

2.3.2　算例分析

对于碳纤维环氧树脂基体的复合材料，温度对其本身的材料属性也有一定的影响，因此在考虑温度的影响时，需同时考虑到材料属性温度相关的特性[27-31]。在此，可通过数值拟合，把材料属性温度相关的关系拟合成一次函数或者二次函数，得到碳纤维环氧树脂基体的反对称铺设圆柱壳结构的材料属性温度相关的函数表达式：$E_1=E_1(T)$，$E_2=E_2(T)$，$G_{12}=G_{12}(T)$，$\alpha_1=\alpha_1(T)$，$\alpha_2=\alpha_2(T)$，其中温度可以表示为 $T=T_0+\Delta T+T_z z$，T_0 为圆柱壳的初始温度（即室温 20℃），ΔT 为圆柱壳所处的温度场温度的改变量，T_z 为圆柱壳沿厚度方向的温度梯度场。

考虑到材料属性温度相关，此理论模型中的材料属性为随温度变化的函数。实验数据由上海高分子材料研究开发中心测量，得到的 T700/环氧树脂基体的单层碳纤维复合材料的属性如表 2.3 所示。

表 2.3　T700/环氧树脂基体的复合材料属性与温度的关系

T/℃	E_1/GPa	E_2/GPa	$G_{12(13)}$/GPa	ν_{12}	α_1	α_2
20	108	7.07	5.17	0.31	-2.1×10^{-6}	64.33×10^{-6}
40	106	3.68	4.03		-1.9×10^{-6}	60.9×10^{-6}
60	104	3.13	3.50		-1.6×10^{-6}	55.4×10^{-6}
80	99.4	2.90	2.27		-1.2×10^{-6}	53×10^{-6}

通过数据拟合，得到 T700/环氧树脂基体的复合材料属性温度相关的曲线关系为

$$E_1=\left[108.05+0.0235(T_0+\Delta T+T_z z)-0.00162(T_0+\Delta T+T_z z)^2\right]\times10^9\,\mathrm{Pa}$$
$$E_2=\left[2.9191+22.069\mathrm{e}^{-0.08356(T_0+\Delta T+T_z z)}\right]\times10^9\,\mathrm{Pa}$$
$$G_{12}=\left[5.9375-0.04053(T_0+\Delta T+T_z z)-5.625\times10^{-6}(T_0+\Delta T+T_z z)^2\right]\times10^9\,\mathrm{Pa}$$
$$\nu_{12}=0.31$$
$$\alpha_1=\left[0.0025(T_0+\Delta T+T_z z)+0.000125(T_0+\Delta T+T_z z)^2-2.2\right]\times10^{-6}$$
$$\alpha_2=\left[-0.1975(T_0+\Delta T+T_z z)+68.2833\right]\times10^{-6}$$

理论分析中主要采用四层反对称铺设圆柱壳结构，试样的尺寸规格和铺层方式如表 2.4 所示。

表 2.4　试样的尺寸规格和铺层方式

参数	铺层方式	长度 L/mm	初始横截面半径 R_1/mm	初始圆心角 β/(°)
取值	[45°/−45°/45°/−45°]	100	25	180

1. 整体温度场对圆柱壳双稳态特性的影响

整体温度场对反对称铺设圆柱壳结构的双稳态特性影响最大，通过理论计算，其不仅对第二稳态的主曲率有一定的影响，且对其扭曲率也有较大影响，即温度场的变化会造成圆柱壳不同程度的扭转。通过理论推导，得到整体温度场的温度改变量与扭曲率的关系（ΔT-k_{xy} 曲线），如图 2.5 所示。随着温度场温度的增加，圆柱壳的扭曲率 k_{xy} 总体趋势呈现为缓慢增加状态，并且初始状态的扭曲率 k_{xy1} 和第二稳态的扭曲率 k_{xy2} 的总趋势相同，但是无论是温度升高还是温度降低，第二稳态的扭转情况均比初始状态要大，即 $k_{xy1}<k_{xy2}$。

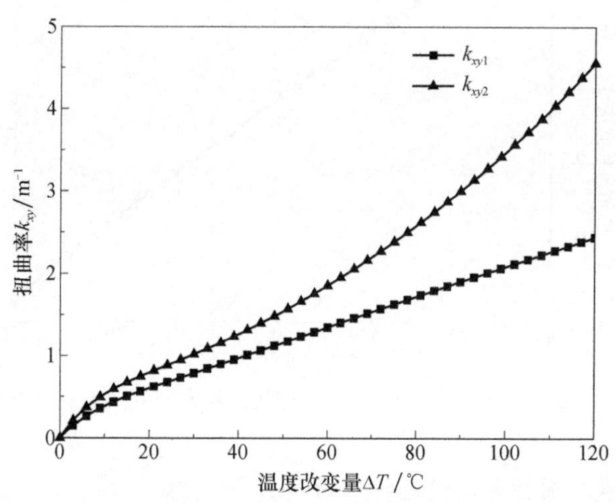

图 2.5　整体温度改变量ΔT 对圆柱壳两个稳态扭曲率 k_{xy} 的影响情况

当反对称铺设圆柱壳结构到达第二稳态时，温度场改变量对其第二稳态 x 方向上主曲率 k_{x2} 的影响情况如图 2.6 所示。当温度保持在室温时（即 ΔT 为 0 的点），第二稳态 k_{x2} 为 26.69m^{-1}。随着温度场温度的增加，k_{x2} 不断增加，圆柱壳会随着温度的增加变得更加卷拢；当温度场温度降低时，k_{x2} 则会不断减小。图 2.7 所示为圆柱壳第二稳态应变能随着温度变化的关系，应变能随着温度的增加而接近于线性减小。

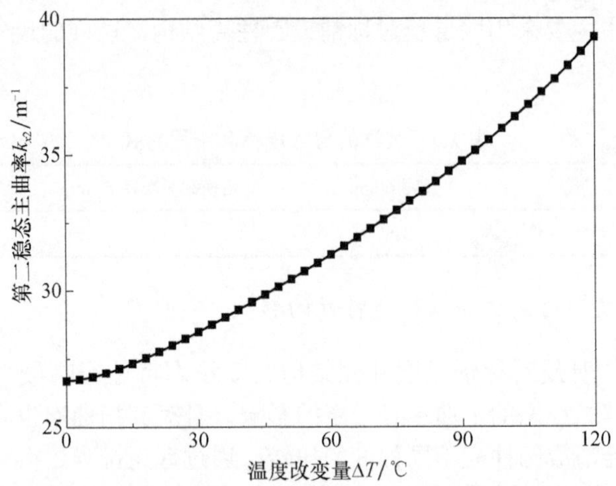

图 2.6　整体温度改变量ΔT对圆柱壳第二稳态主曲率 k_{x2} 的影响情况

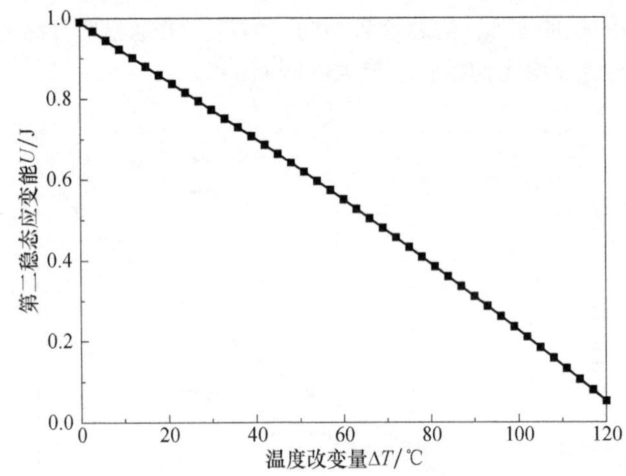

图 2.7　整体温度改变量ΔT对圆柱壳第二稳态应变能 U 的影响情况

2. 温度梯度对圆柱壳双稳态特性的影响

当沿厚度方向有一个温度梯度 T_z 变化时，在温度 T 中增加一项 $T_z z$，整个反对称铺设圆柱壳结构受到的温度为 $T=T_0+\Delta T+T_z z$，其中温度梯度的正负代表梯度沿圆柱壳厚度方向的正负，如图 2.8 所示[32]。当温度梯度为正时，上表面温度比下表面温度高；当温度梯度为负时，上表面温度比下表面温度低。考虑到

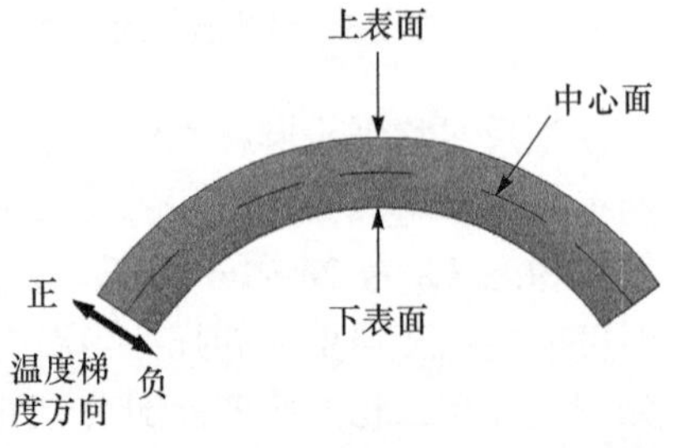

图 2.8　温度梯度正负与施加方向关系

材料的使用环境温度区间，为避免施加温度梯度导致材料失效，此时材料的初始温度 T_0 为 50℃（即圆柱壳中心面温度），温度梯度范围为−200～200℃ · mm^{-1}。

图 2.9 给出了理论求得的反对称铺设圆柱壳结构的曲率随温度梯度 T_z 的变化曲线，可以发现：①在一定的温度梯度区域内，扭曲率 k_{xy} 并没有发生很大的变化，并接近于 0，当温度梯度超过|±50|℃ · mm^{-1} 时，扭曲率随着温度梯度的增加从负值开始显著减小；②扭曲率随温度梯度的变化情况关于中点对称且始终为负值，如图 2.9（a）所示；③当温度梯度在−200～200℃ · mm^{-1} 进行变化时，圆柱壳第二稳态曲率 k_{x2} 随着梯度的增加先缓慢增加，当超过+100℃ · mm^{-1} 时，k_{x2} 则显著增

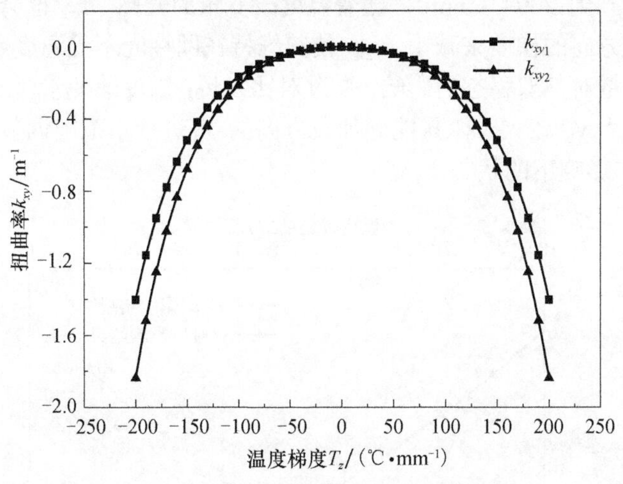

（a）温度梯度T_z对扭曲率k_{xy}的影响情况

（b）温度梯度T_z对第二稳态主曲率k_{x2}的影响情况

图 2.9　温度梯度 T_z 对圆柱壳曲率的影响情况

加，当施加的温度梯度为负且不断减小时，其第二稳态 k_{x2} 不断减小，如图 2.9（b）所示。

3. 整体温度场与温度梯度对双稳态性能的综合影响及调控

温度场和温度梯度对第二稳态曲率 k_{x2} 都有较大的影响，因此可以通过对圆柱壳采用施加负方向的温度梯度 T_z 来抑制由温度改变量ΔT对双稳态特性的影响[33]。从图 2.10 中可以得到，第二稳态主曲率随着温度改变量和温度梯度的增加而增加，上方横坐标为温度改变量ΔT，从 100℃降到 0℃，下方横坐标为梯度 T_z，从 −200℃ · mm^{-1} 升到 200℃ · mm^{-1}。随着温度改变量的升高，k_{x2} 也会随之增大，可以采用施加负方向的梯度来减小 k_{x2}，使其维持在圆柱壳不受温度变化下的 k_{x2}，减缓温度改变量对其双稳态的影响。通过对比发现：温度改变量对 k_{x2} 的影响比温度梯度更大，当ΔT 较大时，只能施加负方向的 T_z 进行小范围调节，而不能使其恢复至未受ΔT 影响下的状态。

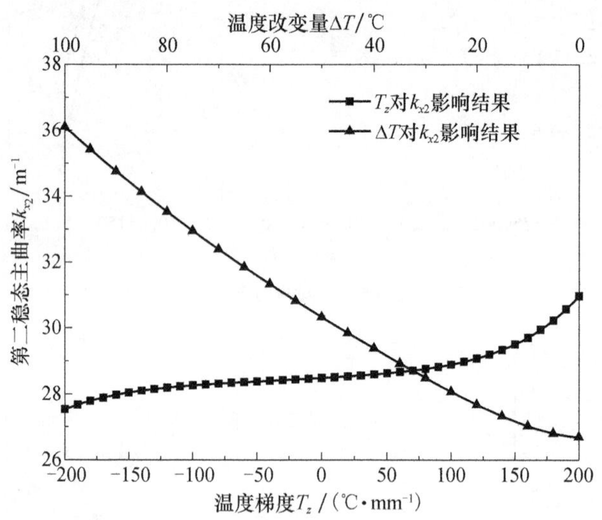

图 2.10　温度改变量ΔT 与温度梯度 T_z 对第二稳态主曲率 k_{x2} 的综合影响

图 2.11 给出了温度改变量ΔT 与温度梯度 T_z 对扭曲率 k_{xy} 的影响情况。发现圆柱壳的扭曲率 k_{xy} 随着ΔT 的增加而不断增加，而当受到温度梯度影响时，k_{xy} 与 T_z 方向无关，随着 T_z 数值大小的增加而不断减小。当温度梯度的数值低于 50℃ · mm^{-1} 时，圆柱壳的扭曲率变化较小，无法很好调控由温度场温度改变引起的扭曲率变化。由于温度改变量对扭曲率的影响比温度梯度更大，只能采用相对较大的温度梯度调控较小的温度改变量产生的 k_{xy}，同时发现综合两者对 k_{xy} 调控的影响并不是两者的线性相加关系。

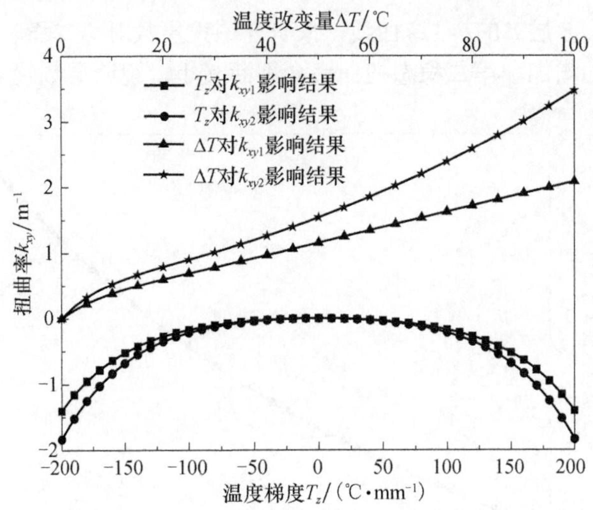

图 2.11　温度改变量ΔT与温度梯度 T_z 对扭曲率 k_{xy} 的综合影响

4. 扭曲率影响因素讨论

由前面分析可以发现，温度对反对称铺设圆柱壳结构的双稳态特性影响较大的是其扭曲率的变化，即圆柱壳受到温度影响时会发生一定程度的扭转，而这个扭转在其应用时是不希望出现的，因此通过理论分析得到反对称铺设圆柱壳结构在制备以及应用过程中抑制其扭转情况的方法。通过分析得到对扭曲率 k_{xy} 的影响因素主要有四个，即温度改变量ΔT、铺设角θ、铺设层数 n 和厚度 th，不同因素对其扭曲率 k_{xy} 的影响情况不同。为研究这四个因素的影响情况，采用单因素分析方法，仅改变其中一个参数，其余参数保持不变，理论计算第二稳态的扭曲率 k_{xy2}。

研究温度改变量ΔT对第二稳态扭曲率 k_{xy2} 的影响情况，保持其余参数不变：θ=45°、th=0.12mm、n=4，改变ΔT，得到ΔT-k_{xy2} 曲线如图 2.12 所示。随着温度改变量的增加，第二稳态扭曲率也不断增加，在所选范围 0～120℃内，第二稳态扭曲率几乎与温度改变量呈线性关系，说明温度越高圆柱壳扭转程度越大。

保持ΔT=60℃、总厚度为 0.48mm 不变，得到不同层数 n 的θ-k_{xy2} 曲线，来研究铺设角θ和铺层数 n 对第二稳态扭曲率 k_{xy2} 的影响，如图 2.13 所示。可以发现：①当层数为偶数层时，第二稳态扭曲率的变化情况关于铺设角θ=45°对称，呈现急速增加后又逐渐减小的趋势；②当层数为奇数层时，第二稳态扭曲率不关于铺设角θ=45°对称，这是由于铺层数为奇数时，中间增加了一个铺层为 0°的单层板；③随着铺设角的增加，第二稳态扭曲率呈现先增加后减小再增加的趋势，具有两个峰值。与研究铺设角对第二稳态扭曲率的影响情况一样，图 2.13 中得到不同层数（n=4、5、6、8 层）的θ-k_{xy2}曲线，来研究铺设层数对第二稳态扭曲率的影响。随着铺设层数的增加，第二稳态扭曲率会不断减小，说明层数越多，越难扭转。

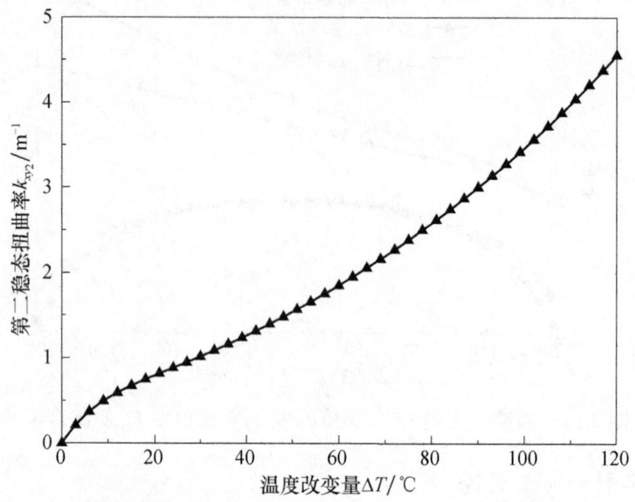

图 2.12　温度改变量ΔT对圆柱壳第二稳态扭曲率 k_{xy2} 的影响情况

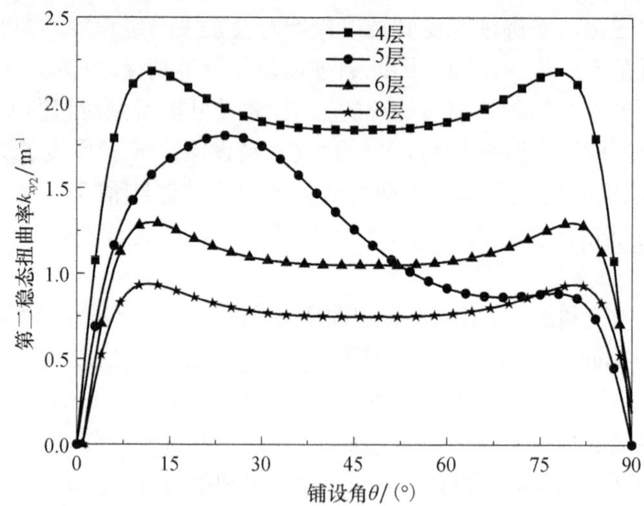

图 2.13　铺设角θ和铺层数 n 对圆柱壳第二稳态扭曲率 k_{xy2} 的影响情况

保持ΔT=60℃、n=4 不变，得到 th=0.08mm、0.10mm、0.12mm、0.14mm 的θ-k_{xy2}曲线，来研究厚度 th 对第二稳态扭曲率 k_{xy2} 的影响，如图 2.14 所示。经过纵向对比，发现随着厚度 th 的增加，第二稳态扭曲率 k_{xy2} 会减小，即在相同温度影响下，厚度越厚，圆柱壳越不容易发生扭转。

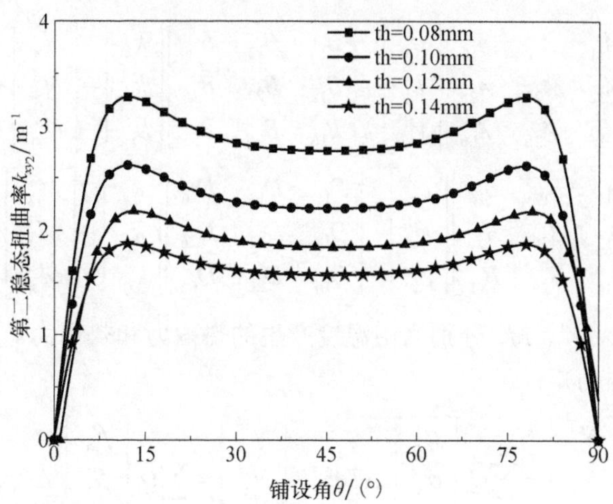

图 2.14　铺层厚度 th 和铺设角θ对圆柱壳第二稳态扭曲率 k_{xy2} 的影响情况

2.4　温湿环境下的双稳态结构理论模型

2.4.1　理论推导

在经典层合板理论[34,35]的基础上，考虑温湿环境的影响，推导出温湿环境下反对称铺设圆柱壳结构的总应变能表达式。通过最小势能原理推导出温湿环境下反对称铺设圆柱壳结构不同稳态的理论模型[36,37]。通过该理论模型，预测出在温湿影响下反对称铺设圆柱壳两个稳态的曲率和扭曲率。

在温度、湿度变化环境中，单层板材料主方向产生的应力为

$$\begin{bmatrix}\sigma_1\\ \sigma_2\\ \tau_{12}\end{bmatrix}=\boldsymbol{Q}\left(\begin{bmatrix}\varepsilon_1\\ \varepsilon_2\\ \gamma_{12}\end{bmatrix}-\begin{bmatrix}\alpha_1\\ \alpha_2\\ 0\end{bmatrix}\Delta T-\begin{bmatrix}\beta_1\\ \beta_2\\ 0\end{bmatrix}\Delta C\right) \tag{2.44}$$

式中，α_1 和α_2 为材料主向和横向的热膨胀系数[38,39]；β_1 和β_2 为材料主向和横向的湿膨胀系数[40,41]。

由于在温度和湿度作用下不会产生剪应变，α_{12} 和β_{12} 为 0。通过转轴公式可以得到自然坐标系下的应力表达式为

$$\begin{bmatrix}\sigma_x\\ \sigma_y\\ \tau_{xy}\end{bmatrix}=\bar{\boldsymbol{Q}}\left(\begin{bmatrix}\varepsilon_x\\ \varepsilon_y\\ \gamma_{xy}\end{bmatrix}-\begin{bmatrix}\alpha_x\\ \alpha_y\\ \alpha_{xy}\end{bmatrix}\Delta T-\begin{bmatrix}\beta_x\\ \beta_y\\ \beta_{xy}\end{bmatrix}\Delta C\right) \tag{2.45}$$

通过把不同层的式（2.45）代入式（2.3），可以得到

$$
\begin{bmatrix} N_x \\ N_y \\ N_{xy} \end{bmatrix} = \begin{bmatrix} A_{11} & A_{12} & A_{16} \\ A_{12} & A_{22} & A_{26} \\ A_{16} & A_{26} & A_{66} \end{bmatrix} \begin{bmatrix} \varepsilon_x^0 \\ \varepsilon_y^0 \\ \gamma_{xy}^0 \end{bmatrix} + \begin{bmatrix} B_{11} & B_{12} & B_{16} \\ B_{12} & B_{22} & B_{26} \\ B_{16} & B_{26} & B_{66} \end{bmatrix} \begin{bmatrix} k_x \\ k_y \\ k_{xy} \end{bmatrix} - \begin{bmatrix} N_x^{\mathrm{T}} \\ N_y^{\mathrm{T}} \\ N_{xy}^{\mathrm{T}} \end{bmatrix} - \begin{bmatrix} N_x^{\mathrm{H}} \\ N_y^{\mathrm{H}} \\ N_{xy}^{\mathrm{H}} \end{bmatrix}
$$
$$
\begin{bmatrix} M_x \\ M_y \\ M_{xy} \end{bmatrix} = \begin{bmatrix} B_{11} & B_{12} & B_{16} \\ B_{12} & B_{22} & B_{26} \\ B_{16} & B_{26} & B_{66} \end{bmatrix} \begin{bmatrix} \varepsilon_x^0 \\ \varepsilon_y^0 \\ \gamma_{xy}^0 \end{bmatrix} + \begin{bmatrix} D_{11} & D_{12} & D_{16} \\ D_{12} & D_{22} & D_{26} \\ D_{16} & D_{26} & D_{66} \end{bmatrix} \begin{bmatrix} k_x \\ k_y \\ k_{xy} \end{bmatrix} - \begin{bmatrix} M_x^{\mathrm{T}} \\ M_y^{\mathrm{T}} \\ M_{xy}^{\mathrm{T}} \end{bmatrix} - \begin{bmatrix} M_x^{\mathrm{H}} \\ M_y^{\mathrm{H}} \\ M_{xy}^{\mathrm{H}} \end{bmatrix} \tag{2.46}
$$

式中，N^{T}、M^{T}、N^{H}、M^{H} 分别为由温度产生的热内力和热内力矩，以及湿度产生的湿内力和湿内力矩：

$$
\begin{bmatrix} N_x^{\mathrm{T}} \\ N_y^{\mathrm{T}} \\ N_{xy}^{\mathrm{T}} \end{bmatrix} = \sum_{i=1}^{n} \bar{\boldsymbol{Q}}_i \begin{bmatrix} \alpha_x \\ \alpha_y \\ \alpha_{xy} \end{bmatrix}_i \Delta T \mathrm{d}z, \quad \begin{bmatrix} N_x^{\mathrm{H}} \\ N_y^{\mathrm{H}} \\ N_{xy}^{\mathrm{H}} \end{bmatrix} = \sum_{i=1}^{n} \bar{\boldsymbol{Q}}_i \begin{bmatrix} \beta_x \\ \beta_y \\ \beta_{xy} \end{bmatrix}_i \Delta C \mathrm{d}z
$$
$$
\begin{bmatrix} M_x^{\mathrm{T}} \\ M_y^{\mathrm{T}} \\ M_{xy}^{\mathrm{T}} \end{bmatrix} = \sum_{i=1}^{n} \bar{\boldsymbol{Q}}_i \begin{bmatrix} \alpha_x \\ \alpha_y \\ \alpha_{xy} \end{bmatrix}_i \Delta T z \mathrm{d}z, \quad \begin{bmatrix} M_x^{\mathrm{H}} \\ M_y^{\mathrm{H}} \\ M_{xy}^{\mathrm{H}} \end{bmatrix} = \sum_{i=1}^{n} \bar{\boldsymbol{Q}}_i \begin{bmatrix} \beta_x \\ \beta_y \\ \beta_{xy} \end{bmatrix}_i \Delta C z \mathrm{d}z \tag{2.47}
$$

式（2.46）可以简写为

$$
\begin{bmatrix} \boldsymbol{N}^{\mathrm{M}} \\ \boldsymbol{M}^{\mathrm{M}} \end{bmatrix} + \begin{bmatrix} \boldsymbol{N}^{\mathrm{T}} \\ \boldsymbol{M}^{\mathrm{T}} \end{bmatrix} + \begin{bmatrix} \boldsymbol{N}^{\mathrm{H}} \\ \boldsymbol{M}^{\mathrm{H}} \end{bmatrix} = \begin{bmatrix} \boldsymbol{A} & \boldsymbol{B} \\ \boldsymbol{B} & \boldsymbol{D} \end{bmatrix} \begin{bmatrix} \boldsymbol{\varepsilon}^0 \\ \boldsymbol{k} \end{bmatrix} \tag{2.48}
$$

则中面产生的应变和曲率可以表达为

$$
\begin{bmatrix} \boldsymbol{\varepsilon}^0 \\ \boldsymbol{k} \end{bmatrix} = \begin{bmatrix} \boldsymbol{A} & \boldsymbol{B} \\ \boldsymbol{B} & \boldsymbol{D} \end{bmatrix}^{-1} \left(\begin{bmatrix} \boldsymbol{N}^{\mathrm{M}} \\ \boldsymbol{M}^{\mathrm{M}} \end{bmatrix} + \begin{bmatrix} \boldsymbol{N}^{\mathrm{T}} \\ \boldsymbol{M}^{\mathrm{T}} \end{bmatrix} + \begin{bmatrix} \boldsymbol{N}^{\mathrm{H}} \\ \boldsymbol{M}^{\mathrm{H}} \end{bmatrix} \right) \tag{2.49}
$$

其中，由温度和湿度产生的应变和曲率为

$$
\begin{bmatrix} \boldsymbol{\varepsilon}^{\mathrm{T}} \\ \boldsymbol{k}^{\mathrm{T}} \end{bmatrix} = \begin{bmatrix} \boldsymbol{A} & \boldsymbol{B} \\ \boldsymbol{B} & \boldsymbol{D} \end{bmatrix}^{-1} \begin{bmatrix} \boldsymbol{N}^{\mathrm{T}} \\ \boldsymbol{M}^{\mathrm{T}} \end{bmatrix}
$$
$$
\begin{bmatrix} \boldsymbol{\varepsilon}^{\mathrm{H}} \\ \boldsymbol{k}^{\mathrm{H}} \end{bmatrix} = \begin{bmatrix} \boldsymbol{A} & \boldsymbol{B} \\ \boldsymbol{B} & \boldsymbol{D} \end{bmatrix}^{-1} \begin{bmatrix} \boldsymbol{N}^{\mathrm{H}} \\ \boldsymbol{M}^{\mathrm{H}} \end{bmatrix} \tag{2.50}
$$

对于温湿环境下反对称铺设圆柱壳的理论模型，需要在原有的总应变能中考虑温度和湿度的影响，之后从能量的角度进行考虑。在温湿环境下的反对称铺设圆柱壳的两个稳态是处于考虑温湿影响的总应变能的两个局部极小值，采用最小势能原理可以预测出另一个稳态的信息。

因为反对称铺设圆柱壳结构第一稳态为初始规则的半圆柱壳，所以主要预测第二稳态的结构。对于第二稳态的结构尺寸，令 k_{x2} 和 k_{y2} 分别为圆柱壳第二稳态 x、y 方向上的主曲率，k_{xy2} 为圆柱壳第二稳态 x-y 平面内的扭曲率。考虑温度和湿度的应变和曲率为：$\varepsilon_x=\varepsilon_x^0+\varepsilon_x^{\mathrm{T}}+\varepsilon_x^{\mathrm{H}}$，$\varepsilon_y=\varepsilon_y^0+\varepsilon_y^{\mathrm{T}}+\varepsilon_y^{\mathrm{H}}$，$k_x=k_{x2}-k_x^{\mathrm{T}}-k_x^{\mathrm{H}}$，$k_y=k_{y2}-1/R_1-k_y^{\mathrm{T}}-k_y^{\mathrm{H}}$，$k_{xy}=k_{xy2}-k_{xy}^{\mathrm{T}}-k_{xy}^{\mathrm{H}}$，$\varepsilon_y\approx 0$。将这些表达式都代入式（2.39），可得

$$
\begin{aligned}
u=\frac{1}{2}\Big[&A_{11}\left(\varepsilon_x^0+\varepsilon_x^{\mathrm{T}}+\varepsilon_x^{\mathrm{H}}\right)^2+2A_{12}\left(\varepsilon_x^0+\varepsilon_x^{\mathrm{T}}+\varepsilon_x^{\mathrm{H}}\right)\left(\varepsilon_y^0+\varepsilon_y^{\mathrm{T}}+\varepsilon_y^{\mathrm{H}}\right)\\
&+2B_{16}\left(\varepsilon_x^0+\varepsilon_x^{\mathrm{T}}+\varepsilon_x^{\mathrm{H}}\right)\left(k_{xy2}-k_{xy}^{\mathrm{T}}-k_{xy}^{\mathrm{H}}\right)+2B_{26}\left(\varepsilon_y^0+\varepsilon_y^{\mathrm{T}}+\varepsilon_y^{\mathrm{H}}\right)\left(k_{xy2}-k_{xy}^{\mathrm{T}}-k_{xy}^{\mathrm{H}}\right)\\
&+A_{22}\left(\varepsilon_y^0+\varepsilon_y^{\mathrm{T}}+\varepsilon_y^{\mathrm{H}}\right)^2+\left(D_{11}+B_{16}B_{61}'\right)\left(k_{x2}-k_x^{\mathrm{T}}-k_x^{\mathrm{H}}\right)^2\\
&+\left(2D_{12}+B_{16}B_{62}'+B_{26}B_{61}'\right)\left(k_{x2}-k_x^{\mathrm{T}}-k_x^{\mathrm{H}}\right)\left(k_{y2}-1/R_1-k_y^{\mathrm{T}}-k_y^{\mathrm{H}}\right)\\
&+\left(D_{22}+B_{26}B_{62}'\right)\left(k_{y2}-1/R_1-k_y^{\mathrm{T}}-k_y^{\mathrm{H}}\right)^2+D_{66}\left(k_{xy2}-k_{xy}^{\mathrm{T}}-k_{xy}^{\mathrm{H}}\right)^2\Big]
\end{aligned}
\tag{2.51}
$$

之后把 $\varepsilon_x^0=\left[\dfrac{2\sin\left(\beta R_1 k_{y2}/2\right)}{\beta R_1 k_{y2}^2}-\dfrac{\cos\theta}{k_{y2}}\right]k_{x2}$ [18]代入式（2.51），并对整个横截面进行积分得到总的应变能表达式为

$$
\begin{aligned}
U=&\frac{1}{2}LA_{11}\left[\frac{\beta R_1 k_{x2}^2}{2k_{y2}^2}+\frac{\sin\left(\beta R_1 k_{y2}\right)k_{x2}^2}{2k_{y2}^3}-\frac{4\sin^2\left(\beta R_1 k_{y2}/2\right)k_{x2}^2}{\beta R_1 k_{y2}^4}\right]+\frac{1}{2}\beta R_1 L\\
&\times\Big[A_{11}\left(\varepsilon_x^{\mathrm{T}}+\varepsilon_x^{\mathrm{H}}\right)^2+2A_{12}\left(\varepsilon_x^{\mathrm{T}}+\varepsilon_x^{\mathrm{H}}\right)\left(\varepsilon_y^{\mathrm{T}}+\varepsilon_y^{\mathrm{H}}\right)+2B_{16}\left(\varepsilon_x^{\mathrm{T}}+\varepsilon_x^{\mathrm{H}}\right)\left(k_{xy2}-k_{xy}^{\mathrm{T}}-k_{xy}^{\mathrm{H}}\right)\\
&+2B_{26}\left(\varepsilon_y^{\mathrm{T}}+\varepsilon_y^{\mathrm{H}}\right)\left(k_{xy2}-k_{xy}^{\mathrm{T}}-k_{xy}^{\mathrm{H}}\right)+A_{22}\left(\varepsilon_y^{\mathrm{T}}+\varepsilon_y^{\mathrm{H}}\right)^2+\left(D_{11}+B_{16}B_{61}'\right)\left(k_{x2}-k_x^{\mathrm{T}}-k_x^{\mathrm{H}}\right)^2\\
&+\left(2D_{12}+B_{16}B_{62}'+B_{26}B_{61}'\right)\left(k_{x2}-k_x^{\mathrm{T}}-k_x^{\mathrm{H}}\right)\left(k_{y2}-1/R_1-k_y^{\mathrm{T}}-k_y^{\mathrm{H}}\right)\\
&+\left(D_{22}+B_{26}B_{62}'\right)\left(k_{y2}-1/R_1-k_y^{\mathrm{T}}-k_y^{\mathrm{H}}\right)^2+D_{66}\left(k_{xy2}-k_{xy}^{\mathrm{T}}-k_{xy}^{\mathrm{H}}\right)^2\Big]
\end{aligned}
\tag{2.52}
$$

由图 1.2 中第二稳态的圆柱壳结构可知，在第二稳态时 $k_{y2}\approx 0$，可以通过最小势能原理求得第二稳态时考虑了温度和湿度影响的 k_{x2} 和 k_{xy2} 为

$$
\begin{aligned}
&\frac{\mathrm{d}U}{\mathrm{d}k_{x2}}=0,\quad k_{x2}=\frac{\left(2D_{12}+B_{16}B_{62}'+B_{26}B_{61}'\right)}{2\left(D_{11}+B_{16}B_{61}'\right)}\left(\frac{1}{R_1}+k_y^{\mathrm{T}}+k_y^{\mathrm{H}}\right)+k_x^{\mathrm{T}}+k_x^{\mathrm{H}}\\
&\frac{\mathrm{d}U}{\mathrm{d}k_{xy2}}=0,\quad k_{xy2}=-\frac{B_{16}\left(\varepsilon_x^{\mathrm{T}}+\varepsilon_x^{\mathrm{H}}\right)+B_{26}\left(\varepsilon_y^{\mathrm{T}}+\varepsilon_y^{\mathrm{H}}\right)}{D_{66}}+k_{xy}^{\mathrm{T}}+k_{xy}^{\mathrm{H}}
\end{aligned}
\tag{2.53}
$$

由式（2.53）可知，反对称铺设圆柱壳结构由于受到温度和湿度的影响而存在第二稳态扭曲率 k_{xy2}，其在第二稳态时不再具有规则的半圆柱壳形状；对于第二稳态主曲率 k_{x2}，也会受到温度和湿度的影响。

2.4.2 算例分析

1. 材料属性

反对称铺设圆柱壳结构的材料属性会受温湿环境的影响。一系列研究结果表明，当温差变化较大时，考虑温度相关的材料属性对于复合材料结构的设计具有十分重要的意义[42]。同样，需要考虑湿度对圆柱壳结构的材料属性造成的影响。Parhi 等[43]研究碳纤维环氧树脂材料在温度和湿度影响下的动态分析时，实验测量得到不同温度对材料属性的影响。结果表明：温度变化只改变横向弹性模量 E_2 和剪切模量 G_{12}，不改变纵向弹性模量 E_1 和主泊松比 ν_{12}。此外，通过实验测量不同湿度对材料属性的影响，结果表明：湿度变化只改变横向弹性模量 E_2，而不改变其他的材料属性。同时发现湿度从完全干燥的吸湿率 0 到饱和吸湿率 1.5%，横向弹性模量 E_2 从 6.9GPa 减小到 6.17GPa，其横向弹性模量 E_2 变化的幅度相当于温度从 27℃到 52℃带来的变化幅度，这说明温度相比于湿度对材料属性的变化有更大的影响。

对于选用的材料属性，当同时考虑温度和湿度影响时，实验较难测量不同温度、不同湿度时的材料属性，且温度相比湿度对材料属性的影响更大，选用的 T700/环氧树脂基体的材料属性如表 2.5 和表 2.6 所示。表 2.5 的数据是由上海高分子材料研究开发中心测得的四个特殊温度点的材料属性。通过曲线拟合得到材料属性随温度变化的曲线，具体拟合出的曲线如图 2.15 所示。表 2.6 为 T700/环氧树脂基体与湿度有关的材料属性，其在不同湿度时采用的是不随湿度变化的材料属性，即常温时的材料属性。其中，纵向湿膨胀系数β_1 和横向湿膨胀系数β_2 可通过查阅资料获得[44]，这里选取典型的纵向湿膨胀系数β_1=0，横向湿膨胀系数β_2=0.005/%H_2O，即水中浸泡的湿膨胀系数为 0.005。

表 2.5 T700/环氧树脂基体单层板随温度相关的材料属性

T/℃	E_1/GPa	E_2/GPa	G_{12}/GPa	ν_{12}	α_1	α_2
20	108	7.07	5.17	0.31	-2.1×10^{-6}	64.33×10^{-6}
40	106	3.68	4.03		-1.9×10^{-6}	60.9×10^{-6}
60	104	3.13	3.50		-1.6×10^{-6}	55.4×10^{-6}
80	99.4	2.90	2.27		-1.2×10^{-6}	53×10^{-6}

表 2.6 T700/环氧树脂基体单层板与湿度有关的材料属性

参数	E_1/GPa	E_2/GPa	G_{12}/GPa	ν_{12}	β_1	β_2
取值	108	7.07	5.17	0.31	0	0.005/%H_2O

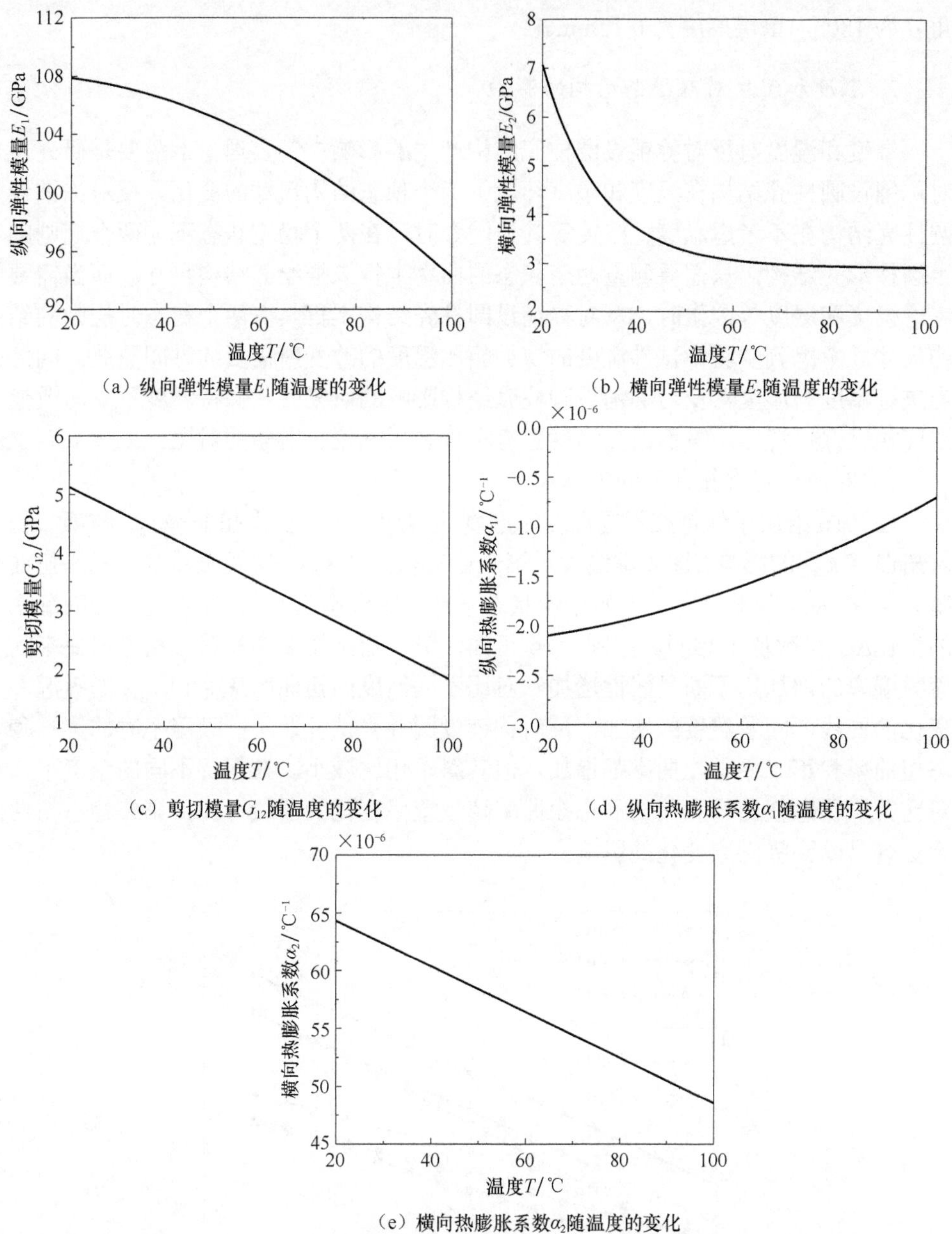

图 2.15　T700/环氧树脂复合材料单层板随温度相关的材料属性

理论分析的对象为反对称铺设圆柱壳结构，其具体的几何尺寸及铺设方式为：4 层反对称铺设方式且铺设角 α 定为 45°，形如[45°/−45°/45°/−45°]。纵向直边长度 L 为 100mm，初始横截面圆弧半径 R_1 为 25mm，初始横截面圆弧的圆心

角 β 为 180°，单层厚度为 0.12mm。

2. 温度和湿度对双稳态结构的影响

温度和湿度对反对称铺设圆柱壳结构产生的影响[45,46]，理论上主要是研究反对称铺设圆柱壳结构在温度和湿度环境下两个稳态结构尺寸的变化。反对称铺设圆柱壳结构在不考虑温度、湿度等其他因素时，在两个稳定状态下为两个规则的半圆柱形壳结构，只需要测量两个稳态的曲率半径来描绘其结构尺寸。而当需要考虑温度和湿度等因素时，反对称铺设圆柱壳结构不再具有两个稳态时规则的结构尺寸。考虑到实验中试件湿度的增加相比温度的改变所需要的时间更久，因此当进行温度和湿度对反对称铺设圆柱壳结构影响的研究时，保持温度不变而改变湿度相比保持湿度不变而改变温度更有利于之后理论、实验的对比。

1）对两个稳态扭曲率的影响

图 2.16 给出了保持在不同温度时湿度的增加对第一稳态扭曲率 k_{xy1} 和第二稳态扭曲率 k_{xy2} 的影响。图中虚线表示第一稳态扭曲率 k_{xy1}，实线表示第二稳态扭曲率 k_{xy2}，C 表示吸湿率[47]。初始干燥状态下定义吸湿率为 0，因此吸湿率与吸湿率的变化ΔC 在数值上相同。由图 2.16 可知，第一稳态扭曲率和第二稳态扭曲率随着吸湿率的增加均不断呈线性增加。对比不同温度的扭曲率 k_{xy1} 和 k_{xy2} 随吸湿率变化的曲线，随着温度的增加，反对称铺设圆柱壳试件在不同吸湿率时的第一稳态扭曲率和第二稳态扭曲率都增加，但其斜率相比减小。在保持不同的温度下，对比第一稳态扭曲率和第二稳态扭曲率随吸湿率变化的曲线可知，第二稳态扭曲率更容易受到吸湿率变化的影响。

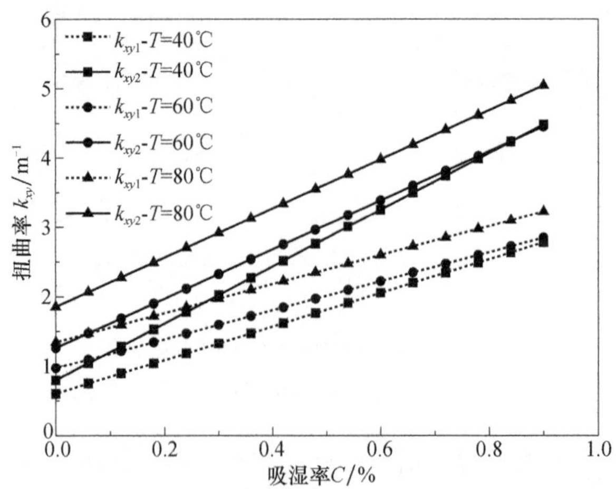

图 2.16　不同温度下吸湿率对第一稳态扭曲率 k_{xy1} 和第二稳态扭曲率 k_{xy2} 的影响

2）对第二稳态主曲率的影响

图 2.17 给出了保持在不同温度时吸湿率的增加对第二稳态主曲率 k_{x2} 的影响。由图可知，保持在不同的温度下，第二稳态主曲率并不随吸湿率的增加而改变。当对比不同温度下第二稳态主曲率的关系时，随着温度的增加，第二稳态主曲率不断增加。对于第二稳态主曲率不随吸湿率而变化的现象，主要是因为理论模型中对于材料属性中的纵向弹性模量 E_1、横向弹性模量 E_2 和剪切模量 G_{12} 考虑了随温度相关，而没有同时考虑随湿度相关。同时也可以发现，湿膨胀系数的变化或吸湿率的改变并不会对反对称铺设圆柱壳结构第二稳态主曲率造成影响。

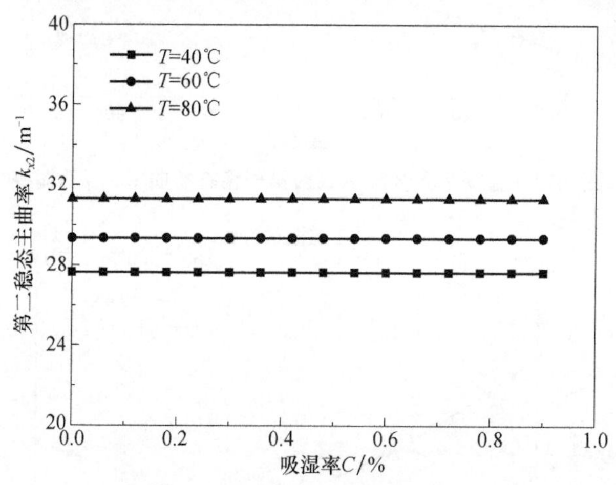

图 2.17　不同温度 T 下吸湿率 C 对第二稳态主曲率 k_{x2} 的影响

3. 温度和湿度对圆柱壳结构的综合影响调控

根据式（2.50）和式（2.53）得到的温度和湿度对第一稳态扭曲率 k_{xy1} 和第二稳态扭曲率 k_{xy2} 影响的表达式可知：对于反对称铺设圆柱壳结构，第一稳态扭曲率和第二稳态扭曲率随温度或吸湿率的增加而增加。这为通过改变温度和湿度来调控反对称铺设圆柱壳结构两个稳态扭曲率在理论上提供了可能，即通过提高温度和降低吸湿率，或者提高吸湿率和降低温度来调节扭曲率。

图 2.18 和图 2.19 分别列举了一种温度 T 和吸湿率 C 的变化对第一稳态扭曲率 k_{xy1} 和第二稳态扭曲率 k_{xy2} 的调控。在图 2.18 中，其中一条曲线保持吸湿率为 0.4%，其第一稳态扭曲率随着温度的降低不断减小，当温度降到 36℃时，曲线存在一个局部最小值；另一条曲线保持温度为 40℃，其第一稳态扭曲率随着吸湿率的增加而不断增加。相似的规律同样可以在图 2.19 中得到，但图 2.18 与图 2.19 中曲线的差别是，温度和吸湿率的变化对第二稳态扭曲率调节的幅度相比第一稳态扭曲率调节的幅度更大。

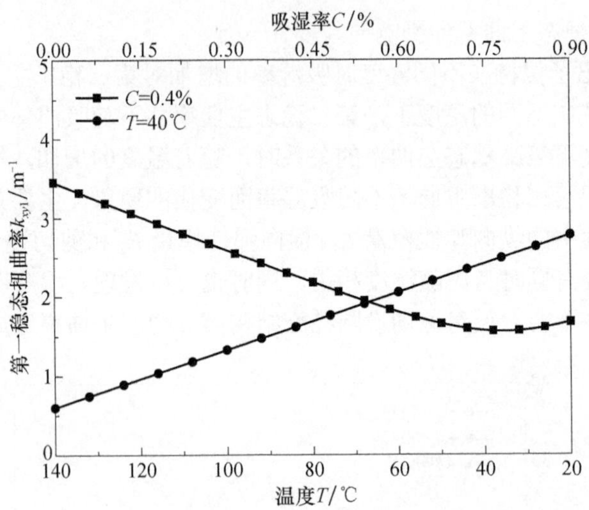

图 2.18　温度 T 和吸湿率 C 对第一稳态扭曲率 k_{xy1} 的调控

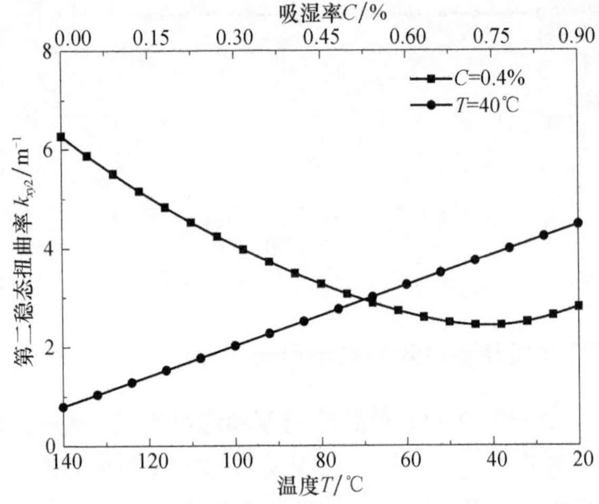

图 2.19　温度 T 和吸湿率 C 对第二稳态扭曲率 k_{xy2} 的调控

参 考 文 献

[1] 陈建桥. 复合材料力学[M]. 武汉: 华中科技大学出版社, 2016.

[2] 矫桂琼, 贾普荣. 复合材料力学[M]. 西安: 西北工业大学出版社, 2008.

[3] Mraes M H D. Mechanics of Fibrous Composites[M]. Amsterdam: Elsevier, 1991.

[4] Jawad M H. Theory and Design of Plate and Shell Structures[M]. London: Chapman and Hall, 1994.

[5] Akbarov S D, Guz A N. Mechanics of Curved Composites[M]. Berlin: Springer, 2000.

[6] Galletly D A, Guest S D. Bistable composite slit tubes. Ⅰ. A beam model[J]. International Journal of Solids and Structures, 2004, 41(16/17): 4517-4533.

[7] 徐芝纶. 弹性力学简明教程[M]. 北京: 高等教育出版社, 1980.

[8] 吴家龙. 弹性力学[M]. 上海: 同济大学出版社, 1980.

[9] 黎志伟. 含压电层双稳态复合材料层合壳体的力学特性及数值模拟[D]. 上海: 同济大学, 2007.

[10] 陈孟. 含形状记忆合金双稳态复合材料壳结构的有限元数值模拟[D]. 上海: 同济大学, 2009.

[11] Galletly D A, Guest S D. Bistable composite slit tubes. Ⅱ. A shell model[J]. International Journal of Solids and Structures, 2004, 41(16/17): 4503-4516.

[12] Pellegrino S, Guest S D. Analytical models for bistable cylindrical shells[J]. Proceedings of the Royal Society A: Mathematical, Physical and Engineering Sciences, 2006, 462: 839-854.

[13] 吴代华, 晏石林. 有拉-弯耦合效应时复合材料接头的胶层应力分析[J]. 武汉理工大学学报, 1989, 2: 233-241.

[14] 张承宗. 复合材料板壳力学解析理论[M]. 北京: 国防工业出版社, 2009.

[15] Iqbal K, Pellegrino S. Bi-stable composite shells[C]. 41st AIAA/ASME/ ASCE/AHS/ASC Structures, Structural Dynamics, and Materials Conference and Exhibit, Atlanta, 2000.

[16] Pellegrino S. Bistable shell structures[C]. 46th AIAA/ASME/ASCE/AHS/ ASC Structures, Structural Dynamics and Materials Conference, Austin, 2005.

[17] Mansfield E H. The Bending and Stretching of Plates[M]. 2nd ed. Cambridge: Cambridge University Press, 1989.

[18] Iqbal K, Pellegrino S, Daton-Lovett A. Bi-stable composite slit tubes[M]//Pellegrino S, Guest S. IUTAM-IASS Symposium on Deployable Structures: Theory and Applications. Dordrecht: Kluwer Academic Publishers, 1998.

[19] 雷一鸣. 双稳态复合材料设计及力学行为研究[D]. 北京: 清华大学, 2007.

[20] 崔兴志. 碳纤维增强环氧树脂复合材料的制备及性能研究[D]. 青岛: 中国海洋大学, 2014.

[21] 程燕婷, 孟家光, 刘青, 等. 碳纤维-环氧树脂复合材料的制备及力学性能表征[J]. 合成纤维, 2016, 45(3): 38-42.

[22] Zhang Z, Ye G F, Wu H L, et al. Bistable behaviour and microstructure characterization of carbon fiber/epoxy resin anti-symmetric laminated cylindrical shell after thermal exposure[J]. Composites Science and Technology, 2017, 138: 91-97.

[23] Hyer M W, Herakovich C T, Milkovich S M, et al. Temperature dependence of mechanical and thermal expansion properties of T300/5208 graphite/epoxy[J]. Composites, 1983, 14(3): 276-280.

[24] Zhang Z, Wu H L, Ye G F, et al. Experimental study on bistable behaviour of anti-symmetric laminated cylindrical shells in thermal environments[J]. Composite Structures, 2016, 144: 24-32.

[25] 聂国华, 顾欣. 复合材料壳体结构的双稳态特性研究[C]. 中国力学学会学术大会, 北京, 2005.

[26] 顾欣. 双稳态复合材料结构力学特性的分析[D]. 上海: 同济大学, 2004.

[27] Liu J Y, Qiao W F, Liu J X, et al. High temperature indentation behaviors of carbon fiber composite pyramidal truss structures[J]. Composite Structures, 2015, 131: 266-272.

[28] Liu J Y, Zhu X G, Zhou Z Z, et al. Effects of thermal exposure on mechanical behavior of carbon fiber composite pyramidal truss core sandwich panel[J]. Composites Part B: Engineering, 2014, 60(60): 82-90.

[29] Liu J, Zhou Z, Wu L, et al. Mechanical behavior and failure mechanisms of carbon fiber composite pyramidal core sandwich panel after thermal exposure[J]. Journal of Materials Science and Technology, 2013, 29(9): 846-854.

[30] Gigliotti M, Grandidier J C, Lafarie-Frenot M C. The employment of 0/90 unsymmetric samples for the characterisation of the thermo-oxidation behaviour of composite materials at high temperatures[J]. Composite Structures, 2011, 93(8): 2109-2119.

[31] Akay M, Spratt G R, Meenan B. The effects of long-term exposure to high temperatures on the ILSS and impact performance of carbon fibre reinforced bismaleimide[J]. Composites Science and Technology, 2003, 63(7): 1053-1059.

[32] Zhang Z, Ye G F, Wu H L, et al. Thermal effect and active control on bistable behaviour of anti-symmetric composite shells with temperature-dependent properties[J]. Composite Structures, 2015, 124: 263-271.

[33] Eckstein E, Pirrera A, Weaver P M. Morphing high-temperature composite plates utilizing thermal gradients[J]. Composite Structures, 2013, 100(5): 363-372.

[34] 赵美英, 陶梅贞. 复合材料结构力学与结构设计[M]. 哈尔滨：哈尔滨工程大学出版社, 2007.

[35] 王晓娜, 侯进森, 姚力, 等. 基于层合板理论的碳纤维结构刚度分析[J]. 上海汽车, 2017, (2): 26-29.

[36] Choi H S, Ahn K J, Nam J D, et al. Hygroscopic aspects of epoxy/carbon fiber composite laminates in aircraft environments[J]. Composites Part A: Applied Science and Manufacturing, 2001, 32(5): 709-720.

[37] Gigliotti M, Jacquemin F, Molimard J, et al. Transient and cyclical hygrothermoelastic stress in laminated composite plates: Modelling and experimental assessment[J]. Mechanics of Materials, 2007, 39(8): 729-745.

[38] 卢少微, 张海军, 高禹, 等. 后固化对复合材料热膨胀系数的影响[J]. 固体火箭技术, 2013, 36(2): 246-249.

[39] 朱龙基, 曹先启, 张洪楠, 等. 颗粒增强复合材料热膨胀系数预测模型的研究现状[J]. 化学与粘合, 2015, 37(4): 298-302.

[40] 王耀先. 复合材料力学与结构设计[M]. 上海: 华东理工大学出版社, 2012.

[41] Gigliotti M, Jacquemin F, Vautrin A. Assessment of approximate models to evaluate transient and cyclical hygrothermoelastic stress in composite plates[J]. International Journal of Solids and Structures, 2007, 44(3/4): 733-759.

[42] Cao S, Wu Z, Wang X. Tensile properties of CFRP and Hybrid FRP composites at elevated temperatures[J]. Journal of Composite Materials, 2009, 43(4): 315-330.

[43] Parhi P K, Bhattacharyya S K, Sinha P K. Hygrothermal effects on the dynamic behavior of multiple delaminated composite plates and shells[J]. Journal of Sound and Vibration, 2001, 248(2): 195-214.

[44] Portela P, Camanho P, Weaver P, et al. Analysis of morphing, multi stable structures actuated by piezoelectric patches[J]. Computers and Structures, 2008, 86(3): 347-356.

[45] Telford R, Katnam K B, Young T M. The effect of moisture ingress on through-thickness residual stresses in unsymmetric composite laminates: A combined experimental-numerical analysis[J]. Composite Structures, 2014, 107(1): 502-511.

[46] Katnam K B, Crocombe A D, Sugiman H, et al. Static and fatigue failures of adhesively bonded laminate joints in moist environments[J]. International Journal of Damage Mechanics, 2011, 20(8): 1217-1242.

[47] 李静. 纤维增强树脂基复合材料的吸湿性和湿变形[J]. 航天返回与遥感, 2010, 31(2): 69-74.

第3章　双稳态结构实验与模拟

3.1　双稳态结构实验

根据双稳态复合材料的国内外研究现状，目前对反对称层合圆柱壳的双稳态理论模型[1,2]还缺少足够的实验数据加以验证，对壳的稳态转变力学行为缺乏深刻的理解和相关实验研究，不能为反对称双稳态复合材料结构的设计与制备提供相关技术指导，影响了其在实际应用中的发展。为此，Zhang 等首次提出一种用于驱动反对称层合圆柱壳实现稳态转变的机械力加载方法——两点加载法[3]，并结合拉伸试验机等现有设备建立相应的实验测试平台，用以对所制备的不同规格的反对称层合圆柱壳试件的双稳态特性进行实验研究。经验证，该实验平台可对试件的稳态转变过程进行捕捉和测量。通过实验对所制备的试件第二稳态卷曲半径、稳态转变载荷及稳态转变过程中的载荷-位移曲线变化情况，给出试件结构尺寸、纤维铺设角和铺层数等几何参数对反对称层合圆柱壳双稳态特性的影响规律，从而对基于反对称层合圆柱壳结构的自适应可变形结构[4,5]的设计及制备提供依据和指导。

3.1.1　试件准备

反对称层合圆柱壳试件是由多个厚度为 0.185mm 的碳纤维环氧树脂（T700/TDE-85）[6]单层板按照所设计的尺寸进行裁剪，以一定的铺设方式在半圆柱形钢制模具中高温保压固化并脱模后制得，而非对称正交铺设双稳态层合板是以平板状态高温保压固化并自然冷却至室温获得的。T700/TDE-85 单层板的材料参数见表 2.1，所制备的具有不同结构尺寸、纤维铺设角和铺层数的反对称层合圆柱壳试件已列于表 2.2。图 3.1 为所制备试件的照片，图中各试件的编号对应于表 2.2 所列编号。

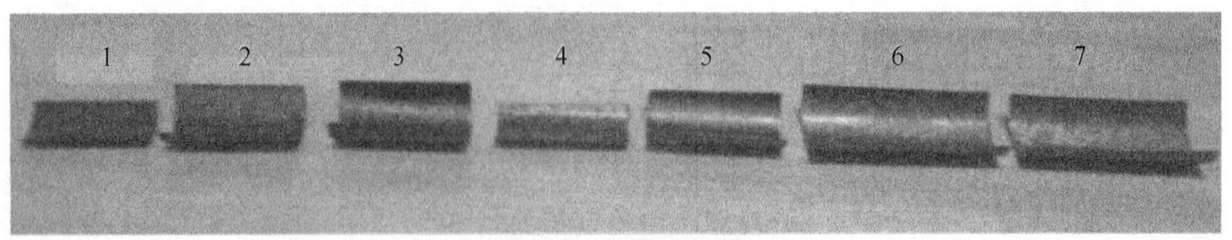

图 3.1　实验制备的试件照片

3.1.2　实验方案

目前对于反对称层合圆柱壳双稳态特性的实验研究较少，个别文献[7]也仅仅给出了制备的一些试件的第二稳态卷曲半径测量值，并未对该类双稳态复合材料结构的稳态转变过程进行捕捉和测量，也未采用更多的参数来表征反对称层合圆柱壳的双稳态特性。不同于非对称正交铺设层合板，反对称层合圆柱壳的两种稳态曲率方向相同，用于驱动非对称正交层合板发生稳态转变的实验加载方案[8,9]（图 1.3）不再适用于反对称层合圆柱壳。因此，需要对实验方案进行重新设计。

借鉴已有非对称正交层合板的实验加载方案，这里提出一种满足反对称层合圆柱壳发生稳态转变要求的实验加载方法，简称两点加载法，如图 3.2 所示。图中所示加载方案具体包括：对壳体两曲边部分进行平面支撑（限制 z 向位移），限制壳体中心的平面位移（x-y 面内位移），对壳体两直边中心施加$-z$ 向载荷。根据图示的边界条件，对壳体两直边中心施加力 F 的效果相当于提供给壳体结构两对弯矩：一个是使壳体结构沿 y 方向展平的横向弯矩 M_y，另外一个是使壳体结构沿 x 方向卷拢的纵向弯矩 M_x，如图 2.1 所示。力 F 由拉伸试验机提供，直至反对称层合圆柱壳试件转变为第二稳态。

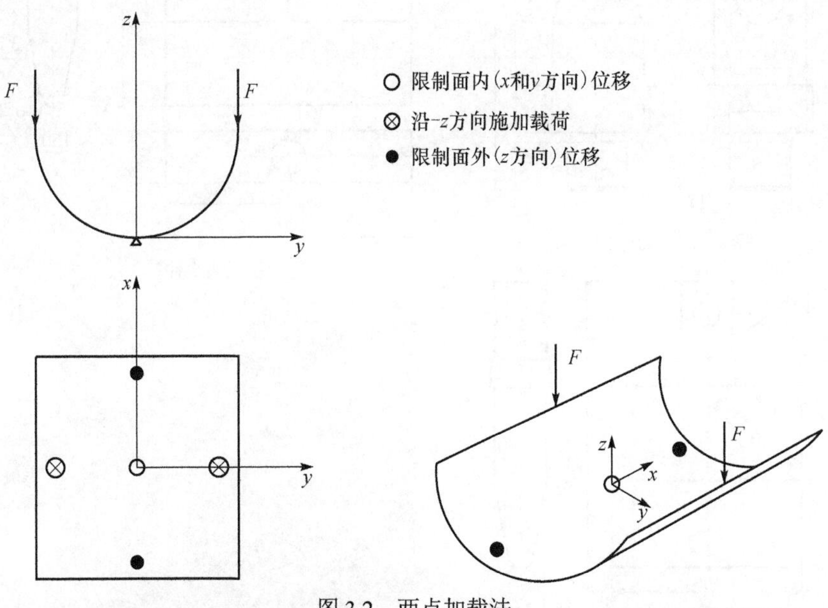

图 3.2　两点加载法

3.1.3　实验仪器、平台

实验中使用 REGER 3010 型电子万能材料试验机[10]对试件进行加载，其标配的力传感器量程为 0～1kN，误差为 0.5%～1%。通过对试件初步加载并测试，所制备试件的稳态转变载荷最大不超过 200N，故 REGER 3010 型试验机标配的力传感器满足测试要求。

由于试验机标配的压头[11]和夹具[12]不满足本实验的加载要求，这里基于两点加载法设计了相应的实验加载压头和夹具，分别如图 3.3 和图 3.4 所示。图 3.3（a）和（b）所示为压头构成零件，零件 1 用于将压头主体零件 2 固定到拉伸试验机上；图 3.3（c）为压头装配图；图 3.3（d）为加工好的压头实物照片。压头跨度初步设计为 100mm，基本满足对试件进行两点加载的要求。图 3.4 所示为夹具的装配图和实物照片，主要包含 4 个零件，零件 1 与压头零件 1 类似，用于将夹具固定到试验机的试验平台上；零件 2 为滑块（2 个）；零件 3 为夹具底座。两个滑块通过螺钉固定在底座滑槽中以保证两滑块间距可调，从而适应对不同尺寸试件的支

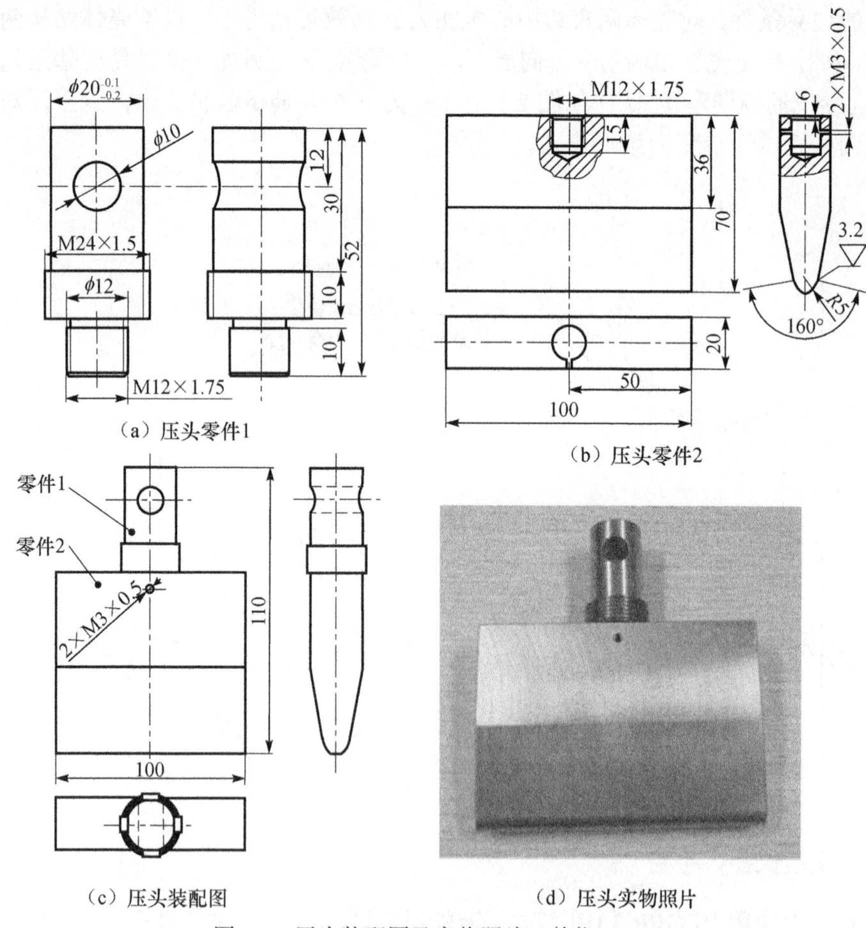

（a）压头零件1

（b）压头零件2

（c）压头装配图

（d）压头实物照片

图 3.3　压头装配图及实物照片（单位：mm）

撑要求。图 3.4 中，(a)～(c) 分别为夹具的主视图、左视图和俯视图，(d) 为夹具实物照片。压头和夹具零件均采用 45 钢制成，相对于复合材料试件可近似认为是刚体，因此可避免压头和夹具对实验测量结果产生影响。

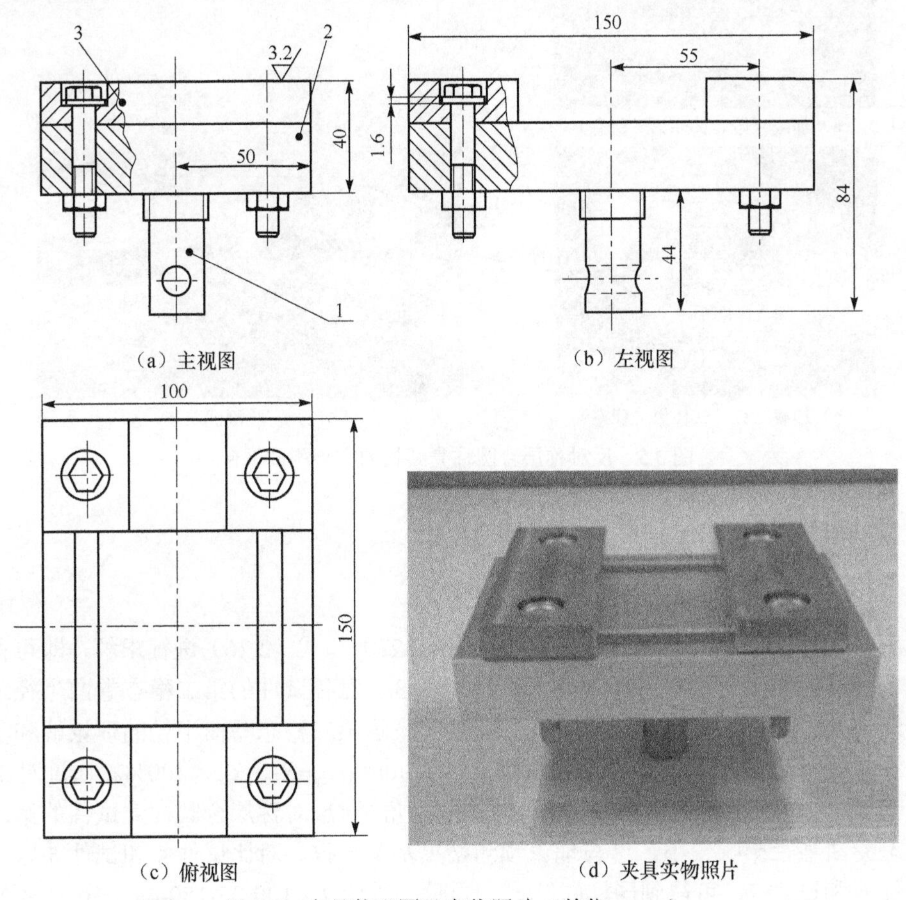

(a) 主视图　(b) 左视图　(c) 俯视图　(d) 夹具实物照片

图 3.4　夹具装配图及实物照片（单位：mm）

将设计的压头和夹具安装到 REGER 3010 型试验机上，即组成了用于驱动反对称层合圆柱壳试件发生稳态转变的实验平台，如图 3.5 所示。图 3.5（a）所示为加载开始时试件处于初始状态的局部放大图；图 3.5（b）所示为加载结束后试件成功转变为第二稳态的局部放大图；图 3.5（c）所示为整个实验测试环境。图 3.5（a）和（b）的实验加载过程称为 Snap-through 过程[13,14]。同理，该实验平台也可将处于第二稳态的试件按照同样的加载方式转变为初始状态，这种 Snap-through 的逆过程称为 Snap-back 过程。实验数据采集前，预先对每个试件在两种稳态间转变多次，以保证获得更加准确稳定的实验数据。

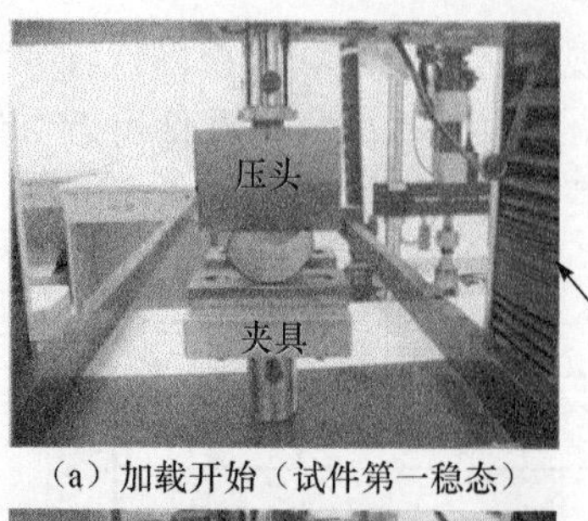

（a）加载开始（试件第一稳态）

（b）加载结束（试件第二稳态）

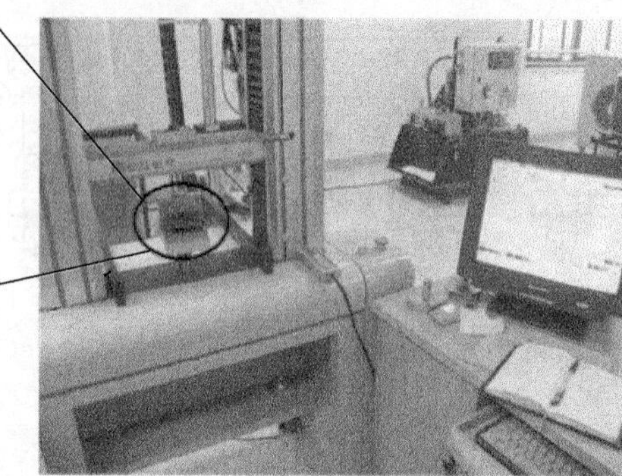
（c）实验测试平台

图 3.5　反对称层合圆柱壳结构的实验测试平台

3.1.4　实验结果

1. 第二稳态卷曲半径分析

采用 Mathematica 软件[15]编程，对式（2.25）和式（2.26）进行求解，即可得到各个试件的第二稳态卷曲半径理论解。表 3.1 对各试件的第二稳态卷曲半径理论解与实验结果进行了对比，R_{2a} 和 R_{2e} 分别表示第二稳态卷曲半径的理论解和实验测量值，ω为两者的相对误差，计算公式为$\omega=(R_{2a}-R_{2e})/R_{2a}\times100\%$。通过对比试件 1 和试件 2 的实验结果可知，初始圆心角β对反对称层合圆柱壳试件的第二稳态卷曲半径影响较小，这与理论预测结果基本一致。对比试件 4 和试件 5 以及试件 6 和试件 7，可得到同样的结论。同时，试件 2（100-25-180-4anti30_shell）的 R_{2a} 和 R_{2e} 均明显小于试件 3（100-25-180-4anti45_shell），这表明在几何尺寸和铺层数相同的情况下，反对称层合圆柱壳的铺设角 α 对其第二稳态卷曲半径有显著影响，α 越大，则第二稳态卷曲半径越小。观察表 3.1 中试件 1 和试件 4、试件 2 和试件 5 以及试件 6 和试件 7 的 R_{2a} 和 R_{2e} 可知，铺层数 n 对反对称层合圆柱壳的第二稳态卷曲半径影响很小。

表 3.1　各个试件的第二稳态卷曲半径对比

试件	R_{2a}/mm	R_{2e}/mm	ω/%
1	89.7	84.7	−5.57
2	89.7	86.9	−3.12

续表

试件	R_{2a}/mm	R_{2e}/mm	ω/%
3	37.8	31.3	−17.20
4	88.8	89.6	0.90
5	88.8	83.3	−6.19
6	107.7	102.0	−5.29
7	106.6	104.1	−2.35

根据理论计算，反对称层合圆柱壳的长度 L 及初始圆心角 β 对其第二稳态卷曲半径没有影响。在相同铺设方式下（铺设角 α 和铺层数 n 相同），反对称层合圆柱壳的第二稳态卷曲半径大小主要取决于其初始横截面半径，且不同试件的第二稳态卷曲半径与其初始横截面半径有如下关系[16]：

$$\frac{R_2}{R_2'}=\frac{R_1}{R_1'} \tag{3.1}$$

式中，R_2、R_2' 分别为具有相同铺设方式、不同几何尺寸的试件的第二稳态卷曲半径；R_1、R_1' 分别为相应试件的初始横截面半径。

从表 3.1 中提取相同铺设方式、不同几何尺寸的试件的第二稳态卷曲半径数据，分析试件初始横截面半径对第二稳态卷曲半径的影响，结果如表 3.2 所示。表中，R_{2a}、$R_2{'}_a$ 表示不同试件的第二稳态卷曲半径理论解，R_{2e}、$R_2{'}_e$ 表示不同试件的第二稳态卷曲半径实验测量值。由表 3.2 中可知，试件 6（150-30-180-4anti30_shell）与试件 2（100-25-180-4anti30_shell）的第二稳态卷曲半径理论解之比为 1.20，试件 7（150-30-180-5anti30_shell）与试件 5（100-25-180-5anti30_shell）的第二稳态卷曲半径理论解之比也为 1.20，而两组试件相应的初始横截面半径之比也均为 1.20，符合关系式（3.1）。对比两组试件对应的第二稳态卷曲半径实验测量值 R_{2e} 可得，试件 6 与试件 2 的第二稳态卷曲半径测量值之比为 1.17，试件 7 与试件 5 的第二稳态卷曲半径测量值之比为 1.25，与理论计算结果吻合较好，这从实验角度很好地验证了式（3.1）所述的变量关系。上述两组试件的第二稳态卷曲半径实验测量值之比与相应的理论解之比的相对误差分别为−2.5%和 4.2%，考虑到实验系统误差和试件制备误差，上述误差可以接受。

表 3.2　初始横截面半径对第二稳态卷曲半径的影响

参数影响	R_1/R_1'	R_{2a}/R_{2a}'	R_{2e}/R_{2e}'	ω/%
试件 6 与试件 2	1.20	1.20	1.17	−2.5
试件 7 与试件 5	1.20	1.20	1.25	4.2

由上述实验结果可知，试件的第二稳态卷曲半径测量值 R_{2e} 几乎均小于理论解 R_{2a}，主要原因是试件在稳态转变过程中涉及较大的几何非线性，复合材料基体在高应变状态下由线弹性变为黏弹性，而理论模型中总是假设材料为线弹性的，其他可能的原因还包括试件制备误差、测量误差和环境影响（如温度）等。除了试件 3，其余试件的第二稳态卷曲半径理论解和测量值吻合较好，误差最大为 −6.19%。由于试件 3 的第二稳态卷曲半径较小，试件在稳态转变过程中处于高应变状态，因而涉及更大的几何非线性，可能导致第二稳态卷曲半径的实验值与理论解的误差加大。

2. 载荷分析

实验中，压头以 5mm/min 的进给速度对壳结构试件的两直边中心进行加载。通过 REGER 3010 型试验机标配的 1kN 力传感器可以得到实验加载过程中试件所受载荷随加载位移的变化情况。图 3.6 为试件 2 在稳态转变过程中的载荷-位移曲线，其余试件的载荷-位移曲线如图 3.7 所示。图 3.6 中插图为试件 2 的两种稳态的照片。从试件 2 的载荷-位移曲线可以看出，在 Snap-through 和 Snap-back 过程的加载初期，载荷随位移增大几乎呈线性变化。在达到峰值后（即稳态转变载荷）又缓慢下降，随后发生突变，载荷迅速下降为零，表明试件由一种稳态转变为另一种稳态，完成稳态转变。对比试件 2 的 Snap-through 和 Snap-back 载荷-位移曲线可以看出，试件由第二稳态转变为初始稳态所经历的加载过程更短，相应的 Snap-back 载荷也更小，这表明试件更容易从第二稳态回到初始稳态。其他试件的 Snap-through 和 Snap-back 稳态转变过程也具有相同的变化规律，如图 3.7 所示。

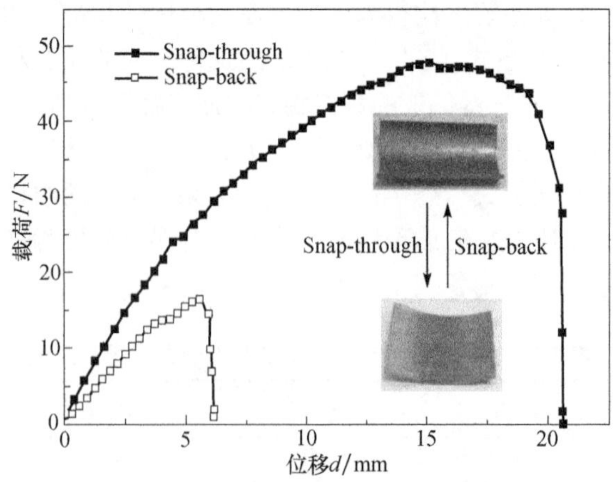

图 3.6　100-25-180-4anti30_shell（试件 2）的载荷-位移曲线

从图 3.7（b）可以看出，试件 3 的稳态转变过程比其他试件更长，且在 Snap-through 过程中载荷发生局部突变（图中已用圆圈标出），这表明试件此时发生弹性突变。在图 3.7（d）和（e）中，试件 5 的 Snap-through 和试件 6 的 Snap-back 的加载过程也存在类似的现象，这与非对称正交层合板在稳态转变过程中的载荷-位移变化情况相似[17]。对比所有试件的 Snap-through 和 Snap-back 曲线可以看出，试件 6 和试件 7 在载荷上升阶段的 Snap-back 载荷大于对应的 Snap-through 载荷，这是因为压头的设计跨度为 100mm，而试件 6 和试件 7 处在第二稳态时的横向跨度均超过了 100mm，所以在 Snap-back 过程中压头无法对试件的两直边中心进行加载，导致载荷的力臂减小，在试件 Snap-back 过程中所需最大弯矩一定的情况下，则相应的载荷也会增大。

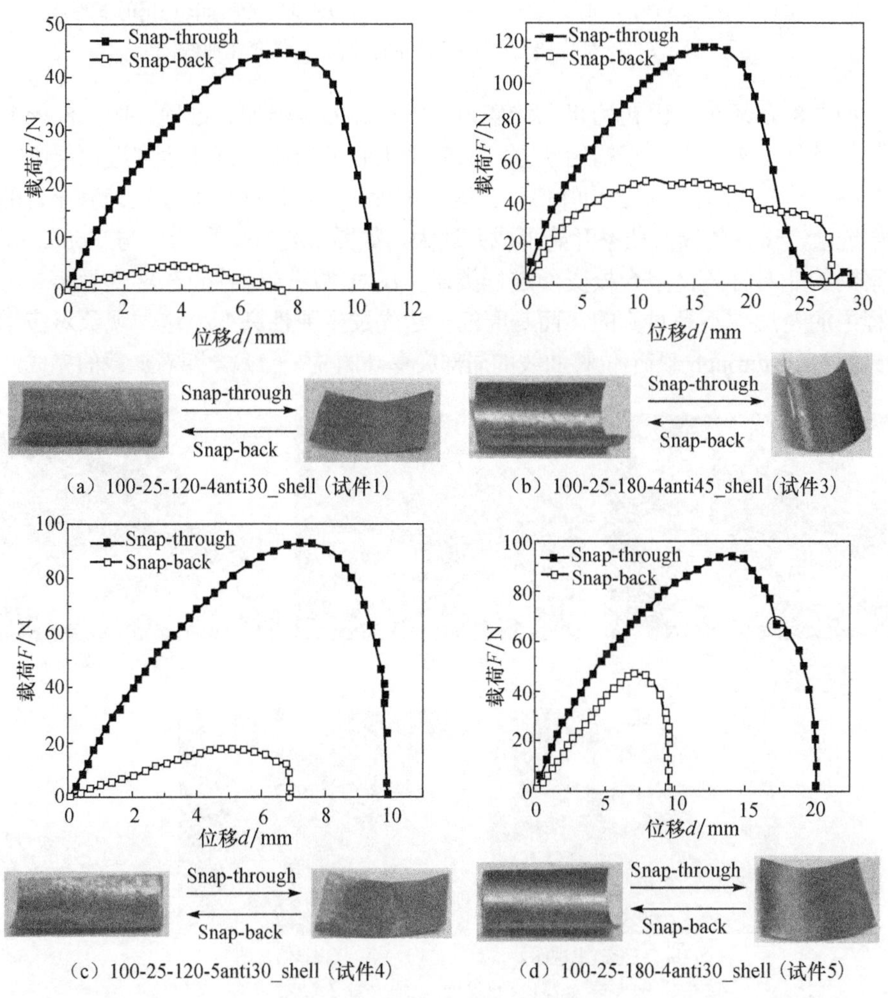

（a）100-25-120-4anti30_shell（试件1）　（b）100-25-180-4anti45_shell（试件3）

（c）100-25-120-5anti30_shell（试件4）　（d）100-25-180-4anti30_shell（试件5）

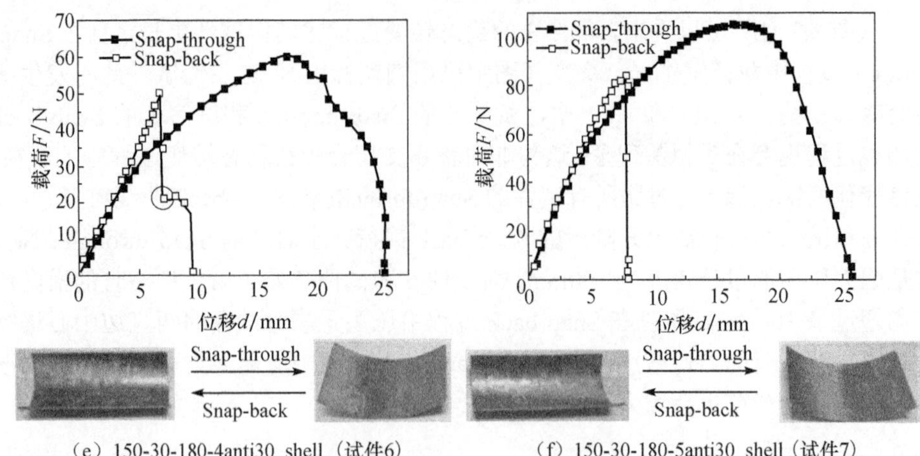

（e）150-30-180-4anti30_shell（试件6）　　（f）150-30-180-5anti30_shell（试件7）

图 3.7　反对称层合圆柱壳试件的载荷-位移变化曲线

图 3.8 为试件 5 由初始状态转变为第二稳态的实验加载过程。图 3.8（a）中加载前试件在夹具上处于初始状态，随着压头向下加载，试件达到近似展平状态（图 3.8（b）），此时载荷达到峰值。在这个过程中，试件横向曲率迅速减小。随着加载继续，试件的纵向曲率开始形成并增大，如图 3.8（c）所示。与 Potter 等[17]观察到的非对称正交层合板变形过程类似，反对称层合圆柱壳在转变为第二稳态过程中的变形并不是对称的，而是壳的一边先发生弹性突变，这一现象对应于试件 5 的 Snap-through 载荷-位移曲线的局部突变（图 3.7（d））。随着加载的完成，试

（a）初始状态

（b）接近展平

（c）壳的一边开始卷曲

（d）第二稳态（主视图）

（e）第二稳态（俯视图）

图 3.8　试件 5 的实验加载及稳态转变过程

件达到第二稳态，此时横向曲率为零。图 3.8（d）和（e）分别为试件第二稳态的主视图和俯视图。

表 3.3 列出了各试件发生稳态转变所需的稳态转变载荷，表中 F_t 和 F_b 分别表示试件由初始状态转变为第二稳态（Snap-through 过程）及其逆过程（Snap-back 过程）所需的稳态转变载荷。对比表中试件 1 和试件 2 的载荷数据可以看出，两者的 Snap-through 所需稳态转变载荷相近，这表明在铺设方式和其他几何参数相同的情况下，初始圆心角 β 对试件 Snap-through 所需稳态转变载荷的影响很小，对比试件 4 和试件 5 的 F_t 可以得到相同的结论。但初始圆心角 β 对 Snap-back 稳态转变载荷的影响较为明显，对比上述试件的 F_b 可知，初始圆心角 β 越大，试件 Snap-back 所需的稳态转变载荷也越大。

表 3.3　各试件发生稳态转变所需的稳态转变载荷（单位：N）

试件	Snap-through	Snap-back
	F_t	F_b
1	44.8	4.7
2	47.8	16.4
3	117.9	52.4
4	93.3	17.8
5	93.9	47.0
6	60.4	50.0
7	105.2	83.2

同时注意到，表 3.3 中所有试件的 F_b 均小于对应的 F_t。这可以从能量角度来加以解释，试件初始状态的应变能接近于零，当试件由初始状态转变为第二稳态时，试件的总应变能不再为零，而是处于一个局部极小值（图 2.2），因此试件更容易从第二稳态返回至初始稳态，此时所需的稳态转变载荷 F_b 要比试件由初始稳态转变为第二稳态的稳态转变载荷 F_t 小。试件 4、试件 5 和试件 7（铺层数均为 5）的稳态转变载荷 F_t 和 F_b 明显大于试件 1、试件 2 和试件 6（铺层数均为 4）。结果表明：在其他参数相同的条件下，铺层数 n 对试件稳态转变载荷 F_t 和 F_b 的影响较大，随着铺层数的增多，稳态转变载荷明显增大。表 3.3 中试件 3 的 Snap-through 稳态转变载荷最大，表明铺设角 α 对 F_t 的影响较大。对比试件 3 和试件 2 的 F_t 和 F_b 可推断，在一定范围内，铺设角 α 越大，试件发生稳态转变所需的载荷也越大。

3.2　有限元数值模拟

目前对于反对称双稳态复合材料结构的有限元分析[18,19]很少与实验结合，一般采用的边界条件是固定壳的中心，并对壳边施加两组弯矩。然而这种模拟方法存在一定的局限性，主要表现在两个方面：①建立的分析模型不能很好地反映实际实验环境和试件在载荷驱动下的实际变形过程，无法与实验观察到的稳态转变过程进行对比分析；②采用这种模拟方法，只能得到壳的第二稳态卷曲半径和第二稳态中面的应力分布情况，为反对称双稳态结构的设计和制备提供的指导有限。

为了更加准确地描述反对称层合圆柱壳在实验加载过程中的稳态转变行为，本节基于经典层合板理论，按照两点加载法和具体的实验条件建立了反对称层合圆柱壳的有限元分析模型，用来捕捉壳在加载过程中的变形情况。通过设计反对称层合圆柱壳的结构尺寸、铺层数和铺设角等几何参数，分析这些几何参数对反对称层合圆柱壳结构的第二稳态卷曲半径、第二稳态应力分布及稳态转变载荷的影响，并获得不同规格的反对称层合圆柱壳稳态转变过程的载荷-位移曲线，用以指导双稳态反对称层合圆柱壳结构的设计与应用。

3.2.1 有限元模型建立

反对称层合圆柱壳在变形过程中涉及较大的几何非线性[20,21]，特别是在伸展状态的横向展平到纵向开始卷拢这一过程中，壳体产生大变形，导致结构的刚度发生较大变化。商业有限元软件 ABAQUS 对于非线性问题具有较强的分析计算能力，有助于获得收敛[22,23]的有限元模拟结果。

基于经典层合板理论，按照实验方案和实验加载环境在 ABAQUS 软件中建立的反对称层合圆柱壳有限元分析模型如图 3.9 所示。在 Part 中建立图 3.9 所示部件的几何实体，根据实际压头的前端尺寸，建模时将其简化为半径为 5mm 的半圆柱。夹具简化为两个支撑平板，两平板之间的间距参照实验时两支撑滑块之间的间距设置，压头和夹具均简化为刚体部件。在 Property 中赋予试件材料属性并使用 Composite Layup 创建复合材料铺层，使用 Assembly 在整体坐标系中对各实体进行定位，组成一个装配体。在 Step 中创建两个分析步，Step-1 为加载阶段，压头向下移动对试件加载；Step-2 为卸载阶段，压头向上返回至初始位置。层合壳结构在稳态转变过程中涉及较大的几何非线性，因此需要开启非线性大变形选项，即 Nlgeom 设置为 On，同时按照默认参数设置 Automatic Stabilization 以使分析结果更易收敛。具体的软件设置界面如图 3.10 所示。使用 Interaction 设置支撑夹具和试件、压头和试件间的接触关系为光滑接触。在 Load 模块中设置边界条件和载荷，将夹具固定，根据实验情况，限制试件中心的转动自由度，对压头施加位移载荷。使用 Mesh 菜单对试件划分网格，减缩积分通常能够提供更加精确的计算结果同时显著降低计算成本，选取的 S4R 单元（减缩积分壳单元）[24]具有较好的收敛性。

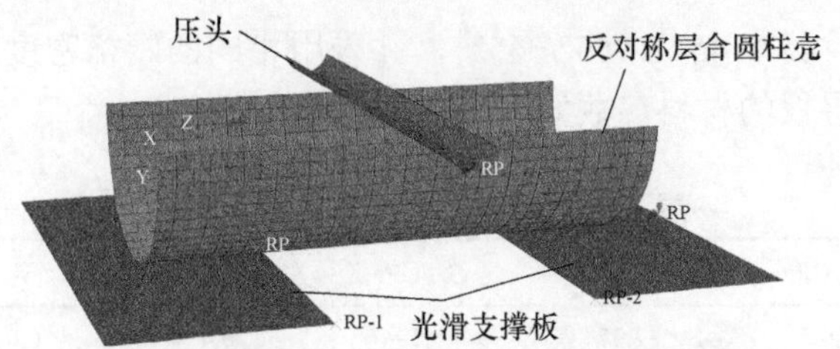

图 3.9　反对称层合圆柱壳的有限元分析模型

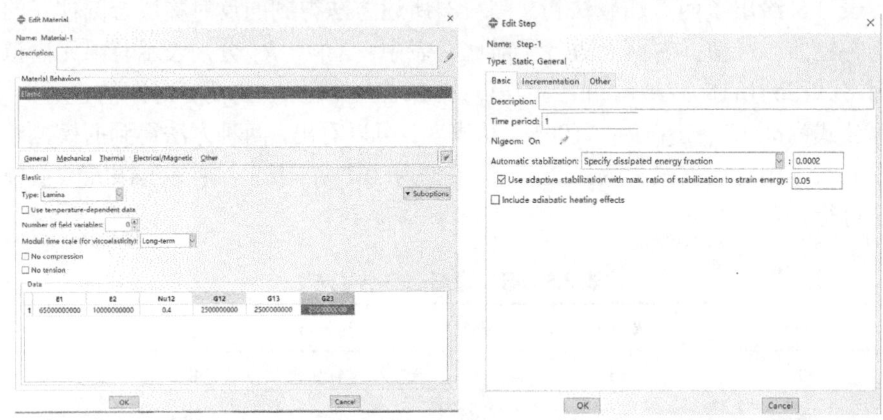

（a）Property中赋予试件材料属性　　　　（b）开启非线性大变形选项

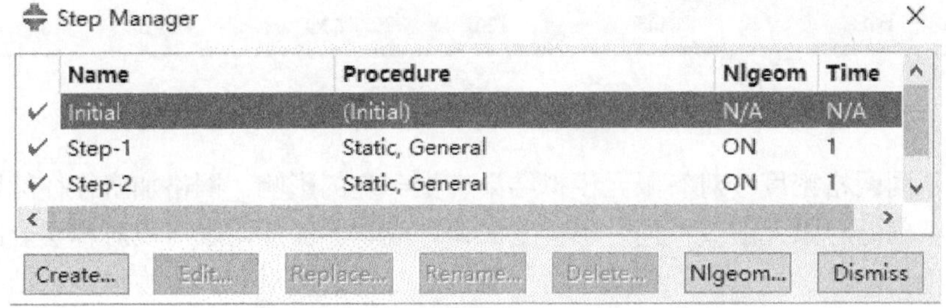

（c）Step中创建两个分析步

图 3.10　ABAQUS 相关设置界面

经过前处理操作后，在 Job 功能模块中创建并提交分析作业，生成 inp 文件。分析完成后，在 Visualization 模块中显示 odb 结果文件，提取所需数据。

3.2.2　可行性验证

为了验证上述有限元模型的准确性，这里采用上述有限元法对具有不同几何参数的 4 个反对称层合圆柱壳进行数值模拟，将计算结果与采用文献［25］所述模拟方法（即固定壳中心，对两组壳边施加弯矩）得到的结果进行对比，选取的铺设方式均为[45°/−45°/0°/45°/−45°]，并采用相同的网格密度。选取的材料为PP/Glass，其单层板的材料参数如表 3.4 所示。

表 3.4 PP/Glass 单层板的材料常数

参数	E_1/GPa	E_2/GPa	G_{12}/GPa	ν_{12}	ν_{21}	th/mm
取值	26.6	2.97	1.39	0.4	0.04	0.22

表 3.5 给出了两点加载法和文献[18]所述方法得到的反对称层合圆柱壳的第二稳态卷曲半径值并对两者进行了对比。表中，R_{2f} 和 R_{2I} 分别表示有限元模拟和采用文献[25]所述方法模拟得到的第二稳态卷曲半径，ω为两者之间的相对误差，计算公式为$\omega=(R_{2f}-R_{2I})/R_{2I}\times100\%$。从表 3.5 可以看出，两种方法得到的模拟结果基本一致，相对误差最大为−3.2%，最小仅为−0.2%，因此，所述有限元数值模拟方法可行。

表 3.5 第二稳态卷曲半径对比

L/mm	R_1/mm	β/(°)	R_{2f}/mm	R_{2I}/mm	ω/%
90	25	180	41.9	42.2	−0.7
90	29	180	48.3	48.4	−0.2
100	40	120	70.2	72.5	−3.2
150	40	120	67.9	69.5	−2.3

3.2.3 收敛性分析

不同网格密度会对有限元模拟结果产生一定的影响，网格加密往往能够得到更加精确的有限元解，但同时也会增加计算成本。因此，在对反对称层合圆柱壳的双稳态特性进行有限元模拟之前，需讨论网格密度对有限元模拟收敛结果的影响，从而为几何模型的网格划分提供合理方案[26]。采用不同网格密度得到的100-25-180-4anti45_shell 试件的第二稳态卷曲半径如图 3.11 所示。图中，R_{2I} 为文献[25]中固定壳中心、直接对壳边施加弯矩得到的第二稳态卷曲半径解，R_{2f} 为采用两点加载法模拟得到的结果。初次选取的单元数 n_0 为 450，随后选取的单元数按照 $2n_0$、$4n_0$、$8n_0$、$16n_0$、$32n_0$ 依次增大。从图中可以看出，采用 Iqbal 和 Pellegrino[18]所述方法进行模拟时，第二稳态卷曲半径在单元数为 3600（即 $8n_0$）时收敛于42.8mm；采用两点加载法分析时，第二稳态卷曲半径在单元数为 3600 时收敛于43.1mm，两者仅相差 0.7%。随着单元数的继续增大，模拟得到的卷曲半径大小不变，但计算时间增加了 16.0%（单元数为 $16n_0$）和 40.2%（单元数为 $32n_0$），因此单元数为 3600 时较为合理。总体来说，在所选的网格密度范围内，所得的第二稳态卷曲半径值变化不大。

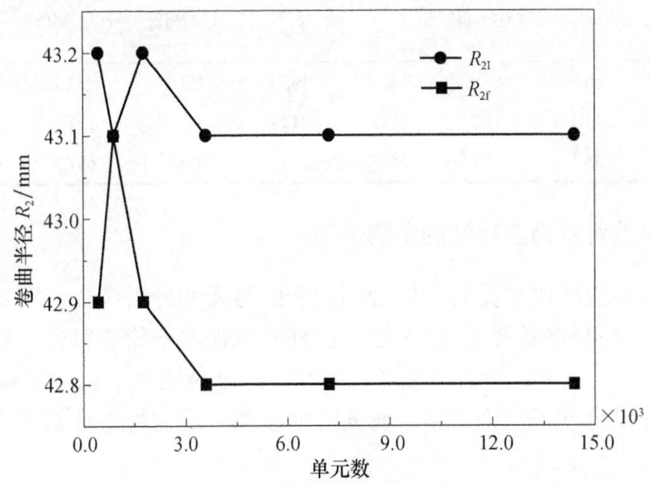

图 3.11　网格密度对有限元模拟结果的影响

上述有限元分析模型对壳采取了相同的网格密度进行单元划分，为了使壳与夹具间的接触力传递更加稳定，这里尝试对壳进行局部网格加密，以增加壳与夹具的接触部位的网格节点，局部加密后的有限元分析模型如图 3.12 所示。

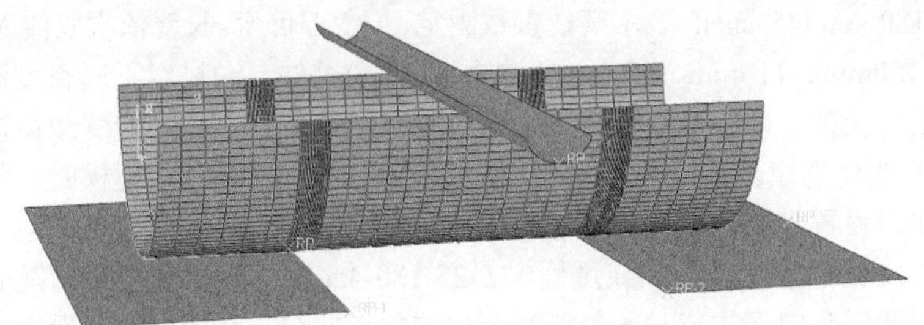

图 3.12　接触部位网格加密后的有限元分析模型

表 3.6 给出了对 3 个铺设角 α 不同的 100-25-180-4antiα_shell 试件进行局部网格加密前后的有限元分析结果。表中，R_{2a} 为试件第二稳态卷曲半径的理论解，R_{2f}、F_t、σ_{max} 和 t 分别为局部网格加密前的第二稳态卷曲半径、稳态转变载荷、第二稳态中面最大 von Mises 应力的有限元模拟结果和计算所耗费的 CPU 时间，R'_{2f}、F'_t、σ'_{max}、t' 分别为局部网格加密后相应的有限元模拟结果。对比局部网格加密前后的数据可知，对壳和夹具的接触部位进行网格加密对有限元模拟结果几乎没有影响，且加密前的第二稳态卷曲半径有限元解更接近相应的理论解，而局部网格加密后所需的计算时间相对于加密前显著增加。

表 3.6　接触部位网格加密前后的有限元模拟结果对比

α/(°)	R_{2l}/mm	R_{2f}/mm	R_{2f}'/mm	F_t/N	F_t'/N	σ_{max}/MPa	σ_{max}'/MPa	CPU 计算时间/s	
								t	t'
40	48.6	56.9	57.0	185.6	185.6	451.3	453.2	236.6	1850.4
45	37.8	43.1	43.2	219.6	219.6	520.4	521.6	561.0	2065.9
50	30.4	35.1	35.1	254.1	254.0	668.2	667.9	484.1	1807.3

3.2.4　几何参数对双稳态特性的影响

采用两点加载法建立反对称层合圆柱壳的有限元分析模型，可对不同规格的T700/TDE-85（材料参数见表 2.1）层合圆柱壳试件的双稳态特性进行数值模拟研究。通过设计试件的初始纵向长度 L、初始横截面半径 R_1、初始横截面圆心角 β、铺层数 n 和铺设角 α 等结构参数，研究几何参数对反对称层合圆柱壳结构双稳态特性的影响规律[26]。

1. 长度 L 对双稳态特性的影响

为了研究单一参数长度 L 对试件双稳态特性的影响，其他几何参数设置为：初始横截面半径 R_1=25mm、圆心角β=180°、铺层数 n=4、铺设角 α=45°。按照前述对试件的标记方法，即 L-R_1-β-$n$antiα_shell，该组反对称层合圆柱壳试件被标记为 L-25-180-4anti45_shell，表示其他参数固定，长度 L 可变。长度依次取值为 80mm、90mm、100mm、110mm、120mm，共得到 5 个试件。通过对不同长度试件进行有限元数值模拟，研究圆柱壳试件的第二稳态卷曲半径、稳态转变载荷及应力随长度 L 的变化规律。为便于分析和对比，在 ABAQUS 软件中建模时，将两支撑夹具的间距设置为试件纵向长度的一半，即 0.5L。

图 3.13 给出了在压头加载过程中 L-25-180-4anti45_shell 所受载荷随壳直边中点位移（即压头向下加载时的位移）变化的关系曲线。从图中可以看出，在加载初期反对称层合圆柱壳所受载荷随着位移的增大而明显增大，在达到峰值（即稳态转变载荷）后又快速减小至一局部极小值，经过局部缓慢增大后迅速下降为零，表明此时试件已完成稳态转变，达到第二稳态。

不同长度试件的载荷随位移变化的趋势相似，但所需的稳态转变载荷不同，如图 3.14 所示。从图中可以看到，当反对称层合圆柱壳长度达到 90mm 后，稳态转变载荷随长度增加而近似呈线性递增。

表 3.7 给出了不同长度试件的有限元模拟结果。表中，R_{2a}、R_{2f} 分别为第二稳态卷曲半径的理论解和有限元解，F_t 为稳态转变载荷，σ_{max} 为试件处于第二稳态时中面的最大 von Mises 应力。对于不同长度的试件，其第二稳态卷曲半径的有限元解和理论解的对比及最大的 von Mises 应力变化曲线如图 3.15 所示，图中 R_{2a} 为第二

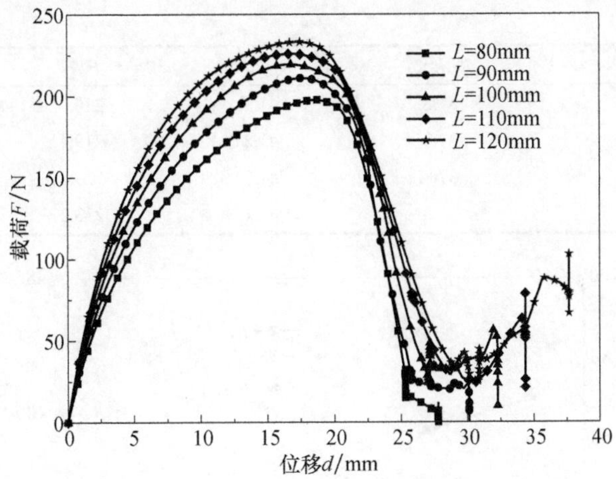

图 3.13　*L*-25-180-4anti45_shell 的载荷-位移曲线

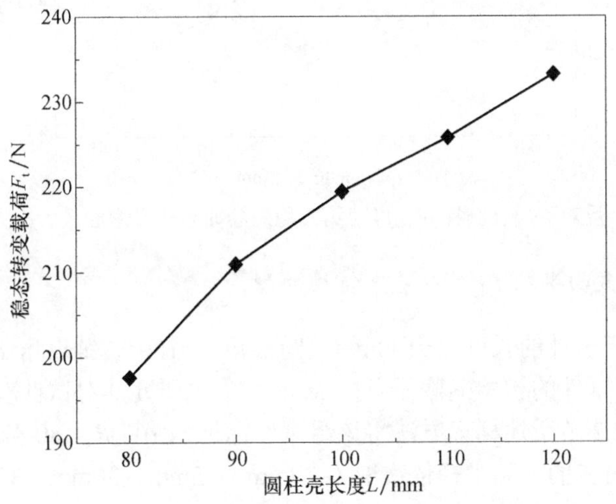

图 3.14　反对称层合圆柱壳长度对稳态转变载荷的影响

稳态卷曲半径的理论解，其他符号意义同前述。从图中可以看出，第二稳态卷曲半径的理论解和有限元解的变化趋势一致，随着试件纵向长度 L 的增大，试件的第二稳态卷曲半径几乎不变，两者的平均相对误差约为 12.6%。值得注意的是，中面上的最大 von Mises 应力随 L 的增大有轻微的减小，这与试件的稳态转变载荷的变化趋势相反。

表 3.7　*L*-25-180-4anti45_shell 的有限元模拟结果

L /mm	R_{2a}/mm	R_{2f}/mm	F_t/N	σ_{max} /MPa
80	37.8	41.6	197.6	480.6

续表

L /mm	R_{2a}/mm	R_{2f}/mm	F_t/N	σ_{max} /MPa
90	37.8	41.3	210.9	479.3
100	37.8	41.2	219.4	477.0
110	37.8	41.1	225.8	474.5
120	37.8	41.1	233.2	472.3

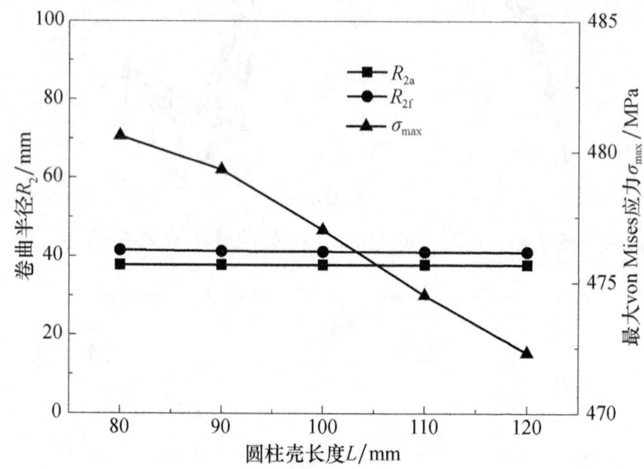

图 3.15　反对称层合圆柱壳长度对第二稳态卷曲半径及中面最大应力的影响

2. 初始横截面半径 R_1 对双稳态特性的影响

选取圆柱壳试件的长度 L=100mm、圆心角 β=180°、铺设角 α=45°、铺层数 n=4，通过改变试件的初始横截面半径 R_1 的大小来研究其对试件双稳态特性的影响规律。按照 2.2 节所述标记方法将该组试件标记为 100-R_1-180-4anti45_shell，选取 5 个试件，对应的初始半径依次取为 20mm、25mm、30mm、35mm、40mm。

图 3.16 给出了 100-R_1-180-4anti45_shell 试件的载荷-位移曲线。从图中可以看出，初始横截面半径为 20mm、25mm 和 30mm 的反对称层合圆柱壳所受载荷随位移的变化趋势与 L-25-180-4anti45_shell 试件类似，载荷在下降过程中经历一次明显的局部最小值（谷值）后有所增大，又发生突变降为零，表明试件达到第二稳态。值得注意的是，当试件的初始半径达到 35mm 时，载荷的局部最小值（谷值）不是很明显。这是因为该试件所受载荷在局部最小值前后的变化趋势重叠，而并非该试件的载荷-位移不存在局部最小值。初始横截面半径对反对称层合圆柱壳稳态转变载荷的影响如图 3.17 所示。从图中可以看出，反对称层合圆柱壳发生稳态转变所需的最大载荷随着初始横截面半径的增大而减小。这是因为在载荷相同的情况下，初始横截面半径大的试件承受的弯矩较大。

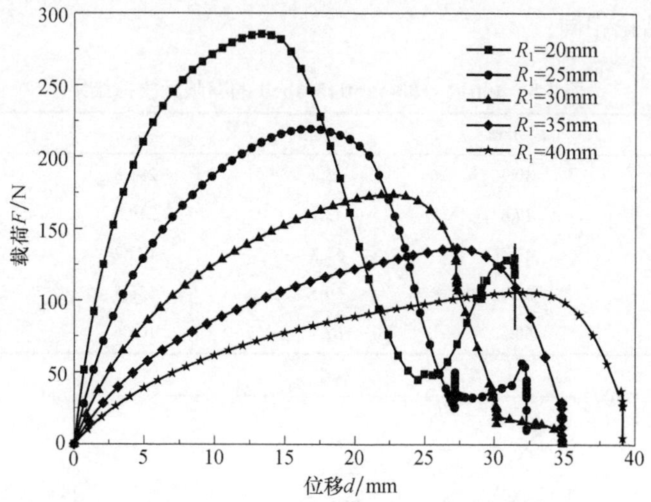

图 3.16　100-R_1-180-4anti45_shell 的载荷-位移曲线

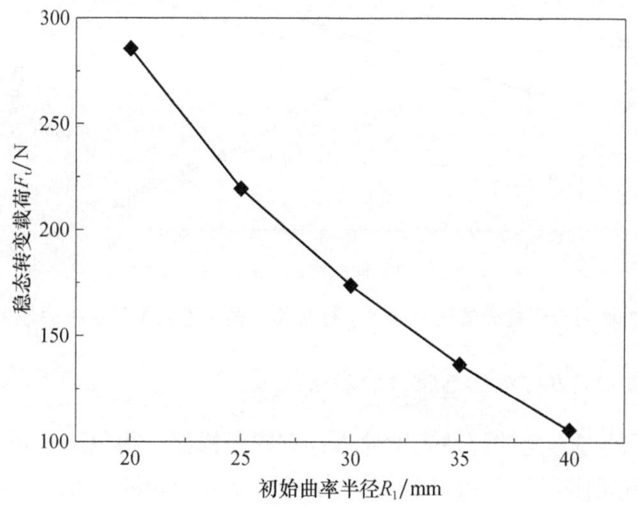

图 3.17　反对称层合圆柱壳的初始曲率半径对稳态转变载荷的影响

不同初始横截面半径的反对称层合圆柱壳的有限元模拟结果如表 3.8 所示。图3.18给出了第二稳态卷曲半径理论解与有限元解的对比及第二稳态时中面最大应力的变化曲线。从图中可以看出，最大应力随着初始横截面半径的增大而明显减小，这与试件的稳态转变载荷变化趋势类似，而相应的第二稳态卷曲半径则随初始横截面半径呈线性递增，理论解与有限元解之间的平均相对误差约为12.4%。同时，对比表 3.8 中各试件的初始半径 R_1 和第二稳态卷曲半径 R_{2f} 数据可知，有限元模拟得到的第二稳态卷曲半径结果同样满足关系式（3.1），这与理论计算和实验得到的结论相同。

表 3.8　100-R_1-180-4anti45_shell 的有限元模拟结果

R_1/mm	R_{2a}/mm	R_{2f}/mm	F_t/N	σ_{max} /MPa
20	30.3	35.2	285.6	663.5
25	37.8	43.1	219.4	520.4
30	45.4	51.3	173.8	434.0
35	52.9	59.5	136.5	373.4
40	60.5	67.7	105.6	326.6

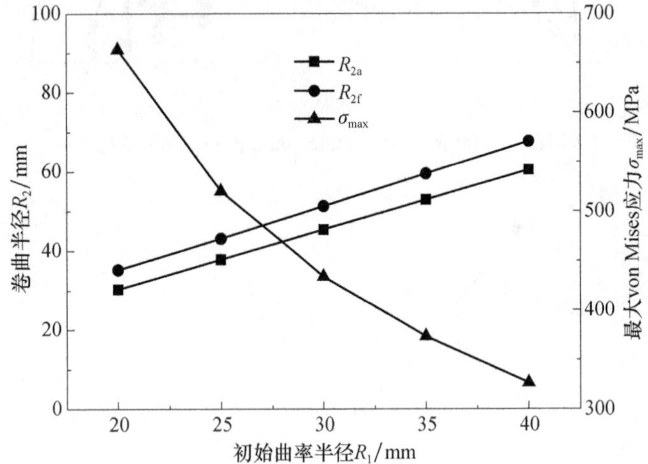

图 3.18　反对称层合圆柱壳的初始曲率半径对第二稳态卷曲半径及中面最大应力的影响

3. 初始圆心角β对双稳态特性的影响

通过对不同圆心角的圆柱壳试件进行有限元模拟，得出圆心角β对试件双稳态特性的影响规律。将该组试件标记为 100-25-β-4anti45_shell，具体几何参数为：长度 L=100mm、初始横截面半径 R_1=25mm、铺层数 n=4、铺设角 α= 45°。选取 5 个不同的试件进行模拟，初始圆心角大小依次为 120°、140°、150°、160°、180°。

图 3.19 给出了 100-25-β-4anti45_shell 试件的载荷-位移曲线。从图中可以看出，随着圆心角的增大，试件完成稳态转变所需的位移越大，加载历程越长，且载荷的第二次峰值会减小。

图 3.20 给出了试件稳态转变载荷随初始圆心角的变化情况。从图中可知，圆心角由 120°增加到 150°时，相应的稳态转变载荷有所增大（增量为 14.8N）；当圆心角达到 150°后，稳态转变载荷趋于稳定。

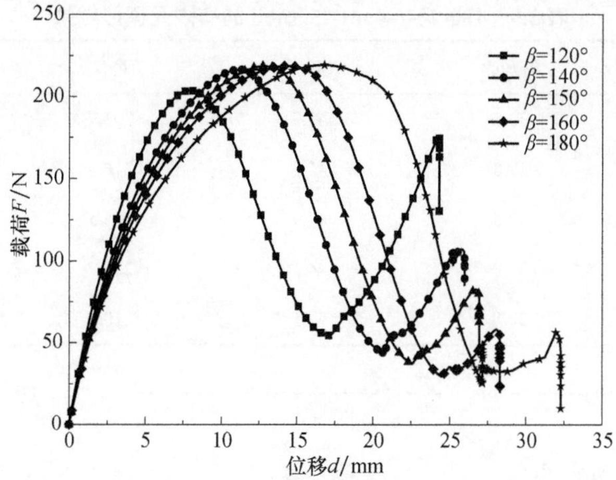

图 3.19　100-25-β-4anti45_shell 的载荷-位移曲线

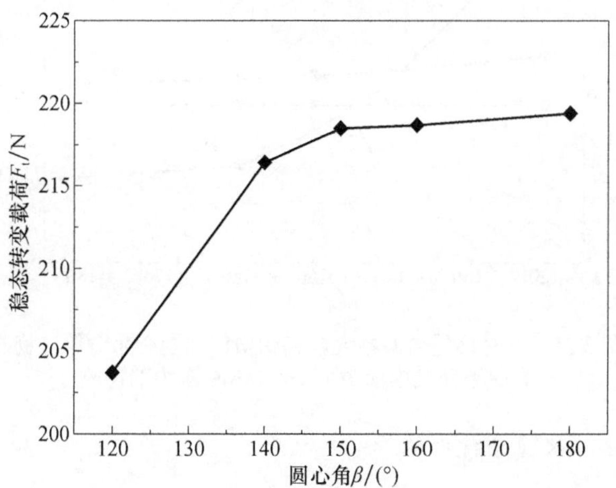

图 3.20　反对称层合圆柱壳的初始圆心角对稳态转变载荷的影响

表 3.9 给出了具有不同初始圆心角的圆柱壳试件的有限元模拟结果。图 3.21 对 100-25-β-4anti45_shell 的第二稳态卷曲半径的理论解和有限元解进行了对比并给出了中面在第二稳态时最大应力的变化曲线。从图中可以看出，第二稳态卷曲半径的有限元解随着初始圆心角的增大有一定的减小，当圆心角达到 150°后，第二稳态卷曲半径趋于稳定，与理论计算结果的误差也逐渐减小，两者总体变化趋势较吻合。圆柱壳中面的最大 von Mises 应力随着圆心角的增大而有所减小，当圆心角超过 150°时，最大 von Mises 应力值趋于稳定。

表 3.9 100-25-β-4anti45_shell 的有限元模拟结果

β/mm	R_{2a}/mm	R_{2f}/mm	F_t/N	σ_{max} /MPa
120	37.8	49.7	203.7	581.9
140	37.8	45.8	216.4	543.3
150	37.8	44.9	218.5	531.5
160	37.8	44.1	218.7	522.9
180	37.8	43.1	219.4	520.4

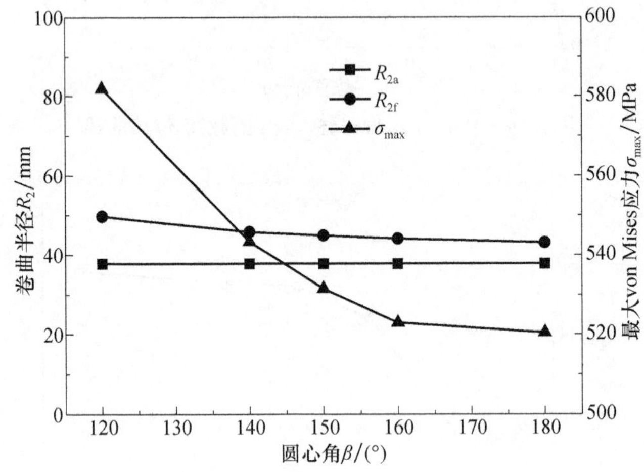

图 3.21 反对称层合圆柱壳的初始横截面圆心角对第二稳态卷曲半径及中面最大 von Mises 应力的影响

4. 铺层数 n 对双稳态特性的影响

保持参数长度 L=100mm、初始横截面半径 R_1=25mm、圆心角β=180°、铺设角α=45°不变，改变圆柱壳的铺层数 n，研究其对反对称层合圆柱壳双稳态特性的影响。将该组试件标记为 100-25-180-$n$anti45_shell，共选取 5 个不同的试件，铺层数 n 依次为 4、5、6、7、8。

图 3.22 给出了 100-25-180-$n$anti45_shell 组中各试件的载荷随位移的变化关系。从图中可以看出，不同铺层数的反对称层合圆柱壳试件的载荷-位移曲线区别明显，在位移相同的情况下，铺层数大的试件载荷明显更大。但是，铺层数不同的各试件达到第二稳态所经历的位移变化相近。观察图 3.22 中各试件的载荷-位移曲线，可以发现各试件达到峰值载荷时的位移大小相近。

图 3.23 所示为稳态转变载荷随铺层数的变化曲线。从图中可以看出，试件的稳态转变载荷随铺层数增大而明显增大。

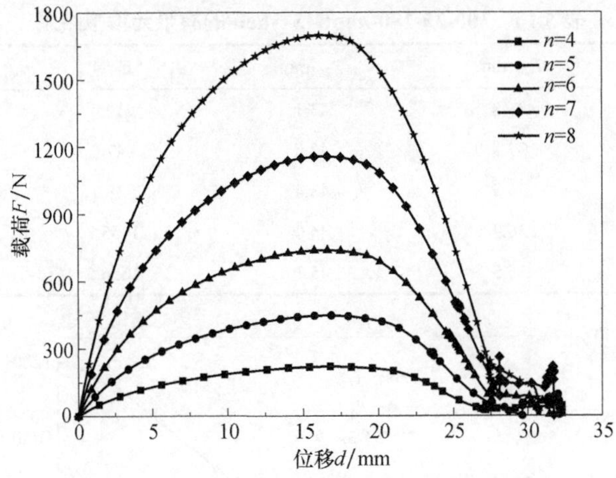

图 3.22　100-25-180-*n*anti45_shell 的载荷-位移曲线

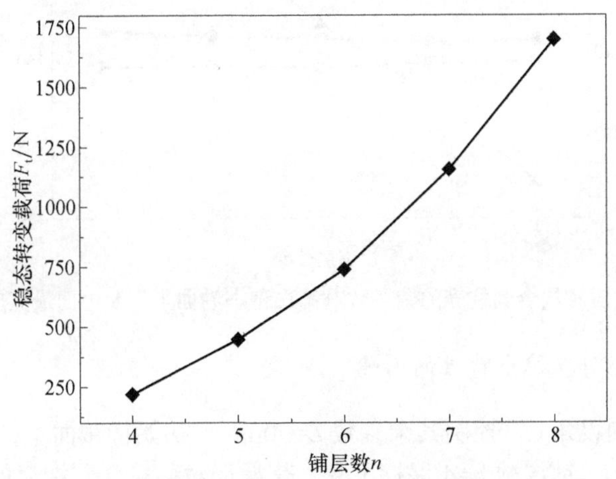

图 3.23　反对称层合圆柱壳的铺层数对稳态转变载荷的影响

表 3.10 给出了 100-25-180-*n*anti45_shell 组各试件的双稳态特性有限元模拟结果。从表 3.10 可以看出，虽然铺层数 *n* 对试件的载荷-位移曲线、稳态转变载荷及中面的最大 von Mises 应力影响较大，但是对第二稳态卷曲半径的影响很小。当铺层数增大一倍时（*n* 由 4 变为 8），第二稳态卷曲半径值仅增大了 4.6%。图 3.24 对第二稳态卷曲半径理论解和有限元解进行了对比，并给出试件在第二稳态时最大 von Mises 应力随铺层数的变化关系。从图中可以看出，理论和有限元预测的第二稳态卷曲半径变化趋势较为一致，即铺层数对第二稳态卷曲半径的影响不大，与实验得到的结论一致。同时可明显看出，层合圆柱壳试件的第二稳态中面最大 von Mises 应力随铺层数呈线性递增。

表 3.10　100-25-180-*n*anti45_shell 的有限元模拟结果

n	R_{2a} /mm	R_{2f} /mm	F_t /N	σ_{max} /MPa
4	37.8	43.1	219.4	520.4
5	37.5	42.5	447.0	688.9
6	36.5	43.4	738.7	824.8
7	36.9	44.0	1155.7	992.1
8	36.5	45.1	1696.5	1165.0

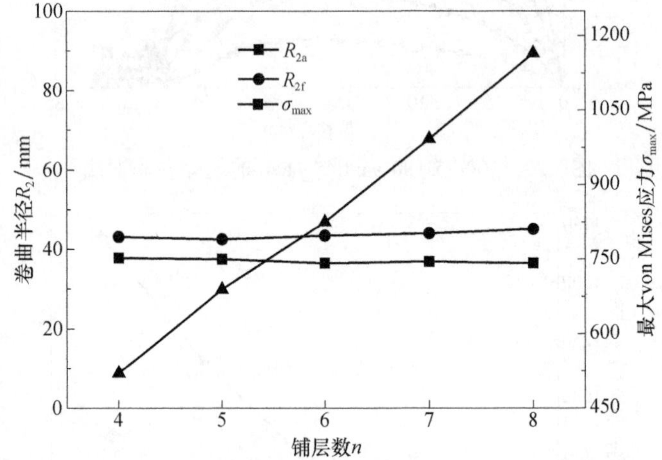

图 3.24　反对称层合圆柱壳的铺层数对第二稳态卷曲半径及中面最大应力的影响

5. 铺设角α对双稳态特性的影响

通过改变铺设角 α，控制其余参数 L=90mm、初始横截面半径 R_1=25mm、初始圆心角β=180°、铺层数 n=4 保持不变，获得反对称层合圆柱壳的双稳态特性随铺设角变化的规律。该组试件被标记为 100-25-180-4antiα_shell，选取 5 个试件，选取的铺设角α依次取值为 35°、40°、45°、50°、55°。

该组 5 个试件的载荷-位移曲线如图 3.25 所示。从图中可以看出，各试件的载荷随位移变化的整体趋势类似。随着铺设角的增大，试件经历的载荷局部最小值有所增大，稳态转变载荷也明显增大。图 3.26 给出了试件的稳态转变载荷随铺设角的变化曲线。从图中可以看出，试件的稳态转变载荷随铺设角增大而线性递增。

表 3.11 给出了 100-25-180-4antiα_shell 组各试件的双稳态特性有限元模拟结果。从表中可以看出，在选定的铺设角范围内（由图 2.4 可知，铺设角α>63° 时，第二稳态卷曲半径随铺设角的增大而增大），反对称层合圆柱壳的第二稳态卷曲半径随着铺设角的增大而减小，而试件在第二稳态时中面的最大 von Mises 应力则随铺设角的增大而明显增大，且增长斜率也随之增大。

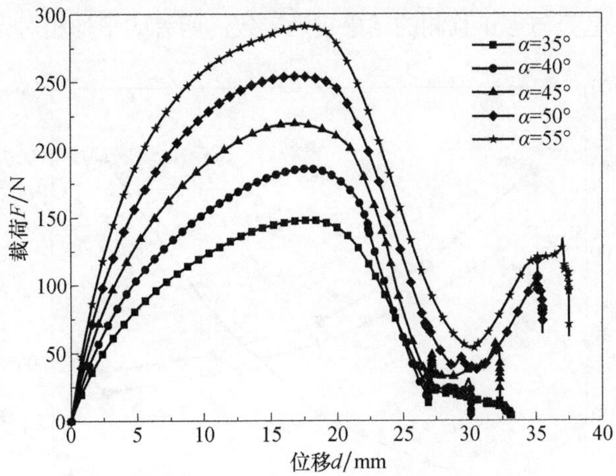

图 3.25　100-25-180-4antiα_shell 的载荷-位移曲线

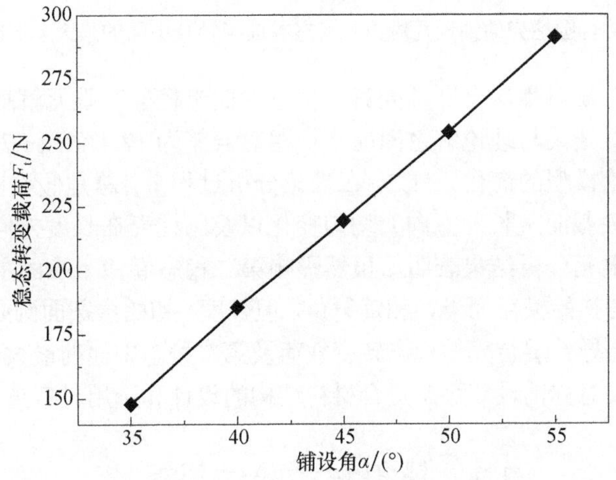

图 3.26　反对称层合圆柱壳的铺设角对稳态转变载荷的影响

表 3.11　100-25-180-4antiα_shell 的有限元模拟结果

α/(°)	R_{2a}/mm	R_{2f}/mm	F_t/N	σ_{max}/MPa
35	64.9	79.7	147.8	410.8
40	48.6	56.9	185.6	451.3
45	37.8	43.1	219.4	520.4
50	30.4	35.1	254.1	668.2
55	25.8	31.1	291.0	896.9

图 3.27 对第二稳态卷曲半径的理论解和有限元解进行了对比，并给出了最大 von Mises 应力随铺设角的变化关系。从图中可以看出，有限元模拟的第二稳态卷曲半径

随铺设角的变化趋势与理论预测的结果较为一致，两者的平均相对误差为 15.1%。

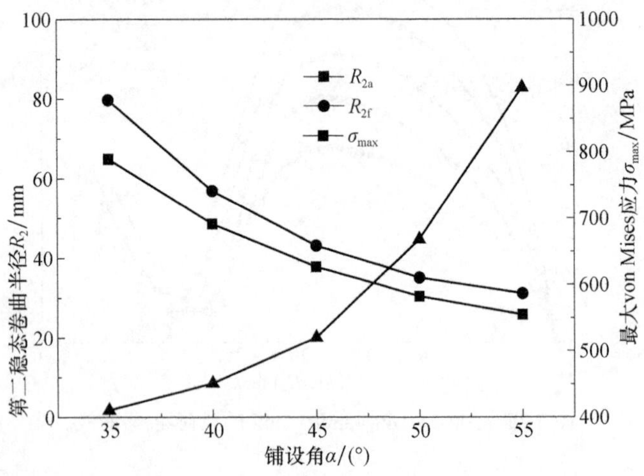

图 3.27　反对称层合圆柱壳的铺设角对第二稳态卷曲半径及中面的最大 von Mises 应力的影响

综上可知，反对称层合圆柱壳第二稳态卷曲半径的有限元解均大于理论解，且上述 5 组模拟结果与理论解之间的平均相对误差为 12.4%～16.7%，误差的主要原因可能是理论模型的简化。例如，在理论分析过程中，总是假设横向曲率 k_y（纵向曲率 k_x）沿横截面（长度方向）均匀变化以及圆柱壳在长度方向上的应变ε_y为零等。上述有限元分析结果表明，虽然影响第二稳态卷曲半径的主要参数是反对称层合圆柱壳的初始横截面半径和铺设角，但长度、初始横截面圆心角和铺层数等参数的改变均会导致层合壳的稳态转变载荷及第二稳态中面的最大 von Mises 应力的改变，这对反对称铺设双稳态复合材料结构的设计和选用具有重要的指导意义。

3.3　模拟与实验结果对比

图 3.28 给出了 100-25-180-4anti45_shell 在 ABAQUS 软件分析中的稳态转变过程：图 3.28（a）为压头加载前试件的初始形状；图 3.28（b）为在载荷作用下试件被展平；图 3.28（c）为壳体的一边先开始纵向卷曲，而不是两边对称变化，这与 3.1 节实验观察到的现象一致；图 3.28（d）为在 ABAQUS 软件中压头加载至最大位移处并开始卸载；图 3.28（e）为卸载完成，试件保持在第二稳态。

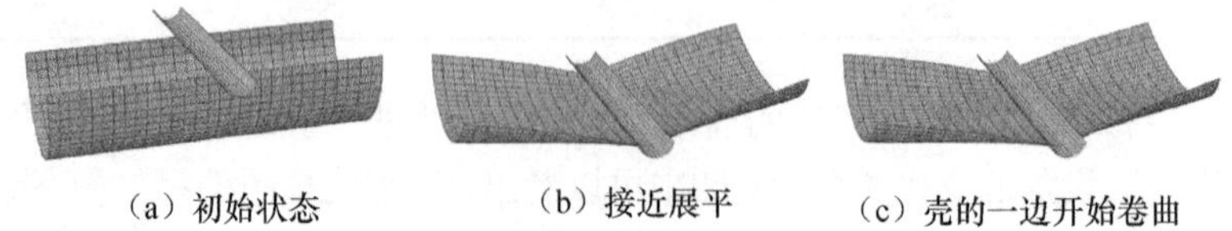

（a）初始状态　　（b）接近展平　　（c）壳的一边开始卷曲

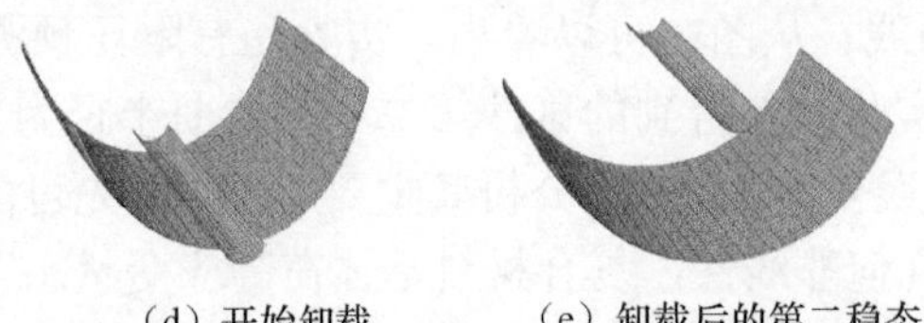

图 3.28　有限元预测的反对称层合圆柱壳稳态转变过程

图 3.29 对 100-25-180-4anti45_shell 试件的有限元预测和实验结果进行了对比。有限元分析结果显示，当试件处于第二稳态时，其 4 个边角向里弯曲，与实验观察到的现象一致，这是因卸载而引起的圆柱壳边界回弹现象。图 3.29（a）中右图所示为试件处于第二稳态时中面上的 von Mises 应力分布图。从图中可以看到，应力关于圆柱壳中心呈点对称形式分布，最大 von Mises 应力为 520.4MPa，出现在成对角线的两角附近区域。

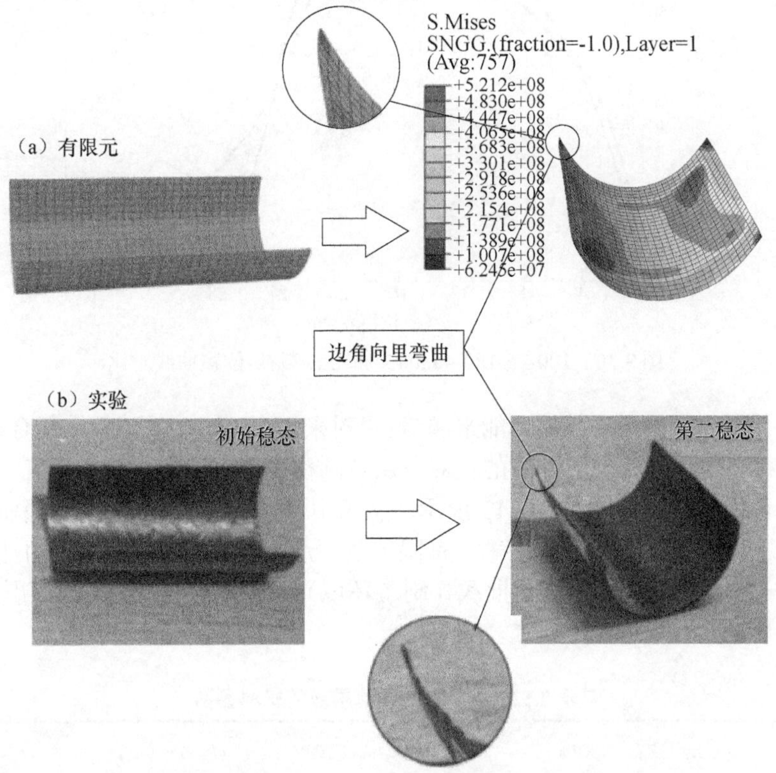

图 3.29　100-25-180-4anti45_shell 的有限元预测与实验结果对比

图 3.30 给出了有限元预测和两次实验测量得到的试件 100-25-180-4anti45_

shell 的载荷-位移曲线。从图中可以看出，实验和有限元预测的载荷随位移变化的趋势大致相似。实验测量得到的试件第二稳态卷曲半径为 31.3mm，有限元解为 43.1mm，两者的误差为 25.1%。分析其主要原因，首先可能是试件在稳态转变过程中涉及较大的几何非线性，复合材料基体在高应变状态下由线弹性变为黏弹性[27,28]，而在有限元模拟时总是假设材料为线弹性的。其次，相对于实验的实际情况，有限元模型有所简化。另外，在制备试件过程中引入的一定量的树脂黏结剂会在层合圆柱壳层间引入额外的残余应力[29]，对试件的变形量也会产生一定的影响。

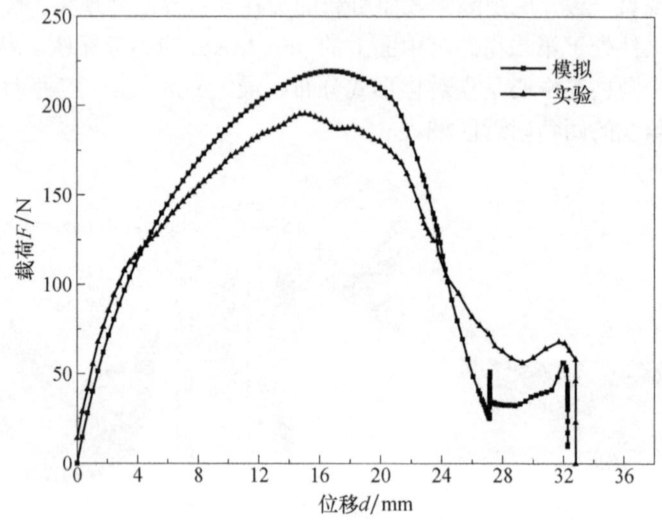

图 3.30　100-25-180-4anti45_shell 的载荷-位移曲线对比

为了进一步分析误差的可能来源，这里对采用 T700/3234 碳纤维复合材料（单层板材料参数见表 3.12）制备的反对称层合圆柱壳试件进行了相关研究，所得第二稳态卷曲半径及对比如表 3.13 所示。从表中可以看出，T700/3234 所制备的试件的第二稳态卷曲半径理论解、有限元解及实验结果间的误差相对于 T700/TDE-85 明显减小，可见试件批次（制备环境）和材料对误差有明显的影响，具体的影响规律有待进一步研究。

表 3.12　T700/3234 单层板的材料参数

参数	E_1/GPa	E_2/GPa	G_{12}/GPa	G_{13}/GPa	G_{23}/GPa	ν_{12}	th/mm
取值	123	8.4	4.0	4.0	3.0	0.32	0.12

表 3.13　T700/3234 反对称层合圆柱壳的第二稳态卷曲半径对比

试件	R_{2a}	R_{2f}	R_{2e}	ω_1^*	ω_2^{**}
100-25-180-4anti45_shell	32.8	34.8	35.1	7.0%	0.9%
100-20-180-5anti45_shell	26.4	28.0	25.9	−1.9%	−7.5%
100-25-180-5anti45_shell	39.6	41.6	37.6	−5.1%	−9.6%
100-30-180-5anti45_shell	33.0	34.8	36.0	9.1%	3.4%
100-25-180-6anti45_shell	32.1	34.5	32.2	0.3%	−6.7%

* $\omega_1=(R_{2e}-R_{2a})/R_{2a}\times 100\%$；** $\omega_2=(R_{2e}-R_{2f})/R_{2f}\times 100\%$

参 考 文 献

[1] Galletly D A, Guest S A. Equilibrium and stability analysis of composite slit tubes[C]. Proceedings of the IASS-IACM, Chania, 2000.

[2] Galletly D A, Guest S A. Bistable composite slit tubes. Ⅰ. A beam model[J]. International Journal of Solids and Structures, 2004, 41(16/17): 4517-4533.

[3] Zhang Z, Wu H, He X, et al. The bistable behaviors of carbon-fiber/epoxy anti-symmetric composite shells[J]. Composites Part B: Engineering, 2013, 47(3): 190-199.

[4] Arrieta A F, Neild S A, Wagg D J. Nonlinear dynamic response and modeling of a bi-stable composite plate for applications to adaptive structures[J]. Nonlinear Dynamics, 2009, 58(1/2): 259-272.

[5] 罗金良. 可变约束和机械自适应结构的综合设计与应用研究[D]. 重庆：重庆大学, 2008.

[6] 张国腾, 陈蔚岗, 杨波, 等. T700 碳纤维/环氧复合材料力学性能试验研究[J]. 纤维复合材料, 2009, 26(2): 49-52.

[7] Iqbal K, Pellegrino S, Daton-Lovett A. Bi-stable composite slit tubes[M]//Pellegrino S, Guest S. IUTAM-IASS Symposium on Deployable Structures: Theory and Applications. Dordrecht: Kluwer Academic Publishers, 1998.

[8] Daynes S, Potter K, Weaver P. Bistable prestressed buckled laminates[J]. Composites Science and Technology, 2008, 68(15/16): 3431-3437.

[9] Tawfik S A, Dancila D S, Armanios E. Planform effects upon the bistable response of cross-ply composite shells[J]. Composites Part A: Applied Science and Manufacturing, 2011, 42(7): 825-833.

[10] 张霖. 电子万能材料试验机闭环控制软件的研究[D]. 北京：北方工业大学, 2007.

[11] 赵彬, 许宝星, 岳珠峰. 不同形状压头作用下的压痕蠕变数值研究[J]. 力学季刊, 2008, 29(1): 144-149.

[12] 程来，宋言明，杨洋．机载装置的振动试验夹具设计[J]．机械科学与技术，2012，31(6): 56-60.

[13] Cantera M A, Romera J M, Adarraga I, et al. Modelling and testing of the snap-through process of bi-stable cross-ply composites[J]. Composite Structures, 2015, 120: 41-52.

[14] Dai F, Li H, Du S. Multi-stable lattice structure and its snap-through behavior among multiple states[J]. Composite Structures, 2013, 97(2): 56-63.

[15] 章美月．数学软件 Mathematica 及其应用[M]．徐州：中国矿业大学出版社, 2010.

[16] 雷一鸣．双稳态复合材料设计及力学行为研究[D]．北京：清华大学, 2007.

[17] Potter K, Weaver P, Seman A A, et al. Phenomena in the bifurcation of unsymmetric composite plates[J]. Composites Part A: Applied Science and Manufacturing, 2007, 38(1): 100-106.

[18] Iqbal K, Pellegrino S. Bi-stable composite shells[C]. 41st AIAA/ASME/ ASCE/AHS/ASC Structures, Structural Dynamics, and Materials Conference and Exhibit, Atlanta, 2000.

[19] 黎志伟．含压电层双稳态复合材料层合壳体的力学特性及数值模拟[D]．上海：同济大学, 2007.

[20] Cho M, Roh H Y. Non-linear analysis of the curved shapes of unsymmetric laminates accountting for slippage effects[J]. Composites Science and Technology, 2003, 63(15): 2265-2275.

[21] 张汝清．非线性有限元分析[M]．重庆：重庆大学出版社, 1990.

[22] 徐长发．有限元方程 Jacobi 迭代的收敛性分析[J]．华中科技大学学报(自然科学版), 1985, (2): 121-124.

[23] Efendiev Y R, Hou T Y, Wu X H. Convergence of A Nonconforming Multiscale Finite Element Method [M]. Philadelphia: Society for Industrial and Applied Mathematics, 2000.

[24] 齐威．ABAQUS 6.14 超级学习手册[M]．北京：人民邮电出版社, 2016.

[25] Zhang Z, Wu H, Ye G, et al. Systematic experimental and numerical study of bistable snap processes for anti-symmetric cylindrical shells[J]. Composite Structures, 2014, 112(5): 368-377.

[26] 邓记松．单元与网格密度对有限元分析结果的影响[J]．石油化工设备技术，2017，38(1): 12-15.

[27] 陈丹迪．双稳态复合材料层合结构的粘弹性行为研究[D]．杭州：浙江工业大学, 2016.

[28] Kwok K, Pellegrino S. Folding, stowage, and deployment of viscoelastic tape spring[J]. AIAA Journal, 2013, 51(8): 1908-1918.

[29] Telford R, Katnam K B, Young T M. Analysing thermally induced macro-scale residual stresses in tailored morphing composite laminates[J]. Composite Structures, 2014, 117: 40-50.

第 4 章　温度对双稳态结构的影响

4.1　温度对双稳态结构影响的研究现状

4.1.1　概述

复合材料结构目前已经在航空航天、船舶海洋、石油化工和机械工程等方面得到了广泛应用[1]。尤其在航空航天领域上，复合材料的研究和开发已从单纯减轻重量角度，发展到综合考虑减轻重量、增加使用寿命和承载能力、隐身、结构功能一体化、设计制造一体化、结构整体化和低成本化等多功能、多种复杂因素的层面。复合材料结构的优点如图 4.1 所示。

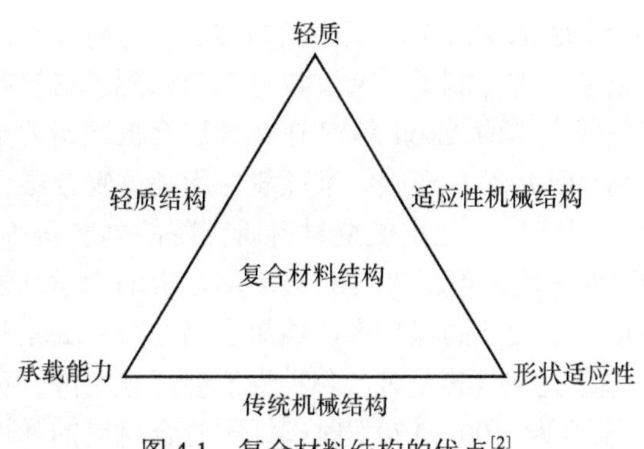

图 4.1　复合材料结构的优点[2]

双稳态复合材料圆柱壳结构一般由碳纤维环氧树脂基体复合材料制备而成，该材料在自然环境中服役或贮存时会受到各种因素的影响，温度、湿度等环境因素均会使其力学性能降低[3,4]。而作为一种新型的可变形结构，应用环境的湿热因素等对双稳态复合材料圆柱壳结构的双稳态特性的影响也是显著的，如其双稳态变形情况、稳态转变载荷以及双稳态特性的退化与失效等，都不同程度地受到温度、湿度的影响，尤其在航空航天结构上使用时，太阳直射导致构件上的温度会发生较大的变化，因此温度是影响双稳态复合材料圆柱壳结构特性的重要因素之一。温度对碳纤维复合材料最主要的影响是使其材料属性、力学性能降低；如果结构长期处于热环境中，会对材料的老化失效起到促进作用，大大降低了结构的使用寿命。因此，研究温度对双稳态复合材料圆柱壳结构的双稳态性能的影响对其在航空航天以及其他领域的应用具有重要的指导意义和参考价值。

4.1.2 国内外研究现状

研究温度对双稳态复合材料结构的影响分为两个部分，包括温度对碳纤维复合材料本身性能的影响和双稳态结构受温度场影响机理的研究方法。对于温度对材料本身性能的影响，大部分学者采用实验方法，通过加热来研究温度对材料属性和力学性能的影响情况，如抗拉强度、抗压强度以及弹性模量和热膨胀系数的影响等[5-7]。碳纤维复合材料受热会导致其性能退化、老化失效等，因此可以采用加速老化等实验来研究复合材料的寿命问题[8,9]。对于长期受到温度影响的情况，可以采用热暴露实验，使其长期暴露在一定高温下再进行一系列的实验，来研究热暴露对复合材料性能的影响[10-12]。

1. *温度对复合材料的材料属性和力学性能的影响*

复合材料的材料属性对环境的敏感性较大，随着环境的温度、湿度等因素的变化，材料的材料属性会相应发生变化。Hyer 等[13]研究了复合材料参数随温度变化的关系，对 T300/5208 的碳纤维环氧树脂基体复合材料在不同温度下的弹性模量、泊松比和热膨胀系数进行测量，通过数值拟合得到了材料参数随温度变化的非线性关系。韩国建国大学的 Yoon 等[14]在经典层合板理论的基础上，考虑材料属性温度相关的影响，研究了 L 形碳纤维环氧树脂基体复合层合板受热导致材料属性变化而产生的形变情况。北京航空材料研究院的刘梦媛等[15]测试了 23℃、60℃、80℃和 100℃的环境温度下 T700/3234 层合板的力学性能和强度，得到不同温度下层合板各项力学性能的保持率，结果表明 T700/3234 复合材料服役温度不应大于 80℃，当温度达到 100℃时，各种性能会严重下降。英国伯明翰大学的 Barker 等[16]研究了温度为-100～170℃时碳纤维复合材料的弹性模量、剪切模量和泊松比的变化情况，指出材料参数随温度变化主要取决于基体的特性，当温度低于玻璃态转化温度时，材料参数变化较小，但当温度超过玻璃态转化温度后，材料性能急剧下降。美国密歇根理工大学的 Odegard 等[17]研究了应用于航空航天的 PMR-15 基体的碳纤维复合材料的力学性能随温度变化的情况，该材料可以在较高温度下工作，从室温加热到 350℃的过程中，该材料的弹性模量和剪切模量仅是略微的降低，而热膨胀系数α_1和α_2都有所增加。

此外，温度还对复合材料的力学性能有较大的影响，如抗拉强度、抗压强度和剪切强度等。北京工业大学的陈明等[18]研究了 T300-AG80 复合材料的高温力学性能，随着温度的升高，材料的拉伸强度和有效弹性模量呈下降趋势。当温度高于 225℃时，对材料拉伸状态下的力学性能影响较大，拉伸破坏强度和有效弹性模量都呈现急剧下降趋势。南京航空航天大学的王世明[19]指出温度对碳纤维几乎没有影响，但对树脂基体和界面的影响较大，单向碳纤维复合材料 90°方向的拉伸强度随测试温度的上升呈下降趋势，其他情况下拉伸强度变化不大，压缩强度会随着测试温度的升高而降低。

2. 温度对复合材料老化失效的影响

复合材料基体具有黏弹性，温度、使用工况和存放时间均会对材料的老化失效产生较大影响，因此部分学者研究了温度对复合材料老化失效的影响情况。北京航空材料研究院的李晓骏等[4]研究了 T300/5405 和 T300/HD03 两种复合材料，随着温度的升高失重率增加，力学性能不断降低；随着老化时间的增加，力学性能也不断降低。西安航天复合材料研究所的黄业青等[3]制备了一种 T700 碳纤维复合材料，并对这种复合材料进行耐湿热老化研究，分别测定其抗剪切强度、抗拉伸强度和玻璃化转变温度随老化时间的变化情况。结果表明，该 T700 碳纤维复合材料耐湿热老化性能较好，其力学性能在 2000h 的老化过程中变化不大，但是到 1000h 之后其玻璃化转变温度值降低很多。法国学者 Youssef 等[20]通过模拟航空航天环境，研究了湿度、温度及湿热耦合作用下碳纤维复合材料的疲劳损伤问题。西北工业大学的余治国等[21]通过加速老化试验，对老化前后的试样进行了力学性能试验，得到了 T700 碳纤维/环氧树脂基体复合材料和 T300 碳纤维/环氧树脂基体复合材料耐湿热老化性能的对比结果。

3. 热暴露对复合材料的材料性能的影响

复合材料结构在应用过程中会长期暴露在太阳直射或者高温环境中，因此热暴露对复合材料性能的影响也十分显著。澳大利亚皇家墨尔本理工大学的 Mouritz 等[22]系统研究了高温热暴露对复合材料层合板力学行为的影响。研究表明，当热暴露温度低于树脂分解温度时，温度对复合材料层合板的损坏以物理损坏为主；当热暴露温度高于树脂分解温度时，复合材料层合板还会发生化学损坏。苏格兰爱丁堡大学的 Forster 等[23]研究了碳纤维复合材料层合板在 100℃、200℃、300℃和 400℃高温环境下暴露 3h 后的剩余拉伸强度，结果表明，当热暴露温度较低时，层合板经热暴露处理后，在拉伸载荷作用下发生脆性断裂，断口比较规整；随着热暴露温度的升高，基体分解比较严重，层合板经热暴露处理后，在拉伸载荷作用下发生了界面分层及纤维断裂失效。英国阿尔斯特大学的 Akay 等[24]研究了高温热暴露对复合材料界面剪切强度的影响，指出复合材料经高温热暴露处理后基体性能和纤维基体界面性能发生了退化，从而导致界面剪切强度的退化。国内，哈尔滨工业大学的刘加一[25]研究了热暴露对碳纤维复合材料金字塔点阵夹芯结构失效机理的影响，对金字塔点阵夹芯结构经不同温度和时间热暴露后的平压和剪切行为进行了讨论，经分析得到平压和剪切性能随热暴露温度和时间的变化规律，以及热暴露对碳纤维复合材料金字塔点阵夹芯结构侧压和弯曲行为的影响。

4. 双稳态复合材料的研究现状

伊朗伊斯法罕大学的 Moore 等[26]通过模拟非对称正交铺设复合材料层合板在 180℃ 高温固化成双稳态圆柱壳结构的过程，得到了层合板上各点的位移随温度变化的关系，并且考虑材料在高温固化过程中温度对材料属性的影响。英国布里斯托大学的 Eckstein 等[27]利用 ABAQUS 软件模拟在温度变化和温度梯度影响下的非对称正交铺设复合材料层合板高温固化过程，其中还考虑材料 PMR-15 的材料属性温度相关特性，得到温度改变量和温度梯度对双稳态三个曲率 k_x、k_y 和 k_{xy} 的影响关系，模拟结果与理论结果的误差较小。

对非对称正交铺设圆柱壳结构的机械加载方式一般为四点约束、中心点加载的方式，英国斯旺西大学的 Shaw 等[28]通过中心点加载的方式，得到了载荷-位移曲线，非对称正交铺设圆柱壳结构稳态转变的实验过程如图 4.2 所示。对于非对称正交铺设圆柱壳结构，由于稳态转变载荷并不是很大，可利用压电片驱动其稳态转变。德国德累斯顿工业大学的 Gude 等[29]通过压电片产生的弯矩，使非对称正交铺设圆柱壳结构实现了稳态转变过程（图 4.3），并且将得到的双稳态曲率与理论和模拟结果进行了对比。国内，哈尔滨工业大学的戴福洪团队[30-32]关注于双

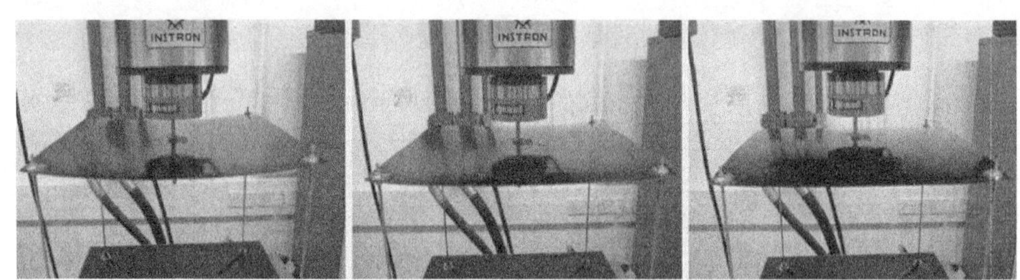

图 4.2　中心加载法驱动双稳态复合材料圆柱壳结构的稳态转变过程[28]

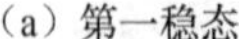

（a）第一稳态　（b）第二稳态

图 4.3　压电片驱动双稳态复合材料圆柱壳结构的稳态转变[29]

稳态复合材料在结构上的应用，通过不同铺设方式及不同组合方式，得到了多稳态的复合材料结构。

随着对双稳态复合材料研究的深入，一些学者也开始研究湿热因素对其双稳态特性的影响。Tsai 等[33]通过一种新的实验方法，采用如图 4.4 所示的装置，研究了非对称正交铺设圆柱壳结构在潮湿环境中的敏感性，采用$[0_2/90_2]$和$[0_5/90_5]$铺设的两种试件通过浸泡实验，研究吸湿率 C 和曲率半径 R 等因素与时间 t 变化的关系。英国布里斯托大学的 Etches 等[34]研究了吸湿性对非对称正交铺设圆柱壳结构的一些力学性能的影响，随着复合材料吸湿程度的增加，初始稳态的截面弦长会不断增加，直到吸湿饱和后稳定在一个常值附近，揭示了吸湿对双稳态复合材料圆柱壳结构的影响。Moore 等[35]通过实验研究了非对称正交铺设复合材料层合板由高温冷却至室温时不同温度下的形状。在一个可视温度箱中，放入非对称正交铺设复合材料层合板，通过高温固化成双稳态圆柱壳结构，并用千分尺在其中心点测量，研究其中心点随着温度降低的位移情况，如图 4.5 所示。

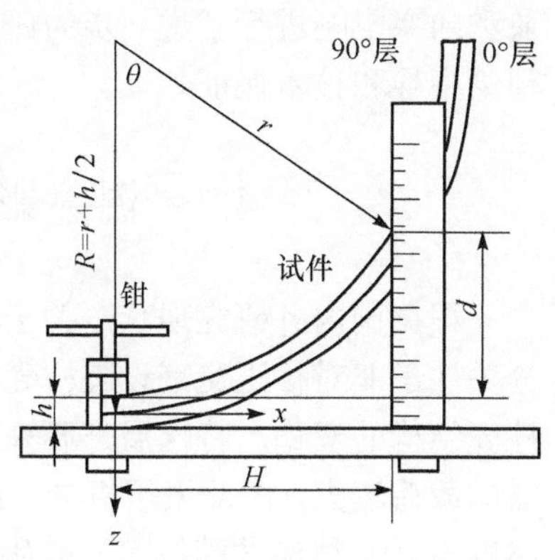

图 4.4　非对称正交铺设圆柱壳结构在潮湿环境中的敏感性检测装置[33]

(a)

(b)

图 4.5　非对称正交铺设复合材料层合板高温固化实验过程[35]

综上所述，温度会对碳纤维复合材料的力学性能有较大的影响，尤其当碳纤维复合材料长期处于湿热环境时，其性能老化会加快，甚至失效。双稳态复合材料结构是一种由碳纤维复合材料制备而成的新型可变形结构，温度对其双稳态特性也有较大的影响。大部分学者都关注于非对称正交铺设复合材料层合板高温固化时温度对其形变曲率的影响情况。本书着手研究温度对反对称铺设圆柱壳结构双稳态特性的影响，尤其是温度对反对称铺设圆柱壳结构在稳态转变过程中的载荷和曲率影响进行了进一步的研究，为其在可变形智能复合材料结构的应用提供理论指导和技术保证。

4.2　温度影响下的双稳态结构实验

根据国内外研究现状，关于温度对双稳态复合材料结构影响的实验研究大部分关注于非对称正交铺设圆柱壳结构[13,27]，还没有人对温度影响下反对称铺设圆柱壳结构的双稳态特性展开研究。反对称铺设圆柱壳结构[36]在稳态转变过程中所需的载荷较大，因此采用机械加载[37]的方式驱动圆柱壳结构进行稳态转变。利用温度箱[38]、拉伸试验机[39]、数码相机以及相应的数字图像处理技术[40,41]，获取到圆柱壳结构稳态转变过程的载荷-位移曲线以及两个稳态曲率的变化情况，从而可以得到温度影响下的结构双稳态特性规律，以指导双稳态复合材料结构的制备和应用。

4.2.1　实验准备

1. 实验试件的材料属性测量

实验试件的制备分为两部分：一部分为测试材料属性温度相关的试样；另一部分为反对称铺设圆柱壳结构试件。

由于材料为碳纤维树脂基体铺设复合材料[42]，实验所测材料属性为弹性模量 E_1、E_2，泊松比 ν_{12}，剪切模量 G_{12} 以及热膨胀系数 α_1 和 α_2。其中，测试弹性模量 E_1、E_2 和泊松比 ν_{12} 的试样按照国标（GB/T 1447—2005）进行设计制备，采用 0°铺设的哑铃状的单向板，尺寸为 200mm×25mm×2mm；测试剪切模量 G_{12} 的试件按照国标（GB/T 3355—2005）进行设计制备，采用 $[45°/-45°]_{ns}$ 铺设的长铺设尺寸为 250mm×25mm×2mm；而测量热膨胀系数 α_1 和 α_2 的试件按照标准（ASTM E831-12）进行设计制备，采用 0°铺设的正方形板，尺寸为 20mm×20mm×2mm，所采用的试样如图 4.6 所示。为获取材料属性温度相关的曲线，采用测量不同温度下的材料属性后进行数值拟合，得到材料属性温度相关的关系。测试温度为 20℃、40℃、60℃

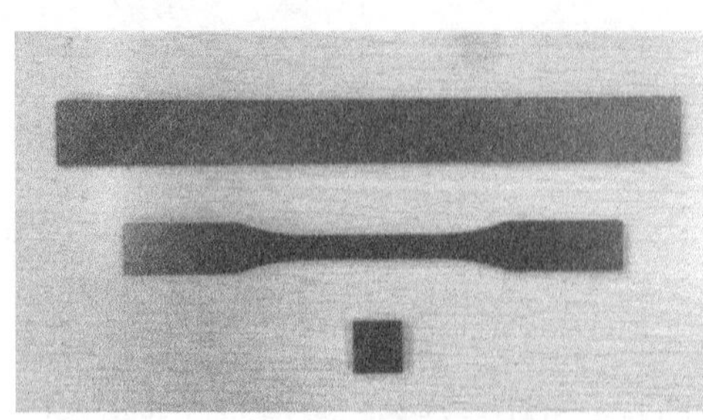

图 4.6　测试材料属性的试样照片

和 80℃，每个温度点测量三次取平均值，以获取该温度下更精确的材料属性参数。经过上海高分子材料研究开发中心的测试，得到 T700/环氧树脂基体的复合材料属性，见表 2.3。

2. 试件设计及制备

反对称铺设圆柱壳结构的设计如表 4.1 所示，根据理论推导可以预测厚度或层数对考虑温度影响的双稳态特性有一定的影响，因此反对称铺设圆柱壳结构的设计主要针对四层反对称铺设圆柱壳结构进行制备，并附带制备不同层数的反对称铺设圆柱壳结构。此外，还制备了[45°/−45°/0°/45°/−45°]具有中间层的反对称铺设圆柱壳结构，来讨论中心层的增加对结果的影响。

表 4.1　反对称铺设圆柱壳结构试件的设计

铺层方式	长度 L/mm	初始横截面半径 R_1/mm	初始圆心角β/(°)
[45°/−45°/45°/−45°]	100	25	180
[45°/−45°/0°/45°/−45°]			
[45°/−45°/45°/−45°/45°/−45°]			
[45°/−45°/45°/−45°/45°/−45°/45°/−45°]			

反对称铺设圆柱壳结构试件的制备流程如图 4.7 所示。首先将碳纤维预浸料布裁剪成所需的形状，并且进行铺层贴合；然后放到模具中，置于高温 150℃ 环境下固化 45min 后，冷却至 40～50℃ 开始开模，并且冷却到室温 20℃ 得到反对称铺设圆柱壳结构；接着进行检验有无不合格的；最后对其进行后续清理，包装出厂。

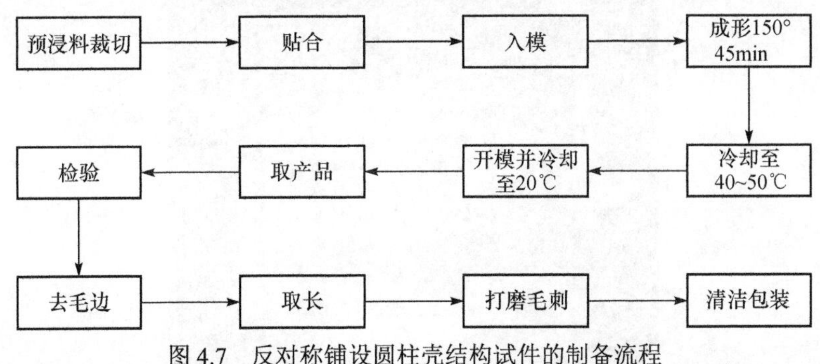

图 4.7　反对称铺设圆柱壳结构试件的制备流程

3. 实验装置的选择及设计

根据温度影响下反对称铺设圆柱壳结构的实验要求，需要通过机械加载使其进行双稳态的转变，以及研究温度对其双稳态特性的影响[43]。因此，实验采用附带温控箱的拉伸试验机平台，试验机型号为REGER 3010，温控箱的可控温度变化范围为20～350℃，如图4.8所示。通过温控箱来模拟环境温度，通过拉伸试验机加载，使反对称铺设圆柱壳结构进行稳态转变，可以从圆形透明玻璃窗口观察到稳态转变过程。在实验过程中，由于受到试件材料特性（玻璃态转化温度 T_g 为85℃）的限制，实验温度选择为20℃、40℃、60℃和80℃，在不同温度下使试件进行稳态转变，可以得到稳态转变的载荷-位移曲线。

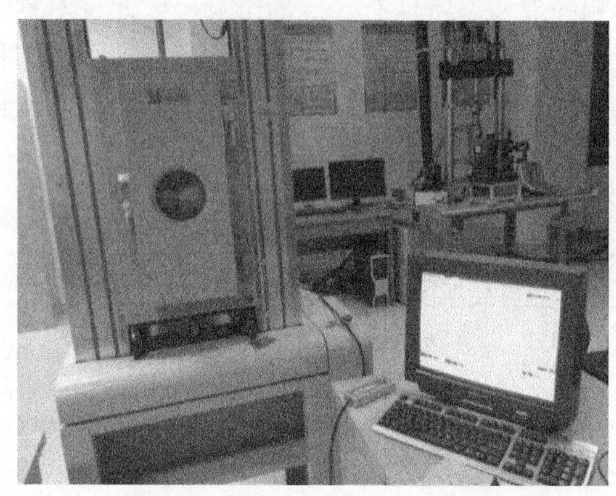

图4.8　附带温控箱的REGER 3010型拉伸试验机

实现双稳态复合材料圆柱壳试件的稳态转变过程采用两点加载方法，设计的平台如图4.9所示。圆柱壳底部利用两个滑块进行支撑，顶部进行中间加载，当压头往下移动时，圆柱壳会从第一稳态转变到第二稳态。

图4.9　稳态转变的夹具与压头

4.2.2　实验测量方法

采用改装的拉伸试验机[44]，可以得到反对称铺设圆柱壳结构稳态转变时的载荷-位移曲线，从而得到稳态转变载荷。通过对比不同温度下的双稳态转变情况，可以得到温度对稳态转变过程的影响。此外，温度对双稳态复合材料圆柱壳的形变影响也是一个重要的研究点，对于这方面实验结果的测量采用数字图像处理技术。

英国剑桥大学的 Guest 和 Pellegrino 采用双参数模型简化了反对称铺设圆柱壳结构模型[45]，采用高斯曲率法利用主曲率 C_p 和初始曲率轴线方向与主圆柱壳轴线的夹角 θ，可表示圆柱壳结构任意一个状态的曲率情况，如图 4.10 所示。任意状态的曲率大小可由主曲率 C_p 和夹角 θ 表示为

$$k_x=(C_p/2)(1-\cos2\theta) \tag{4.1}$$

$$k_y=(C_p/2)(1+\cos2\theta) \tag{4.2}$$

$$k_{xy}=C_p\sin2\theta \tag{4.3}$$

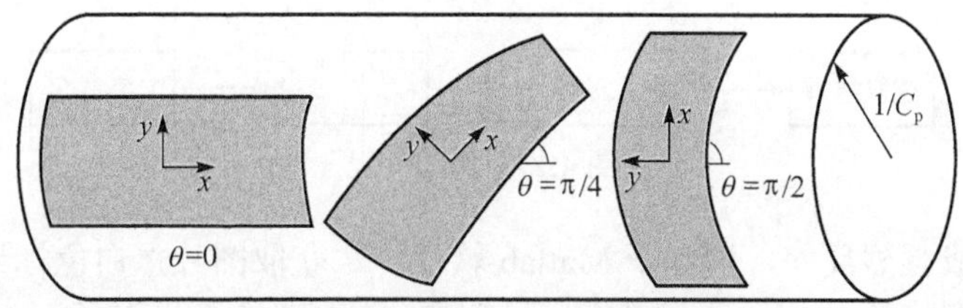

图 4.10　双参数模型示意图[45]

式中，C_p 和 θ 可以通过数字图像处理技术获得。当圆柱壳发生扭转时，两条直边并不平行，通过测量可得扭转夹角 θ，如图 4.11 所示。

在每个试件进行实验之前，为了更好地获取变形之后的形状，在圆柱壳的直边和圆弧边上各标注六个白色的点，如图 4.12 所示。对于 Snap-through 过程，即从第一稳态转变到第二稳态的过程，首先将试件放入温控箱，将箱内的温度加到所需温度，利用数码相机透过玻璃对圆柱壳的第一稳态进行图像获取；然后通过拉伸试验机进行加载，可以获得载荷-位移曲线；最后将压头回归初始状态，利用数码相机透过玻璃对变形后圆柱壳的第二稳态进行图像获取，实验流程如图 4.13 所示。而 Snap-back 过程，即由第二稳态转变到第一稳态过程，也按照图 4.13 相似的实验流程完成实验操作。

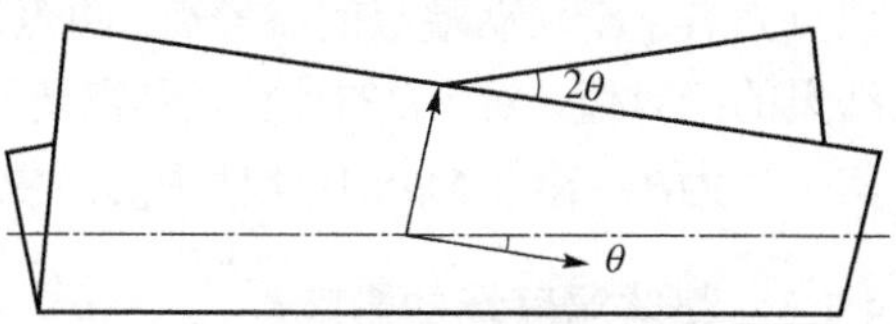

图 4.11　扭转夹角的测量示意图

通过数码相机获得的图像输入计算机中，先通过图片处理软件使几个细小白

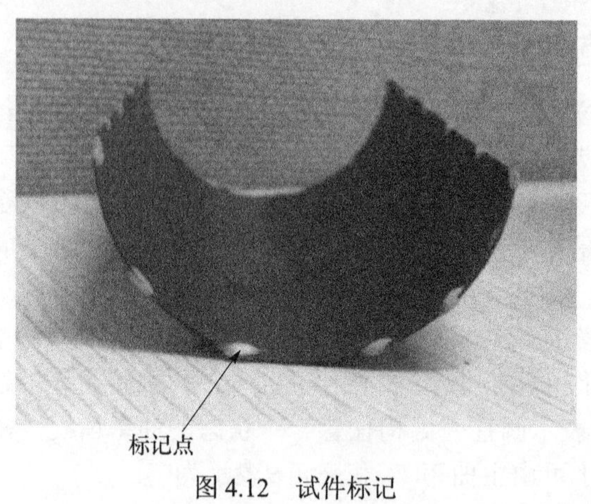

图 4.12　试件标记

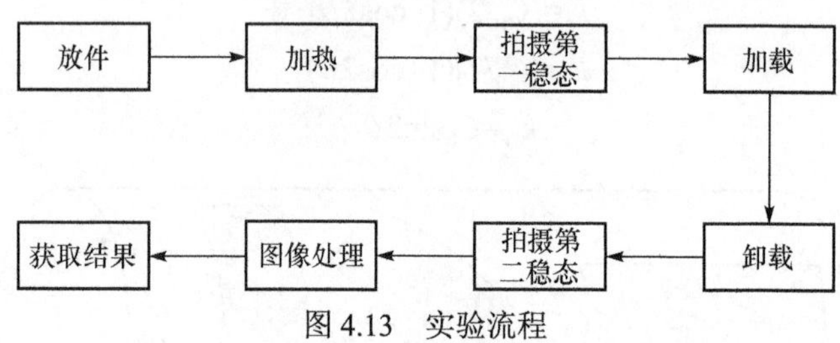

图 4.13　实验流程

点与背景形成强烈反差，以利于 Matlab 软件[46,47]获取图片上白色标识点的信息。将处理后的图像输入 Matlab 软件，通过程序运算得到各个标识点的坐标，对所得的信息经过计算可得到双稳态结构的形状情况。

对于主曲率 C_p 的计算，可以直接计算圆弧上的三个白色标识点得到主曲率半径 R，取两次后求平均值得到结果，如图 4.14（a）所示。其中，右下角的两个白色标识点为右下滑块两端点的参考点，两点之间的参考距离为 40mm，从而可以得到整个结果的绝对值。对于 θ 的计算，则需要计算两个直边上白点拟合的直线的夹角，并取其一半为 θ，输入 Matlab 软件中的图像如图 4.14（b）所示。

4.2.3　整体温度场的影响

1. 对稳态转变的影响

研究整体温度场影响下反对称铺设圆柱壳结构从第一稳态转变到第二稳态的过程（Snap-through 过程），实验过程中采用三个圆柱壳试件，长度都为 100mm，圆心角为 180°，初始半径为 25mm，铺层[45°/−45°/45°/−45°]，标记为试件 1、试件 2 和试件 3，分别在 20℃、40℃、60℃和 80℃的温度下进行稳态转变实验。试件 2 在 20℃时的稳态转变过程如图 4.15 所示。随着压头以 5mm/min 的加载速

（a）圆柱壳主曲率半径输入Matlab软件中的图像

（b）两条直线输入Matlab软件中的图像

图 4.14　数字图像处理技术中输入 Matlab 软件的图像

度进行加载，圆柱壳的两条直边逐渐弯曲，其中两个对角首先弯曲，成反对称变化，而两条弧边逐渐变直，直到稳态转变完成。

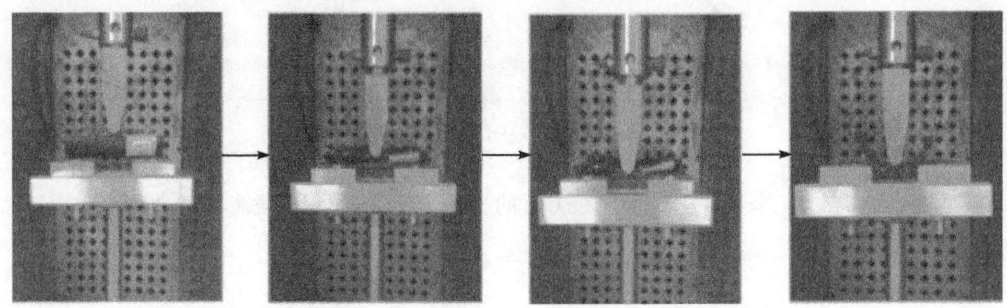

图 4.15　试件 2 在 20℃下 Snap-through 的稳态转变过程

图 4.16 为三个试件在室温 20℃和高温 60℃时的 Snap-through 过程的载荷-位移曲线。随着位移的加载，载荷不断增加，当达到最高点后，载荷会急剧下降至 0，即圆柱壳已达到第二稳态。通过对比三个试件，发现载荷-位移曲线的变化趋势一致，最终的位移都为 25mm 左右，三者之间误差并不大，因此选择对比试件 2 在不同温度下的载荷-位移曲线来研究温度对双稳态圆柱壳转变过程的影响。

通过试件 2 在 20℃、40℃、60℃和 80℃时进行的稳态转变实验，得到图 4.17。从图中可以发现，随着温度的增加，Snap-through 的稳态转变载荷在不断减小，且

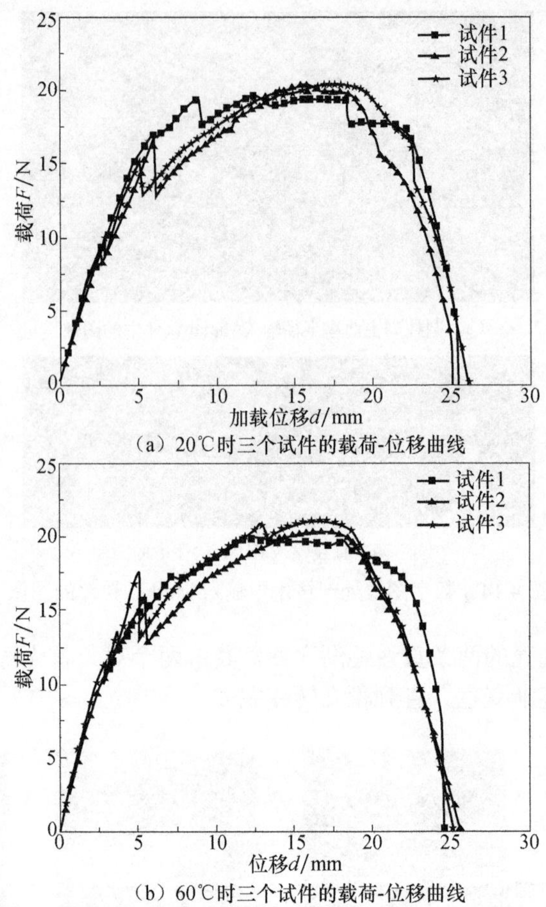

图 4.16　三个试件在 20℃和 60℃时的 Snap-through 过程的载荷-位移曲线

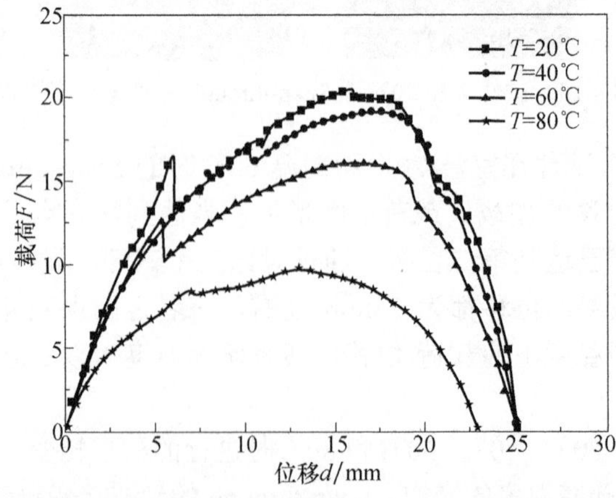

图 4.17　不同温度下试件 2 在 Snap-through 过程的载荷-位移曲线

曲线从原来的陡峭逐渐变得平缓。在 80℃时，试件 2 在 Snap-through 过程中的载荷是 20℃时的 1/3 左右，且最大位移比其他温度都要小。

图 4.18 给出了试件 2 在 20℃、40℃、60℃和 80℃时圆柱壳 Snap-back 过程的载荷-位移曲线，可以看出：①随着温度的上升，载荷不断增加，曲线更加陡峭，随后突然减小，直至变为 0；②当温度不高时，载荷突变明显，转变时载荷直线下降到 0，说明稳态突变十分明显；③当温度升高时，载荷在上升过程中出现了一些锯齿形状的波动，并在实验过程有脆裂的声音。当载荷到达峰值之后，减小得比较缓慢，且在之后还有一个滞缓过程，即载荷并未直接减小，先有一个平缓或者略微增加的过程，然后再突变为 0，这是由于温度升高后对材料属性有比较大的影响，在高温下稳态转变过程的突变变得比较缓慢。

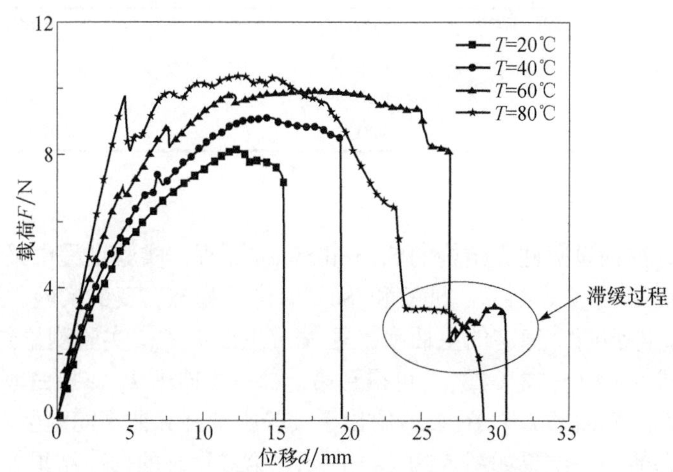

图 4.18　不同温度下试件 2 在 Snap-back 过程的载荷-位移曲线

图 4.19 给出了试件 2 在高温下从第二稳态回复到第一稳态的过程。与 Snap-through 过程不同，Snap-back 过程中在压头加载时，首先圆柱壳的一条直边近似保持直线状态，另一条直边则开始向圆弧状转变；然后当第二稳态即将达到第一稳态

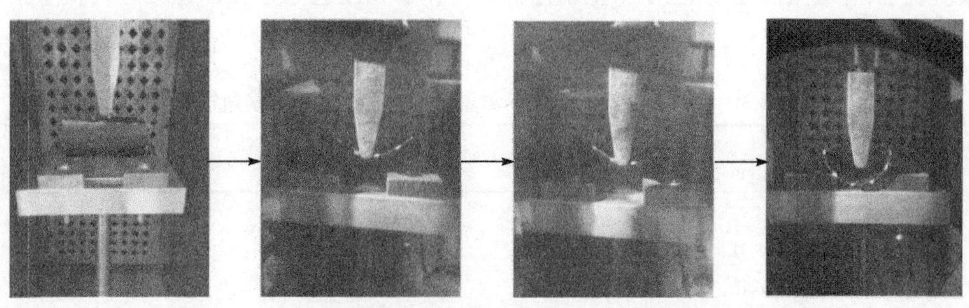

图 4.19　试件 2 在高温下的 Snap-back 过程

时，近似保持直线的边突变成圆弧状，达到第一稳态，而这个突变过程则是载荷-位移曲线的直线下降过程。

表 4.2 列出了试件 2 在不同温度下的稳态转变载荷，其中 F_t 表示试件在 Snap-through 过程中的稳态转变载荷，F_b 为 Snap-back 过程中的稳态转变载荷。可以发现随着温度的增加，圆柱壳从第一稳态转变到第二稳态所需的载荷在逐渐减小，且温度越高，稳态转变载荷下降越快。而从第二稳态回复到第一稳态时，随着温度的增加，所需的力有所上升，且在温度较低时，F_b 要比 F_t 小很多，即低温时从第二稳态回复到第一稳态比第一稳态到第二稳态转变更容易。

表 4.2　试件 2 在不同温度下的稳态转变载荷

T/℃	F_t/N	F_b/N
20	20.50	8.16
40	19.19	9.15
60	16.13	9.96
80	9.85	10.40

2. 对曲率的影响

对于反对称铺设圆柱壳结构的 Snap-through 过程，实验过程中采用三个圆柱壳试件，分别在 20℃、40℃、60℃和 80℃时进行稳态转变的实验。通过数字图像处理技术，得到两个稳态的主曲率半径 R 及主曲率 C_p，实验测量结果如表 4.3 所示。根据式（4.1）～式（4.3），可得到第一稳态主曲率 k_{y1}、扭曲率 k_{xy1} 和第二稳态主曲率 k_{x2}、扭曲率 k_{xy2}。图 4.20 给出了实验中圆柱壳曲率随温度变化的结果，其中第一稳态的曲率结果如图 4.20（a）所示，第二稳态的曲率结果如图 4.20（b）所示。与理论预测相同，第二稳态主曲率均随温度的增加而不断增加，而扭曲率 k_{xy1} 和 k_{xy2} 也从 0 开始不断增加，说明随着温度的增加圆柱壳的扭转程度在不断增加。第一稳态主曲率在逐渐减小，这是因为第二稳态主曲率在不断增加，且两者是呈反比关系。第一稳态扭曲率的值较小且变化不明显，这是因为第一稳态的扭转情况并不是很明显，且在测量偏角 θ_1 时，由于角度过小，在图像处理过程中引入了一定的误差。

表 4.3　试件 2 在不同温度下测量的实验曲率半径及偏角情况

温度 T/℃	第一稳态主曲率半径 R_1/mm	第一稳态偏角 θ_1/(°)	第二稳态主曲率半径 R_2/mm	第二稳态偏角 θ_2/(°)
20	24.97	0	30.13	0
40	25.71	0.35	28.64	0.46
60	26.10	0.37	28.43	1.28
80	27.55	0.46	26.89	1.77

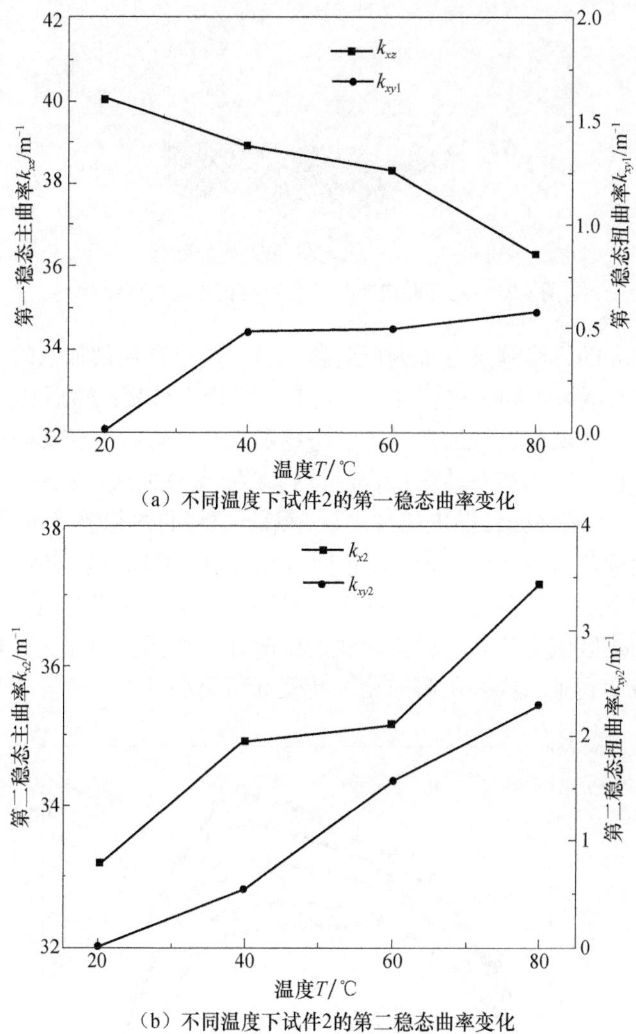

（a）不同温度下试件2的第一稳态曲率变化

（b）不同温度下试件2的第二稳态曲率变化

图 4.20　不同温度对试件 2 两个稳态的曲率的影响趋势

4.2.4　局部温度场的影响

此外，还考虑了局部温度场对反对称铺设圆柱壳结构双稳态特性的影响情况，此实验是通过在圆柱壳局部粘贴电热片进行加热完成的，如图 4.21 所示，圆柱壳四周贴了 4 片电热片并标记为 1、2、3、4，电热片的额定加热温度为 80℃。当电热片通电进行加热时，圆柱壳只有在贴有电热片的区域温度有所增加，其余区域的温度基本没有改变，从而达到对圆柱壳的局部加热。当圆柱壳被加热到稳定状态时，通过拉伸试验机使其进行稳态转变，且可以通过计算机和数字图像处理技术得到载荷-位移曲线及变形情况。

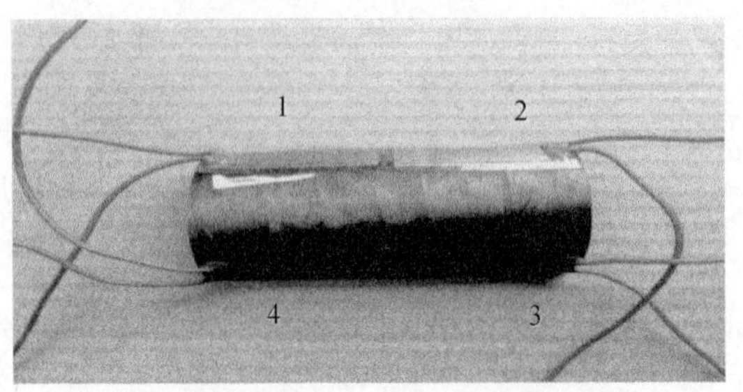

图 4.21　局部贴电热片的反对称铺设圆柱壳结构

因为圆柱壳的纤维铺层方式为反对称铺设，所以在局部加热时采用反对称加热方式。首先对区域 1 和 3 进行加热，使其进行稳态转变；然后加热区域 2 和 4；最后所有电热片区域都进行加热。为了考虑贴电热片对稳态转变载荷的影响，在贴电热片之前也进行了稳态转变过程，得到载荷-位移曲线，如图 4.22 所示。从图中可以发现：①圆柱壳粘贴电热片之后，载荷-位移曲线趋势基本没有多大变化，但是稳态转变载荷有所降低；②对比不同区域加热，可以发现加热后的载荷-位移曲线变得更加平缓，载荷上升速度减缓，且稳态转变载荷也有所降低；③加热区域 1 和 3 与加热区域 2 和 4 对稳态转变的影响并不相同，当加热区域 2 和 4 时，从第一稳态转变到第二稳态所需的稳态转变载荷更小。

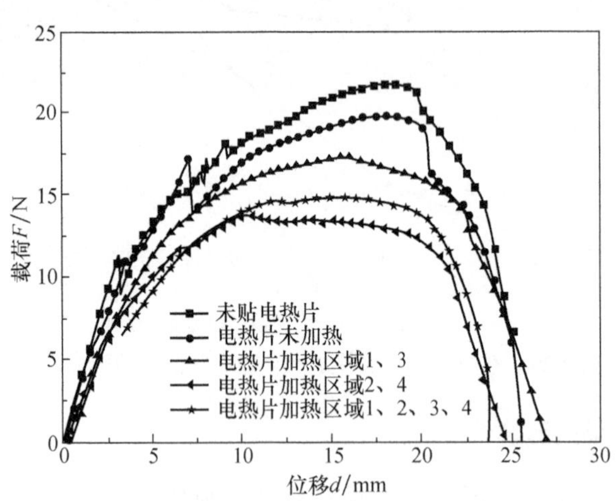

图 4.22　不同区域加热对 Snap-through 过程的影响

图 4.23 给出了局部区域加热后的圆柱壳从第二稳态回复到第一稳态的载荷-位移曲线，可以得到：①当圆柱壳没有贴电热片时，载荷随着位移的增加不断增加，且到达最大值后略微减小一段距离后立即突变为 0，而圆柱壳贴有电热片并未加热时，所需加载的位移有所增加，且在最后阶段有一个轻微的滞缓过程，这

体现了贴电热片对圆柱壳的双稳态性能也会有一定的影响；②当电热片加热后，圆柱壳从第二稳态变回第一稳态时载荷并不是直接突变到 0，而是突然减小后又有一个缓慢增加的过程，使加载位移不断增加，最后才突变为 0，这个滞缓过程比施加整体温度场的结果更加明显；③随着加热区域的增加，从第一稳态转变到第二稳态所需的力在逐渐减小，而从第二稳态回复到第一稳态时，随着加热区域的增加，所需的力有所上升。但是加热区域 1 和 3 与加热区域 2 和 4 的结果并不相同，这说明加热区域的位置对圆柱壳的双稳态特性也有较大的影响。不同区域加热后稳态转变过程的稳态转变载荷如表 4.4 所示。

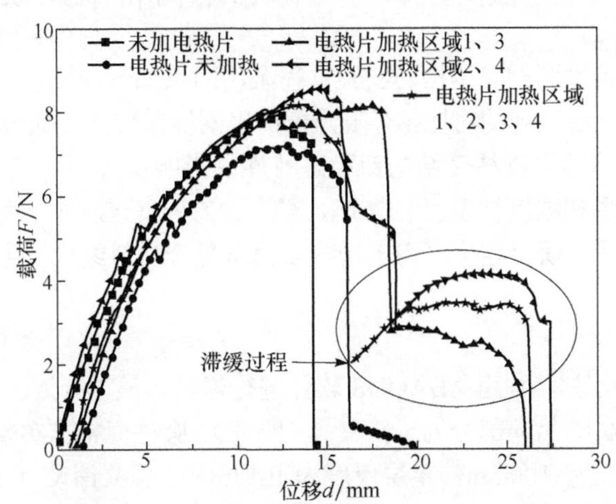

图 4.23　不同区域加热对 Snap-back 过程的影响

表 4.4　不同区域加热下的稳态转变载荷

加热区域	F_t/N	F_b/N
不加热	19.89	7.18
1、3	17.46	8.17
2、4	13.99	8.57
1、2、3、4	14.93	8.23

通过数字图像处理技术得到施加局部温度场对反对称铺设圆柱壳结构的曲率的影响结果，如表 4.5 所示。随着加热区域的增加，圆柱壳第二稳态的卷曲半径不断减小，而扭转偏角不断增加，这说明温度施加面积越大，圆柱壳扭转越严重。第二稳态主曲率 k_{x2} 和扭曲率 k_{xy2} 则随着加热区域增加而增加，但是不同的加热区域对曲率的影响情况也不同，加热区域 2 和 4 比加热区域 1 和 3 对双稳态特性的影响更大。

表 4.5　施加局部温度场对反对称铺设圆柱壳结构的曲率的影响结果

加热区域	第二稳态主曲率半径 R_2/mm	扭转偏角 θ/(°)	第二稳态主曲率 k_{x2}/m^{-1}	第二稳态扭曲率 k_{xy2}/m^{-1}
不加热	30.76	0	32.51	0
1、3	30	2.48	33.32	1.44
2、4	29.56	3.57	33.80	2.10
1、2、3、4	28.91	4.57	34.53	2.76

4.3　温度影响下的双稳态结构有限元模拟

由于反对称铺设圆柱壳结构的实验过程采用两点加载法，为了方便与实验过程观察到的现象进行更直观的对比，有限元模拟也同样采用两点加载法。通过有限元模拟温度对反对称铺设圆柱壳结构双稳态特性的影响情况[48]，其中包括整体温度场[36]、局部温度场和温度梯度[27]的影响，得到稳态转变过程中的载荷-位移曲线[49]以及曲率变化规律，研究结论可用于指导双稳态复合材料结构的生产和应用。

4.3.1　建模过程

根据实验平台[50]，利用 ABAQUS 软件进行建模，模型分为两个部分，一部分为圆柱壳（变形体），另一部分为压头夹具（刚体）。圆柱壳根据实验试件尺寸建模，半径为 25mm，长为 100mm，单层厚度为 0.12mm，总共铺设 4 层，铺设角度为 [45°/−45°/45°/−45°]，输入单位采用国际单位，模型及内部铺层方式如图 4.24 所示。温度对圆柱壳的材料属性有较大的影响，因此在模型中还考虑了材料属性温度相关。

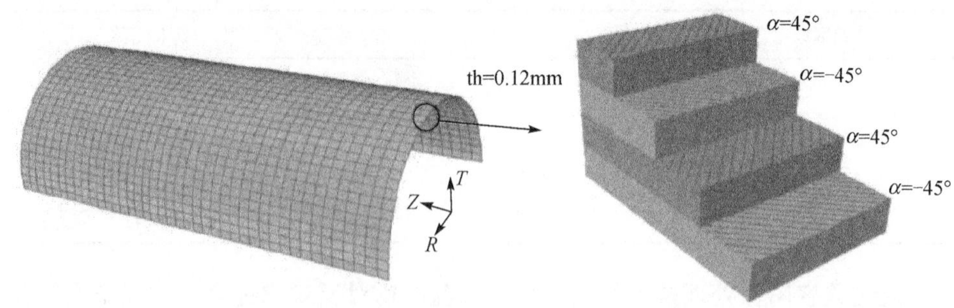

图 4.24　反对称铺设圆柱壳结构的内部铺层情况

有限元分析过程中，如实验过程一样，将分析步骤分为四步：初始步，加初始温度场，即室温 20℃；第二步，升温或降温，改变整个圆柱壳上温度场的温度；第三步，在圆柱壳上施加载荷，即压头往下加载，使其进行稳态转变；第四步，卸去载荷，即压头上升复位，使圆柱壳保持在第二稳态。与前述方法一致，Nlgeom

设置为 On，同时按照默认参数设置 Automatic Stabilization 以使分析结果更易收敛。

在施加载荷过程中，首先在 Predefined Field 施加所需的温度场，且设置不同分析步的不同温度；然后采用位移加载的方式，使压头下移再复位，圆柱壳从第一稳态转变到第二稳态。由于 S4R 单元（减缩积分壳单元）具有较好的收敛性，本模型中选用此单元进行计算。

4.3.2 温度场影响下的双稳态特性有限元模拟

1. 整体温度场改变对圆柱壳双稳态特性的影响

通过模拟环境温度从室温 20℃上升到 40℃、60℃、80℃后再进行反对称铺设圆柱壳结构的稳态转变，可得到稳态转变过程的载荷-位移曲线，如图 4.25 所示。图 4.25（a）给出了不同温度下圆柱壳 Snap-through 过程的载荷-位移曲线，可以发现加载初期，载荷随着加载位移的增大而明显增大，当到达峰值之后又急速下降至零，说明圆柱壳完成了从第一稳态到第二稳态的转变。对比不同温度下的载荷-位移曲线，可以发现随着温度的增加，稳态转变载荷不断减小。对于 Snap-back 过程（图 4.25（b）），载荷随着位移的增加而不断增加，当到达峰值时，载荷直线下降突变为零，说明圆柱壳从稳态的中间状态突变到第一稳态。随着温度的增加，圆柱壳从第二稳态回复到第一稳态所需的载荷不断增加，加载位移也不断增加，这是因为圆柱壳的第二稳态曲率半径随温度增加而减小，所需加载位移有所增加。表 4.6 列出了圆柱壳稳态转变过程中的稳态转变载荷。当温度较高时（如 80℃），有限元模拟捕获了 Snap-back 过程的载荷-位移曲线在上升过程中出现的锯齿形状的折线，这说明在高温下圆柱壳从第二稳态回复到第一稳态时并不是缓慢连续的转变，与实验结果一致。

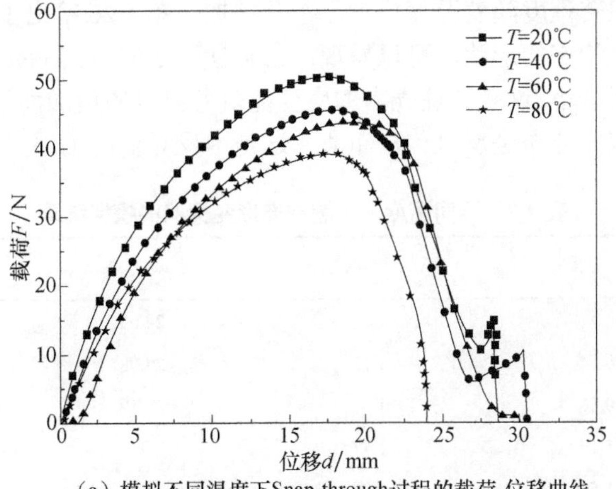

（a）模拟不同温度下Snap-through过程的载荷-位移曲线

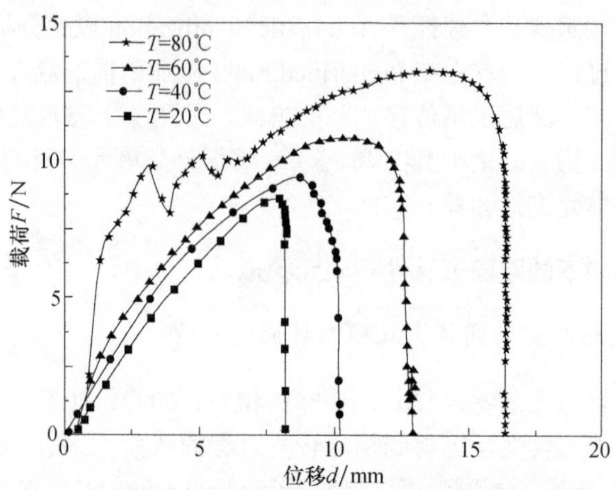

（b）模拟不同温度下Snap-back过程的载荷-位移曲线

图 4.25　不同温度对圆柱壳稳态转变的影响的模拟结果

表 4.6　有限元模拟中不同温度下的稳态转变载荷

T/℃	F_t/N	F_b/N
20	50.48	9.47
40	45.52	10.81
60	43.87	13.24
80	39.05	13.87

表 4.7 给出了不同温度对圆柱壳变形情况影响的模拟结果（用上标 f 表示），第二稳态主曲率 k_{x2} 随着温度增加而不断增加，这是因为材料属性随着温度的增加而不断变化[51]。随着温度的增加，圆柱壳两个稳态的扭曲率 k_{xy} 均在不断增加，这说明圆柱壳扭转程度随着温度增加而不断增加。图 4.26 给出了室温下和 100℃下的圆柱壳第二稳态的形状，可以发现：①圆柱壳上的最大 von Mises 应力随着温度的增加不断减小，这是圆柱壳内的应变能随着温度的增加而不断减小造成的；②圆柱壳上的应力分布是反对称分布的，这是由反对称的铺层方式引起的。

表 4.7　不同温度下对圆柱壳形变情况的模拟结果

T/℃	k_{xy1}^{f} /m^{-1}	k_{xy2}^{f} /m^{-1}	k_{x2}^{f} /m^{-1}	σ_{max}/MPa
20	0	0	24.09	277.1
40	0.54	1.13	25.08	240.4
60	0.86	1.47	27.19	199.7
80	1.19	1.71	29.4	156.6
100	1.50	1.90	31.98	111.8

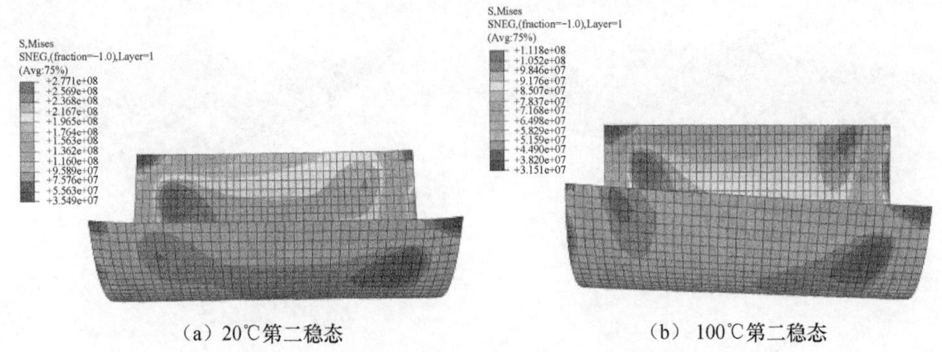

（a）20℃第二稳态　　（b）100℃第二稳态

图 4.26　圆柱壳不同温度下第二稳态形状的对比

2. 整体温度场影响下的模拟结果与实验、理论的对比

图 4.27 给出了圆柱壳稳态转变过程的有限元模拟，图 4.27（a）显示了第一稳态转变到第二稳态的过程，图 4.27（b）显示了第二稳态回复到第一稳态的过程。从圆柱壳转变过程中的中间状态可以发现，与实验过程一样，在 Snap-through 过程中，圆柱壳的一条弧边首先转变为直边，另一弧边还保持弧边并缓慢向直边转变，当另一边也从弧边变成直边时，圆柱壳则会突变到第二稳态。同理，在 Snap-back 过程中，压头下压的两条直边中一条直边率先转变为弧边，当另一条直边突变为弧边时，则圆柱壳突变成第一稳态。由于突变的边为压头所压的边，Snap-back 突变到第一稳态更直接，即载荷-位移曲线的载荷在完成突变后会急剧下降至零。

在实验和模拟过程中得到的稳态转变载荷及最大位移如图 4.28 所示。从图中可以发现：①Snap-through 过程的稳态转变载荷均随着温度的上升而减小，而 Snap-back 过程的稳态转变载荷随温度上升而不断增加，如图 4.28（a）所示；②Snap-back 过程的稳态转变载荷的模拟结果与实验结果误差较小，都维持在 10N 左右，而 Snap-through 过程两者的误差较大，模拟结果要大于实验结果；③对比最大加载位移，Snap-through 过程的模拟结果与实验结果误差相对较小，实验值保持在 25mm 左右，模拟值为 25～32mm，而 Snap-back 过程的结果误差较大，且随着温度的增加，加载位移不断增加，如图 4.28（b）所示。

根据反对称铺设圆柱壳结构的制备过程、实验过程及有限元模拟过程，分析其误差产生的可能原因：①由于圆柱壳的两个稳态是两种不同的状态，从第一稳态转变到第二稳态与从第二稳态回复到第一稳态的过程是不同的，在施加载荷与加载位移上也有较大的区别；②在有限元模拟过程所输入的材料属性与实际实验过程中有一定的误差，尤其是模型中输入的材料参数为单层复合材料板的材料属性，并未将树脂基体和碳纤维进行区别，而温度对两者的影响情况有较大的区别；

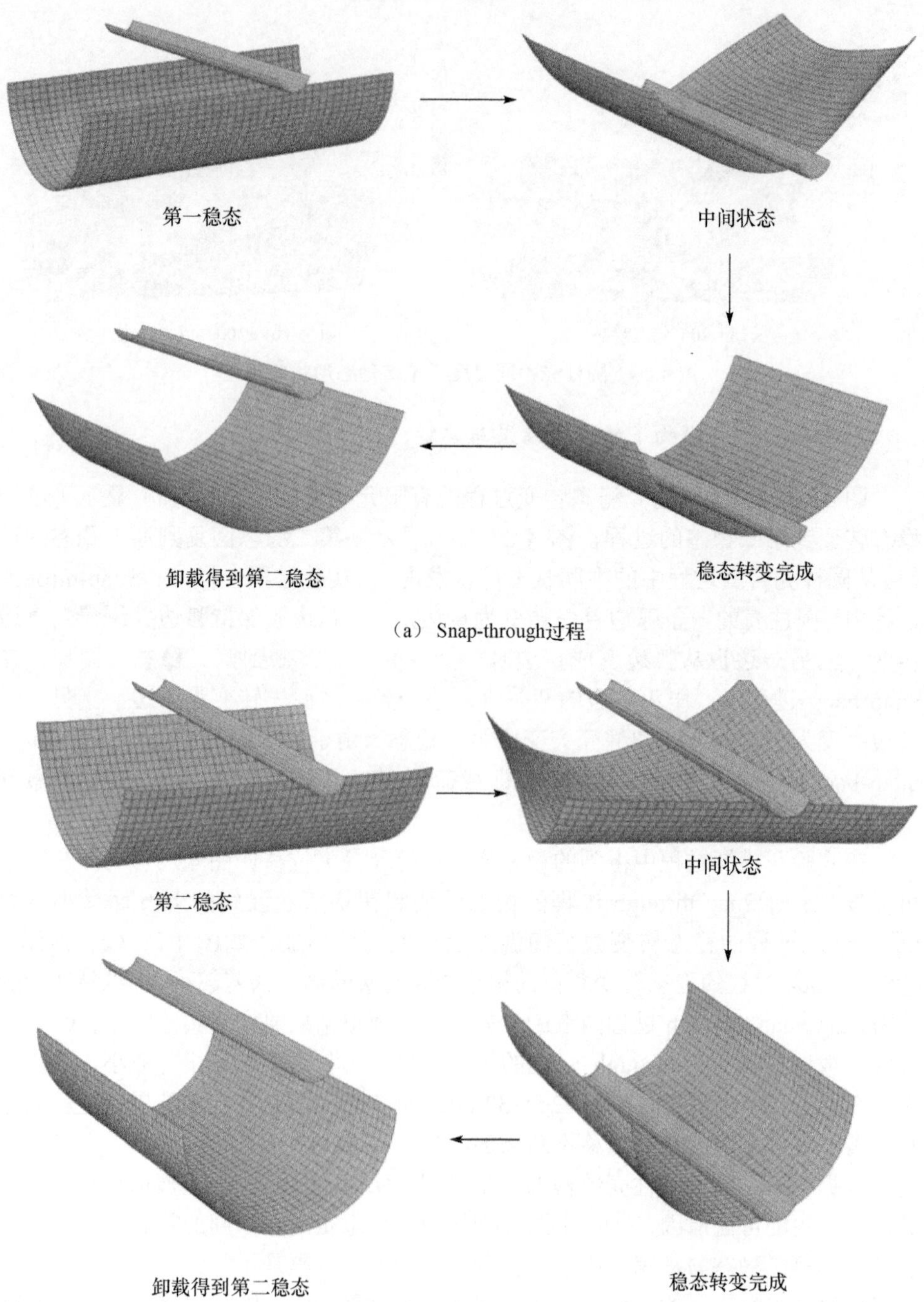

（a） Snap-through过程

（b） Snap-back过程

图 4.27　有限元模拟得到的圆柱壳稳态转变过程

③在实验过程中既有温度影响，也有时间影响，在转变过程中涉及材料的黏弹性，而模拟过程中简化的实验模型并未考虑黏弹性的影响，这是造成误差的主要原因之一，例如，Snap-back 过程中实验的加载位移较大的原因是在转变过程中材料的黏弹性导致转变产生迟缓过程。

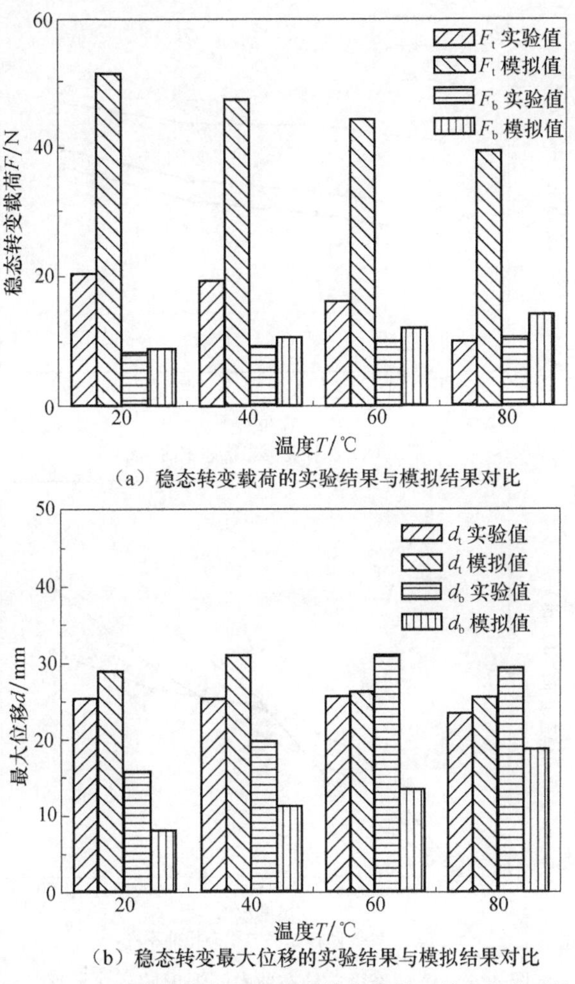

（a）稳态转变载荷的实验结果与模拟结果对比

（b）稳态转变最大位移的实验结果与模拟结果对比

图 4.28　实验和模拟过程中稳态转变载荷及最大位移对比

通过理论计算、实验测量和有限元模拟，可以得到不同温度下圆柱壳第二稳态的曲率变化情况，如图 4.29 所示，其中 k_{x2} 为第二稳态主曲率，k_{xy} 为扭曲率，上标 a、f、e 分别表示理论结果、模拟结果和实验结果。可以发现：①三种结果的变化趋势一致，都是随着温度的增加而不断增加；②第二稳态主曲率的实验结果比理论结果和模拟结果都要大，这可能是在理论模型中进行了适当的简化造成的；③第二稳态扭曲率随着温度的增加而明显增加，从保持常温时的 0m^{-1} 增加到 80℃时的 2m^{-1} 左右，理论结果、模拟结果及实验结果较吻合，说明圆柱壳的扭转是温度升高造成的，且温度越高，扭转越严重。

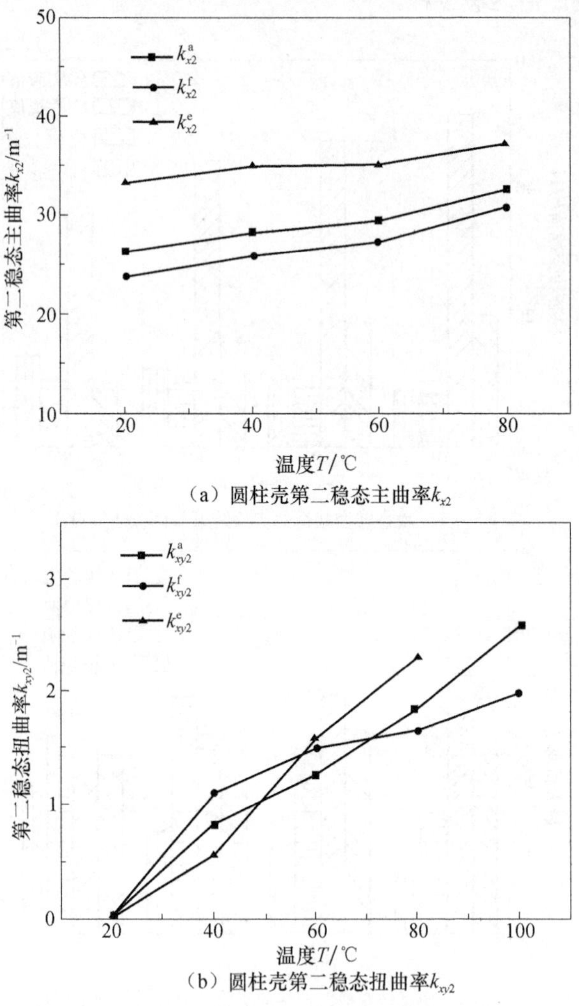

（a）圆柱壳第二稳态主曲率k_{x2}

（b）圆柱壳第二稳态扭曲率k_{xy2}

图 4.29　圆柱壳第二稳态曲率随温度的变化情况

3. 局部温度场对圆柱壳双稳态特性的影响

为了研究局部温度场对圆柱壳双稳态特性的影响，在 ABAQUS 软件模型中将圆柱壳分为四个区域，分别标注为区域 1、2、3、4，如图 4.30 所示，在圆柱壳上的区域施加温度与实验过程一致。区域施加温度场对圆柱壳曲率的影响如表 4.8 所示。当保持室温时，圆柱壳没有发生扭转情况，即 k_{xy2} 为 0，而第二稳态 k_{x2} 为

$24.84m^{-1}$。当在不同区域加热升温时，两个曲率也会相应增加，这说明局部温度升高也会导致圆柱壳发生扭转。当温度施加区域不同时，如区域 1、3 和区域 2、4，k_{x2} 的变化不明显，但是 k_{xy2} 并不相同，当区域 1、3 和区域 2、4 都加热到 80℃时，k_{xy2} 分别为 $0.87m^{-1}$ 和 $1.17m^{-1}$，这说明不同区域加热对圆柱壳的扭转情况有不同的影响。

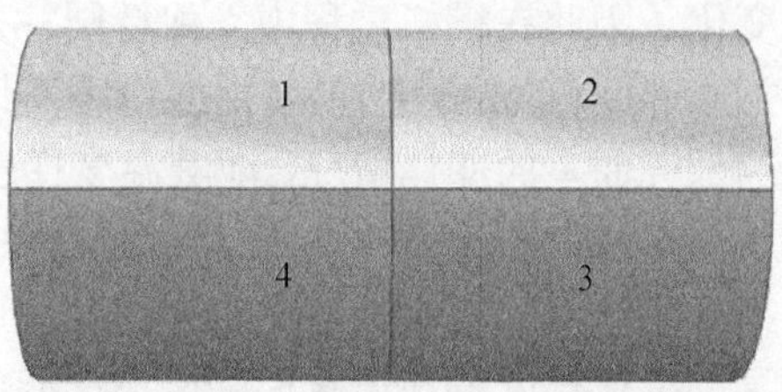

图 4.30　圆柱壳局部温度场施加区域示意图

表 4.8　区域施加温度场对圆柱壳曲率的影响

加热区域	T/℃	k^{f}_{xy2} /m^{-1}	k^{f}_{x2} /m^{-1}
全部	20	0	24.84
1、3	40	0.59	25.48
2、4		0.58	25.44
1、3	60	0.78	26.38
2、4		0.74	26.39
1、3	80	0.87	27.37
2、4		1.17	27.39
全部	80	1.71	29.40

表 4.9 列出了不同区域加热对圆柱壳曲率影响的模拟结果与实验结果的对比，实验结果均比模拟结果大，这是因为在 ABAQUS 软件中简化了模型，且忽略了材料黏弹性的影响。模拟结果与实验结果的总体变化趋势一致，随着加温区域的增加，圆柱壳曲率均在增加。此外，即使施加区域的面积大小相同，当施加区域的位置不同时，圆柱壳曲率的变化情况也不同，因此可以通过对不同区域施加温度来调控圆柱壳的形变情况。

表 4.9　不同区域加热对圆柱壳曲率的影响结果

加热区域	T/℃	k^{f}_{xy2} /m^{-1}	k^{e}_{xy2} /m^{-1}	k^{f}_{x2} /m^{-1}	k^{e}_{x2} /m^{-1}
全部	20	0	0	24.84	32.51
1、3	80	0.87	1.44	27.37	33.32
2、4		1.17	2.10	27.39	33.80
全部	80	1.71	2.76	29.40	34.53

4.3.3　温度梯度影响下的双稳态特性有限元模拟

1. 整体施加温度梯度对圆柱壳的双稳态特性影响

根据理论预测，当圆柱壳上施加温度梯度[52,53]时，圆柱壳的曲率会发生一定变化，因此在模拟过程中，保持圆柱壳中心面的初始温度 T_0=50℃，对圆柱壳施加 0～200℃·mm^{-1} 的温度梯度，研究其影响结果。表 4.10 列出了不同温度梯度下圆柱壳曲率的变化情况，随着温度梯度的增加，圆柱壳的扭曲率 k_{xy} 均为负值，且从 0m^{-1} 开始不断降低，而第二稳态主曲率 k_{x2} 在缓慢上升，有限元结果比理论结果更小一点，但是仍然比较吻合。通过对比施加整体温度场与温度梯度的影响结果，整体温度场和温度梯度增加都能使其第二稳态主曲率增加，但是影响扭曲率的趋势是相反的。

表 4.10 温度梯度对曲率的影响情况

T_z/(℃·mm^{-1})	k_{xy1}^{a} /m^{-1}	k_{xy1}^{f} /m^{-1}	k_{xy2}^{a} /m^{-1}	k_{xy2}^{f} /m^{-1}	k_{x2}^{a} /m^{-1}	k_{x2}^{f} /m^{-1}
0	0	0	0	0	28.49	24.84
50	−0.04	−0.04	−0.04	−0.04	28.63	26.28
100	−0.17	−0.17	−0.22	−0.37	28.89	26.78
150	−0.52	−0.53	−0.68	−1.23	29.50	27.77
200	−1.40	−1.41	−1.84	−2.66	30.96	29.84

为了研究施加整体温度场和温度梯度对圆柱壳形状的影响[54,55]，首先使圆柱壳整体温度从 20℃上升到 80℃，即ΔT=60℃，然后施加不同温度梯度，得到结果如表 4.11 所示。当模拟整体温度场上升到 80℃时，两个稳态的扭曲率的模拟值分别为 1.19m^{-1} 和 1.71m^{-1}，第二稳态主曲率为 29.4m^{-1}。随着温度梯度的增加，扭曲率分别为 0.79m^{-1} 和 1.28m^{-1}，主曲率为 32.21m^{-1}，这说明温度梯度能够改善圆柱壳由整体温度场引起的扭转情况，但是曲率半径仍在不断减小。通过有限元模拟与理论结果的对比发现，两者变化趋势相同，误差在 20%以内。

表 4.11 施加整体温度场和温度梯度的综合影响

T_z/(℃·mm^{-1})	k_{xy1}^{a} /m^{-1}	k_{xy1}^{f} /m^{-1}	k_{xy2}^{a} /m^{-1}	k_{xy2}^{f} /m^{-1}	k_{x2}^{a} /m^{-1}	k_{x2}^{f} /m^{-1}
0	1.35	1.19	1.85	1.71	31.33	29.40
50	1.32	1.16	1.84	1.71	31.52	29.76
100	1.26	1.09	1.79	1.70	31.71	30.26
150	1.16	0.97	1.71	1.54	31.90	31.21
200	1.02	0.79	1.59	1.28	32.11	32.21

2. *局部温度梯度对温度场影响的调控*

由理论预测可以得到负方向的温度梯度能够减小扭曲率 k_{xy2}，且负方向的温度梯度越大，曲率减小得越多，因此可以研究施加负方向的温度梯度调控整体温度场变化引起的圆柱壳扭转情况。在有限元模拟中将圆柱壳分为八部分，分别标记为 1～8，如图 4.31 所示。当圆柱壳受到整体温度场影响时，如温度从 20℃上升到 80℃，圆柱壳第二稳态曲率 k_{x2} 和 k_{xy2} 都会相应增大，因此可以在不同区域施加负的温度梯度以减小整体温度场的影响结果。

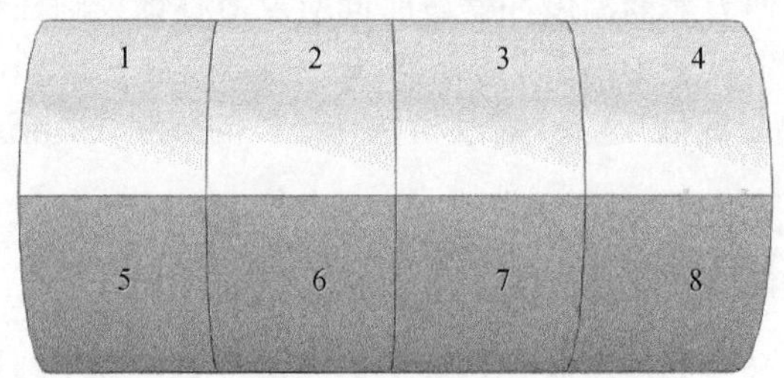

图 4.31　圆柱壳的有限元模型分区情况

研究在圆柱壳不同区域施加负温度梯度场（−200℃·mm^{-1}）对曲率的影响，结果如表 4.12 所示。当圆柱壳未受到温度梯度影响时，第二稳态主曲率 k_{x2} 和扭曲率 k_{xy2} 分别为 29.40m^{-1} 和 1.71m^{-1}，对比发现当全部施加正方向温度梯度时得到的结果远比全部施加负方向温度梯度要大，这说明在圆柱壳施加负方向温度梯度对圆柱的曲率调控更加有优势。随着负方向温度梯度施加区域的增加，对扭曲率的调控情况更好，当全部施加负方向的温度梯度时，扭曲率减小到 0.80m^{-1}，减小幅度达 53%左右，扭曲情况得到较好的改善，而第二稳态主曲率未明显改变，改变幅度仅为 3.7%，因此可以采用负方向的温度梯度去调控由整体温度场变化引起的圆柱壳的扭转情况。

表 4.12　不同区域施加温度梯度的影响

加热区域	ΔT/(℃·mm^{-1})	k^{f}_{xy2} /m^{-1}	k^{f}_{x2} /m^{-1}
无	−200	1.71	29.40
1、8	−200	1.51	29.71
1、2、7、8	−200	1.23	29.95
3、4、5、6	−200	1.20	29.98
全部	−200	0.80	30.50
全部	200	1.28	32.21

4.4　热暴露对双稳态结构的影响

当复合材料[56,57]长期暴露在较高温度的环境下时，其形变情况及力学性能会发生较大的变化。在航空航天的工作环境下，长时间的热暴露[58,59]是不可避免的，从而导致复合材料加速老化且失效。哈尔滨工业大学的刘加一[25]研究了热暴露对碳纤维复合材料金字塔点阵夹芯结构失效机理的影响，对金字塔点阵夹芯结构经不同温度和时间热暴露后的平压与剪切行为进行了讨论。针对双稳态复合材料结构，可以通过热暴露实验预测长期较高温环境对其双稳态特性产生的影响[60,61]。通过热暴露实验，研究暴露温度和暴露时间对反对称铺设圆柱壳结构双稳态特性的影响情况，可获取其变形情况和稳态转变过程的变化；此外，可以通过电子显微镜[62]观察经过热暴露后反对称铺设圆柱壳结构的微观变化情况，从而解释宏观现象。

4.4.1　暴露温度的影响

研究暴露温度的影响情况时，试件采用四层反对称铺设圆柱壳结构，实验中的暴露温度分别选取为 20℃、40℃、80℃、120℃和 200℃，暴露时间为 1h，即试件在不同温度的温度箱内保留 1h 后，使其恢复到室温，进行稳态转变实验，实验流程如图 4.32 所示。

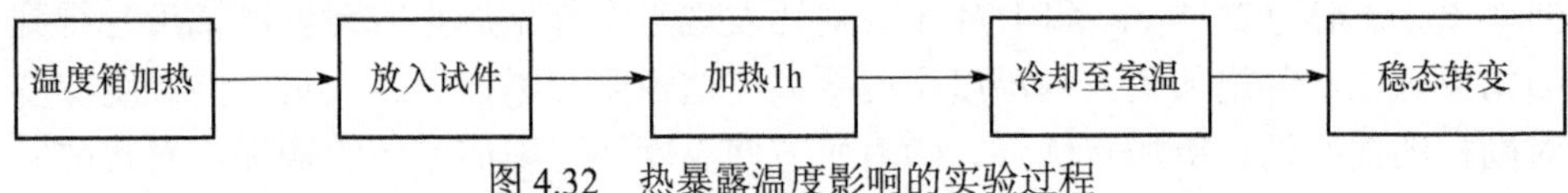

图 4.32　热暴露温度影响的实验过程

反对称铺设圆柱壳结构经过热暴露后，形状会发生一定的变化，尤其圆柱壳的第二稳态发生了较明显的扭转情况，如图 4.33 所示。通过数字图像处理技术，得到两个稳态的主曲率半径 R 和扭转偏角 θ，如表 4.13 所示。可以发现：①随着暴露温度的增加，两个稳态的主曲率半径 R 都呈现先增加后减小的趋势，其分界点为 80℃，接近复合材料的玻璃态转化温度 T_g[63,64]，这说明暴露温度在 T_g之前，R 有所增加，当暴露温度超过 T_g时，R 却开始减小；②圆柱壳的两个扭转偏角随着暴露温度的增加而不断增加，表明圆柱壳受到的暴露温度越高，扭转程度就越大，且第二稳态比第一稳态扭转更严重。

图 4.33　经过热暴露后双稳态复合材料圆柱壳的扭转情况

表 4.13　不同温度热暴露后圆柱壳两个稳态的主曲率半径 R 及扭转偏角 θ

暴露温度 T/℃	第一稳态主曲率半径 R_1/mm	第二稳态主曲率半径 R_2/mm	第一稳态扭转偏角 θ_1/(°)	第二稳态扭转偏角 θ_2/(°)
20	25.00	31.11	0.00	0.00
40	26.23	32.21	2.86	3.56
80	26.84	33.29	3.08	4.70
120	26.78	32.85	4.06	5.46
200	26.15	30.71	5.15	7.29

计算反对称铺设圆柱壳结构随着暴露温度增加的曲率变化情况，结果如图 4.34 所示。第一稳态主曲率 k_{y1} 和第二稳态主曲率 k_{x2} 随着暴露温度的增加呈现先减小后增加的趋势，分界点在暴露温度 T_g 左右，这是材料属性在 T_g 前后的变化情况并不相同造成的；而扭曲率 k_{xy} 随着暴露温度的增加不断增加，这是因为高温热暴露导致圆柱壳内部的热应力[65,66]增加。这个变化趋势与整体温度场影响下的曲率变化并不相同，说明热暴露与整体温度场的影响结果是不同的。

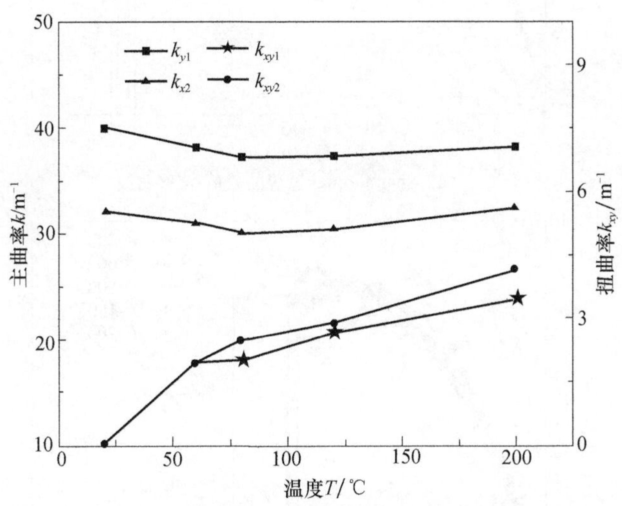

图 4.34　圆柱壳曲率随暴露温度的变化情况

采用改装的拉伸试验机进行稳态间转变实验，可以获得不同暴露温度下圆柱壳双稳态转变的载荷-位移曲线，如图 4.35 所示。从图 4.35（a）可以发现：①双稳态圆柱壳在不同温度下热暴露 1h 之后，从第一稳态转变到第二稳态的过程没有发生特别大的变化；②相对于未经过热暴露的圆柱壳，经过高温热暴露的圆柱壳在双稳态转变过程中峰值略微有所下降，稳态转变载荷 F_t 维持在 20N 左右；③随着暴露温度的增加，载荷-位移曲线出现锯齿的形状，且在实验过程中能够听到脆裂声，这是经过热暴露一定时间后材料本身变脆所致。

图 4.35（b）呈现的是圆柱壳经过不同暴露温度后 Snap-back 过程的载荷-位移曲线。当暴露温度低于玻璃态转化温度 T_g 时，圆柱壳从第二稳态回复到第一稳态时是直接突变的，即载荷过峰值后一段时间直接减小为零；当暴露温度高于玻璃态转化温度时，圆柱壳从第二稳态回复到第一稳态时并不是直接突变的，在其即将完成双稳态转变时会产生一个滞缓过程，即曲线尾部具有一个缓慢变为零的区域。

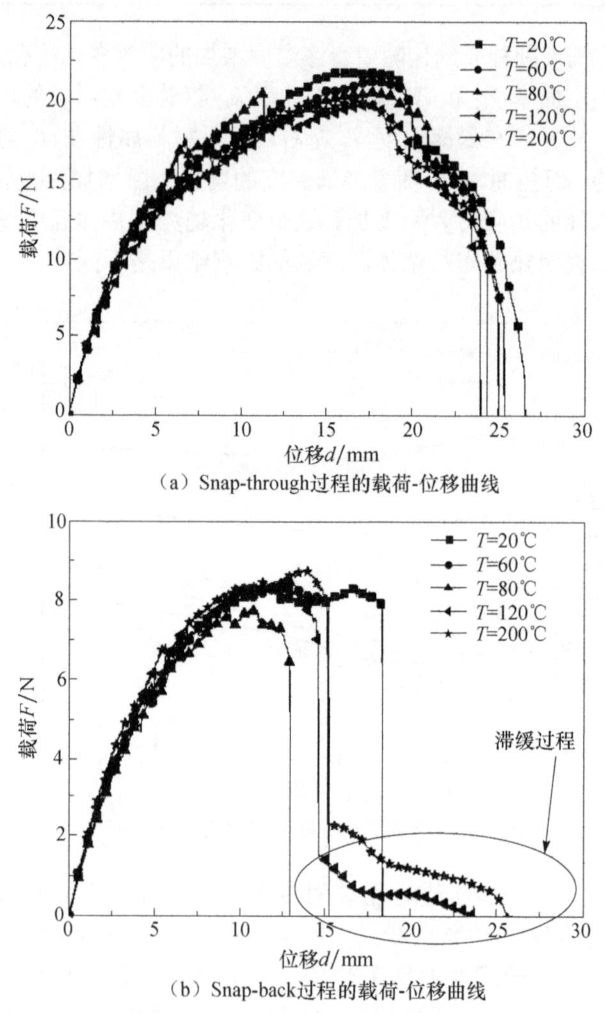

（a）Snap-through过程的载荷-位移曲线

（b）Snap-back过程的载荷-位移曲线

图 4.35　不同暴露温度下的圆柱壳双稳态转变载荷-位移曲线

图 4.36 给出了稳态转变过程的滞缓过程，从中可以发现在稳态即将突变时，圆柱壳第二稳态的一个直边已经转变成弧边，而另一个直边并未转变成弧边，即稳态转变并未完全，而此时的载荷仍然在不断减小，逐渐变成零时，使圆柱壳的另一条直边也变成弧边，完成稳态转变。除此之外，还可以发现突变位移有了明显变化，即呈现先减小后又增加的趋势，这是经过热暴露后圆柱壳的第二稳态主曲率半径先增加后减小造成的，即主曲率半径越大，突变位移越小。

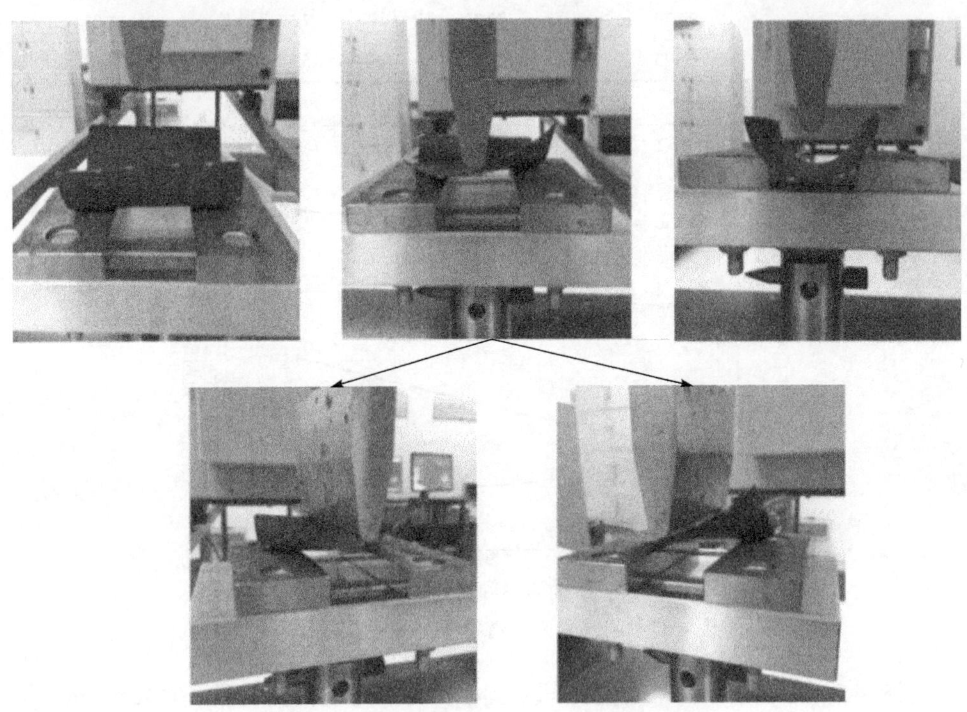

图 4.36　Snap-back 过程稳态转变的滞缓情况

4.4.2　暴露时间的影响

研究暴露时间的影响情况时，选择暴露温度为 200℃，暴露时间分别为 1h、3h 和 6h，再使其恢复到室温，进行稳态转变实验。

经过不同时间的热暴露，圆柱壳也发生不同情况的形变，即主曲率半径和扭转情况有一定的变化，如表 4.14 所示。在 200℃的热暴露下，随着暴露时间的增加，两个稳态主曲率半径都有不同程度的减小，第二稳态扭转偏角不断增加，扭转程度有所增加，而第一稳态扭转偏角有所减小，扭转程度不断减小。通过计算得到圆柱壳两个稳态曲率变化与暴露时间的关系，如图 4.37 所示。从图中可以发现两个主曲率 k_{y1} 和 k_{x2} 随着暴露时间的增加变化并不明显，k_{y1} 维持在 40mm^{-1} 左右，k_{x2} 保持在 33mm^{-1} 左右，而第一稳态的扭曲率 k_{xy1} 有所下降，第二稳态扭曲率 k_{xy2} 有所增加。

表 4.14　不同时间热暴露后圆柱壳两个稳态的主曲率半径 R 及扭转偏角 θ

暴露时间 t/h	第一稳态主曲率半径 R_1/mm	第二稳态主曲率半径 R_2/mm	第一稳态扭转偏角 θ_1/(°)	第二稳态扭转偏角 θ_2/(°)
1	25.15	30.46	8.28	11.55
3	24.79	29.30	7.57	13.05
6	24.73	28.86	6.34	16.28

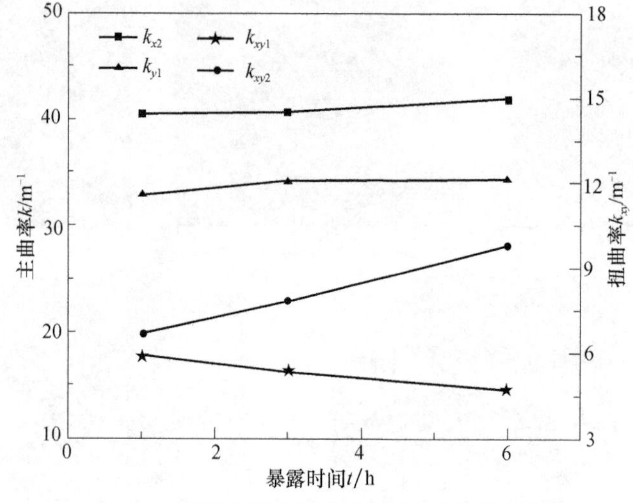

图 4.37　圆柱壳曲率随着暴露时间的变化情况

图 4.38 给出了不同热暴露时间下圆柱壳在双稳态转变过程中的载荷-位移曲线，对比发现：①圆柱壳通过热暴露后，材料本身变脆，使其在稳态转变的初期受到载荷有了较剧烈的波动，导致载荷-位移曲线有了较多的锯齿形的波形；②圆柱壳 Snap-through 过程所需的载荷随着暴露时间的增加上升得更快一点，且在上升到一定载荷时出现一个明显减小后又继续上升的过程（如图 4.38（a）所示），经过不同时间的热暴露，加载位移并未有很大的变化，维持在 25mm 左右；③对于 Snap-back 过程，经过长时间热暴露后，圆柱壳进行稳态转变所需的载荷有所下降，未经过长时间热暴露的稳态转变载荷为 10.81N，而经过长时间热暴露后稳态转变载荷降为 9N 左右，如图 4.38（b）所示；④通过对比不同时间热暴露后的载荷-位移曲线发现，由于第二稳态的曲率半径随着暴露时间的增加有所减小，突变位移随着时间的增加在不断减小。由于热暴露温度为 200℃，在 Snap-back 过程即将完成稳态转变时同样有一个滞缓过程。

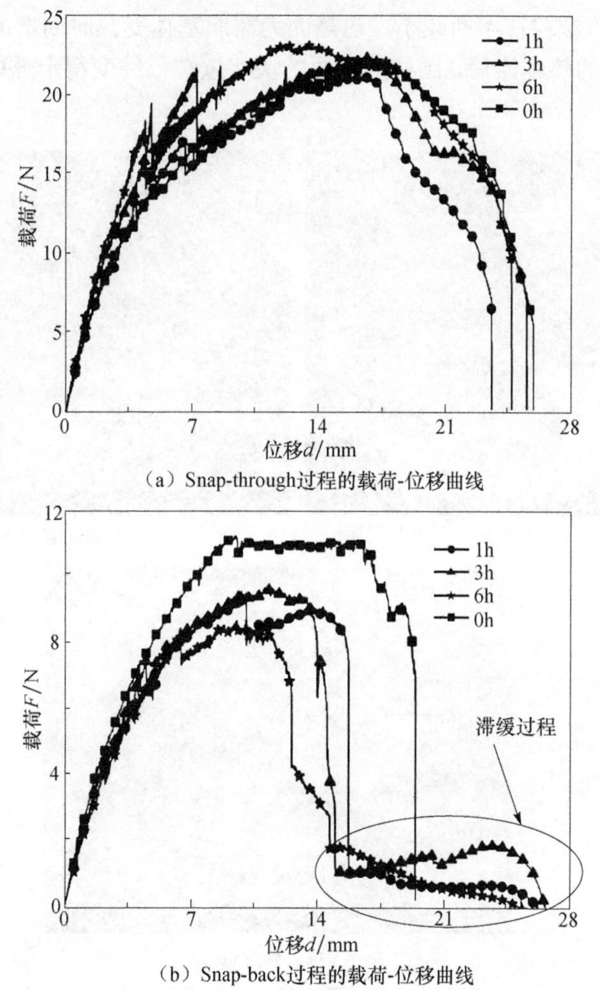

（a）Snap-through过程的载荷-位移曲线

（b）Snap-back过程的载荷-位移曲线

图 4.38　不同热暴露时间下的圆柱壳双稳态转变载荷-位移曲线

4.4.3　微观结构

通过 HITACHI S-4700 型号的电子显微镜进行扫描电镜（scanning electron microscope, SEM）实验[67]，得到在相同暴露温度为 200℃、不同暴露时间下反对称铺设圆柱壳结构的表面微观形貌及层间纤维分层情况。

不同热暴露时间后圆柱壳表面的微观形貌如图 4.39 所示，可以发现圆柱壳表面附着有很多不规则形状的固体颗粒，这些颗粒是由树脂基体固化后得到的。在制备圆柱壳时，经过高温固化后，树脂基体颗粒比较密集地附着在圆柱壳表面，且颗粒较大。对比相同放大尺度的图片，即电镜尺度为 50μm，随着热暴露时间的增加，圆柱壳表面附着的不规则固体形状有所减小；而随着热暴露时间的增加，块状的树脂基体颗粒在不断减小，这是因为树脂基体受热时间增加，树脂有部分融解。经过 6h 的热暴露后，圆柱壳表面的块状颗粒已经变得十分稀疏，且融解成小块颗粒。

（a）暴露1h　　（b）暴露3h

（c）暴露6h

图 4.39　不同热暴露时间后圆柱壳表面的微观形貌对比

为了观察经过不同热暴露时间后反对称铺设圆柱壳结构的截面变化情况，对不同热暴露时间后的试件截取一小部分试样进行 SEM 实验，结果如图 4.40 所示。当圆柱壳未经过热暴露时，通过 Jmicro Vision 软件可以测得碳纤维直径为 6.86μm，碳纤维排列得比较整齐，树脂基体很好地包裹着碳纤维束。随着热暴露时间的增加，环氧树脂开始不断脱落，当暴露时间过长时（如暴露时间为 6h），纤维之间的树脂脱落明显，纤维之间存在较大的空隙，测量得到此时的碳纤维直径增加到 7.27μm。通过对比不同热暴露时间后的电镜照片可以发现，碳纤维本身变化并不是很大，表面状况保持良好，而树脂基体的变化影响较大，时间越长，树脂融解越厉害，在纤维上的脱落越严重，对反对称铺设圆柱壳结构的双稳态性能产生了较大的影响。

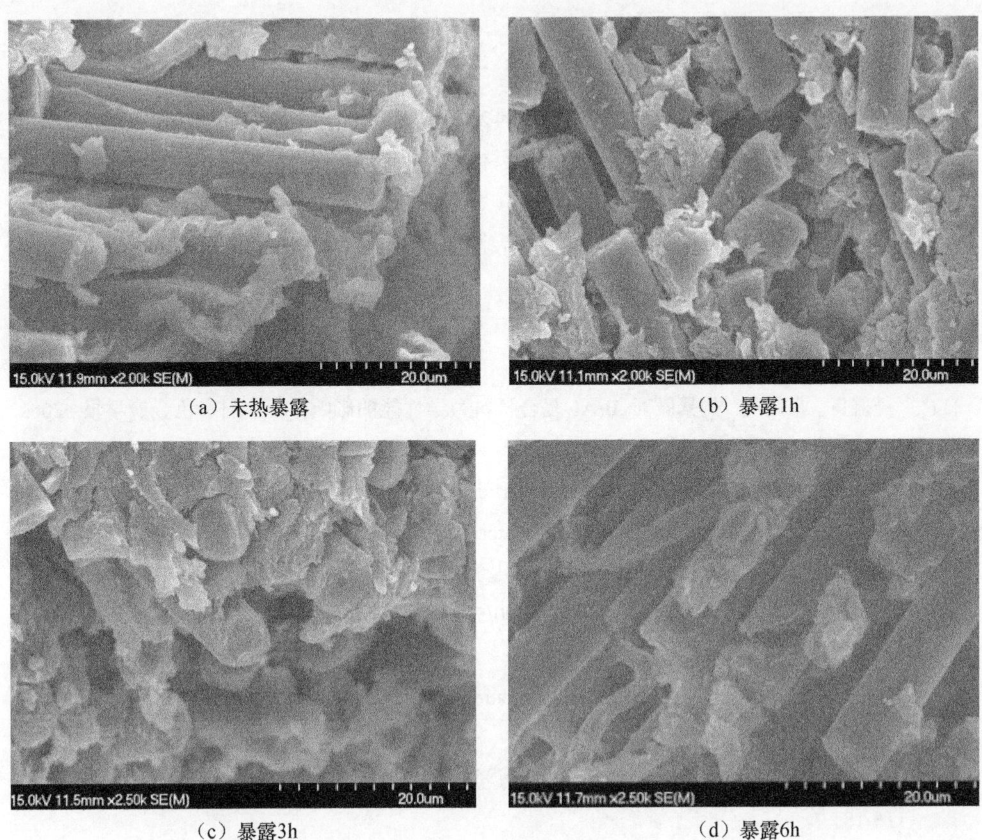

（a）未热暴露　（b）暴露1h

（c）暴露3h　（d）暴露6h

图 4.40　不同热暴露时间后对圆柱壳截面的影响情况

参 考 文 献

[1] 沈观林, 胡更开. 复合材料力学[M]. 北京: 清华大学出版社, 2006.

[2] Lachenal X, Daynes S, Weaver P M. Review of morphing concepts and materials for wind turbine blade applications[J]. Wind Energy, 2013, 16(2): 283-307.

[3] 黄业青, 张康助, 王晓洁. T700 碳纤维复合材料耐湿热老化研究[J]. 高科技纤维与应用, 2006, 31(3): 19-21.

[4] 李晓骏, 许凤和, 陈新文. 先进聚合物基复合材料的热氧老化研究[J]. 材料工程, 1999, 12: 19-22.

[5] 王居临, 王钧. 环氧树脂改性双马来酰亚胺复合材料力学性能及耐热性能研究[J]. 玻璃钢/复合材料, 2014, (5): 25-31.

[6] 彭惠芬, 王程, 王鹏. 温度对碳纤维增强复合材料力学性能的影响[J]. 承德石油高等专科

学校学报, 2014, 16(3): 12-15.

[7] 朱明明, 李敏, 武清, 等. 温度条件对碳纤维上浆剂与双马树脂反应及其复合材料界面黏结的影响[J]. 航空学报, 2014, 35(9): 2624-2631.

[8] 刘旭, 陈跃良, 霍武军, 等. 碳纤维复合材料湿热老化加速关系[J]. 南京航空航天大学学报, 2014, 46(3): 382-388.

[9] 谢可勇, 李晖, 孙岩, 等. 湿热老化对纤维增强树脂基复合材料性能的影响及其机理[J]. 机械工程材料, 2014, 38(8): 1-5.

[10] 黄斌, 杨延清, 陈艳霞, 等. 热暴露对 SiC 纤维增强 Ti 基复合材料基体织构的影响[J]. 电子显微学报, 2009, 27(6): 447-451.

[11] 杨盛良, 张绪虎. 热暴露对 B/Al 复合材料力学性能的影响[J]. 中国有色金属学报, 2002, 12(1): 131-135.

[12] Cao S, Zhis W U, Wang X. Tensile properties of CFRP and hybrid FRP composites at elevated temperatures[J]. Journal of Composite Materials, 2009, 43(4): 315-330.

[13] Hyer M W, Herakovich C T, Milkovich S M, et al. Temperature dependence of mechanical and thermal expansion properties of T300/5208 graphite/epoxy[J]. Composites, 1983, 14(3): 276-280.

[14] Yoon K J, Kim J S. Thermal deformations of carbon/epoxy laminates for temperature variation[C]. ICCM/12, Paris, 1999.

[15] 刘梦媛, 刘东勋. T700/3234 层合板力学性能的研究[J]. 纤维复合材料, 2013, 30(1): 16-18.

[16] Barker A J, Vangerko H. Temperature dependence of elastic constants of CFRP[J]. Composites, 1983, 14(1): 52-56.

[17] Odegard G, Kumosa M. Elastic-plastic and failure properties of a unidirectional carbon/PMR-15 composite at room and elevated temperatures[J]. Composites Science and Technology, 2000, 60(16): 2979-2988.

[18] 陈明, 龙连春, 陈众迎, 等. 碳纤维环氧树脂复合材料高低温力学性能及细观结构研究[C]. 中国力学学会学术大会, 北京, 2009.

[19] 王世明. 温度与湿度环境对碳纤维复合材料力学行为的影响研究[D]. 南京: 南京航空航天大学, 2011.

[20] Youssef Z, Jacquemin F, Gloaguen D, et al. A multi-scale analysis of composite structures: Application to the design of accelerated hygrothermal cycles[J]. Composite Structures, 2008, 82(2): 302-309.

[21] 余治国, 杨胜春, 宋笔锋. T700 和 T300 碳纤维增强环氧树脂基复合材料耐湿热老化性能的对比[J]. 机械工程材料, 2009, (6): 48-51.

[22] Mouritz A P, Feih S, Kandare E, et al. Review of fire structural modelling of polymer

composites[J]. Composites Part A: Applied Science and Manufacturing, 2009, 40(12): 1800-1814.

[23] Forster B K, Bisby L A. High temperature residual properties of externally-bonded FRP systems[J]. ACI Special Publication, 2005: 1235-1252.

[24] Akay M, Spratt G R, Meenan B. The effects of long-term exposure to high temperatures on the ILSS and impact performance of carbon fibre reinforced bismaleimide[J]. Composites Science and Technology, 2003, 63(7): 1053-1059.

[25] 刘加一. 温度对复合材料点阵夹芯结构力学行为的影响研究[D]. 哈尔滨: 哈尔滨工业大学, 2013.

[26] Moore M, Ziaei-Rad S, Salehi H. Thermal response and stability characteristics of bistable composite laminates by considering temperature dependent material properties and resin layers[J]. Applied Composite Materials, 2013, 20(1): 87-106.

[27] Eckstein E, Pirrera A, Weaver P M. Morphing high-temperature composite plates utilizing thermal gradients[J]. Composite Structures, 2013, 100(5): 363-372.

[28] Shaw A D, Carrella A. Force displacement curves of a snapping bistable plate[M]//Adams D, Kerschen G, Carrella A. Topics in Nonlinear Dynamics, Volume 3. New York: Springer, 2012.

[29] Gude M, Hufenbach W, Kirvel C. Piezoelectrically driven morphing structures based on bistable unsymmetric laminates[J]. Composite Structures, 2011, 93(2): 377-382.

[30] Dai F H, Li H, Du S. Design and analysis of a tri-stable structure based on bi-stable laminates[J]. Composites Part A: Applied Science and Manufacturing, 2012, 43(9): 1497-1504.

[31] Dai F H, Li H, Du S. A multi-stable lattice structure and its snap-through behavior among multiple states[J]. Composite Structures, 2013, 97: 56-63.

[32] Li H, Dai F H, Weaver P M, et al. Bistable hybrid symmetric laminates[J]. Composite Structures, 2014, 116: 782-792.

[33] Tsai C L, Wooh S C, Hwang S F, et al. Hygric characterization of composites using an antisymmetric cross-ply specimen[J]. Experimental Mechanics, 2001, 41(3): 270-276.

[34] Etches J, Potter K, Weaver P, et al. Environmental effects on thermally induced multistability in unsymmetric composite laminates[J]. Composites Part A: Applied Science and Manufacturing, 2009, 40(8): 1240-1247.

[35] Moore M, Ziaei-Rad S, Firouzian-Nejad A. Temperature-curvature relationships in asymmetric angle plylaminates by considering the effects of resin layers and temperature dependency of material properties[J]. Journal of Composite Materials, 2014, 48(9): 1071-1089.

[36] Zhang Z, Wu H L, Ye G F, et al. Experimental study on bistable behaviour of anti-symmetric

laminated cylindrical shells in thermal environments[J]. Composite Structures, 2016, 144: 24-32.

[37] 杨英武. 结构试验检测与鉴定[M]. 杭州: 浙江大学出版社, 2013.

[38] 王罡, 孙枫, 陈广. 一种新型的基于 TEC 的温控箱设计[J]. 微计算机信息, 2010, 26(1): 88-89.

[39] 陈国华, 陈铃. 万能电子拉伸试验机简易改造及其应用[J]. 实验室研究与探索, 2006, 25(10): 1199-1200.

[40] 郭森楙, 颜允圣. 数字信号处理器: 体系结构、实现与应用[M]. 北京: 清华大学出版社, 2005.

[41] 詹青龙. 数字图像处理技术[M]. 北京: 清华大学出版社, 2010.

[42] 易增博. 碳纤维增强环氧树脂基复合材料的制备及力学性能研究[D]. 北京: 兰州交通大学, 2015.

[43] Zhang Z, Ye G F, Wu H L, et al. Thermal effect and active control on bistable behaviour of anti-symmetric composite shells with temperature-dependent properties[J]. Composite Structures, 2015, 124: 263-271.

[44] 张征, 吴和龙, 吴化平, 等. 双稳态复合材料实验测试装置: 中国, 201210325730.X[P]. 2014-08-06[2017-1-28].

[45] Guest S D, Pellegrino S. Analytical models for bistable cylindrical shells[J]. Proceedings of the Royal Society A: Mathematical, Physical and Engineering Science, 2006, 462(2067): 839-854.

[46] 张采芳, 余愿, 鲁艳旻. MATLAB 编程及仿真应用[M]. 武汉: 华中科技大学出版社, 2014.

[47] 张威. MATLAB 基础与编程入门[M]. 武汉: 西安电子科技大学出版社, 2008.

[48] 张征, 潘豪, 叶钢飞, 等. 温度对 T700/3234 反对称铺设圆柱壳结构的双稳态特性影响[J]. 航空材料学报, 2016, 36(5): 70-76.

[49] Iqbal K, Pellegrino S. Bi-stable composite shells[C]. 41st AIAA/ASME/ ASCE/AHS/ASC Structures, Structural Dynamics, and Materials Conference and Exhibit, Atlanta, 2000.

[50] 毕大强. 科研实验平台建设与使用的几点思考[J]. 实验技术与管理, 2011, 28(12): 178-180.

[51] Yoon K J, Kim J. Effect of thermal deformation and chemical shrinkage on the process induced distortion of carbon/epoxy curved laminates[J]. Journal of Composite Materials, 2001, 35(3): 253-263.

[52] 黄怀纬, 韩强, 冯能文, 等. 温度梯度下功能梯度材料圆柱壳的热屈曲[J]. 华南理工大学学报 (自然科学版), 2009, 37(6): 101-106.

[53] 俞刘建. 温度梯度梁、板单元的热模态分析[D]. 南京: 南京航空航天大学, 2012.

[54] Zhang Z, Ye G F, Wu H L, et al. Prediction and control of the bi-stable functionally graded composites by temperature gradient field[J]. Materials Science, 2015, 21(4): 543-548.

[55] Tholey M T, Swain M V, Thiel N. Thermal gradients and residual stresses in veneered Y-TZP frameworks[J]. Dental Materials Official Publication of the Academy of Dental Materials, 2011, 27(11): 1102-1110.

[56] Deborah C. Carbon Fiber Composites[M]. Oxford: Butterworth-Heinemann, 2012.

[57] 何宏伟. 碳纤维/环氧树脂复合材料改性处理[M]. 北京: 国防工业出版社, 2014.

[58] Liu J Y, Zhu X, Li T Y, et al. Experimental study on the low velocity impact responses of all-composite pyramidal truss core sandwich panel after high temperature exposure[J]. Composite Structures, 2014, 116(1): 670-681.

[59] 张艳萍, 熊金平, 左禹. 碳纤维/环氧树脂复合材料的热氧老化机理[J]. 北京化工大学学报, 2007, 34(5): 523-526.

[60] Liu J Y, Zhu X, Zhou Z G, et al. Effects of thermal exposure on mechanical behavior of carbon fiber composite pyramidal truss core sandwich panel[J]. Composites Part B: Engineering, 2014, 60(60): 82-90.

[61] Gigliotti M, Grandidier J C, Lafarie-Frenot M C. The employment of 0/90 unsymmetric samples for the characterisation of the thermo-oxidation behaviour of composite materials at high temperatures[J]. Composite Structures, 2011, 93(8): 2109-2119.

[62] 郭素枝. 电子显微镜技术与应用[M]. 厦门: 厦门大学出版社, 2008.

[63] 刘凉冰. 聚氨酯弹性体玻璃化转变温度的影响因素[J]. 聚氨酯工业, 2003, 18(4): 5-9.

[64] 徐颖, 张勇. 测量玻璃化转变温度的几种热分析技术[J]. 分析仪器, 2010, 3: 57-60.

[65] 严宗达, 王洪礼. 热应力[M]. 北京: 高等教育出版社, 1993.

[66] Lanin A, Fedik I. Thermal Stress Resistance of Materials[M]. Berlin: Springer, 2008.

[67] 易海洋. 纤维方位角对 GFRP 材料强度影响的 SEM 实验研究[C]. 北京力学会第 18 届学术年会, 北京, 2012.

第 5 章　温湿环境对双稳态结构的影响

5.1　温湿环境对双稳态结构影响的研究现状

5.1.1　概述

目前，复合材料在民航飞机的使用率不断提升，如图 5.1 所示的 Airbus（空中客车公司，简称空客）的 A350XWB 民用客机，据报道它所用材料中复合材料达到 53%，铝-锂合金占 19%，钛占 14%，钢占 6%，其余的为其他原料。由于整架飞机差不多都被复合材料占据，外国媒体评价这台飞机为“飞翔的复合材料”。A350XWB 使用了较多轻质高强度的碳纤维复合材料来使飞机更加轻量化，从而可以降低油耗来获得更好的经济效益和更久的航行时间。但是，过多地使用复合材料同样具有一定的缺点。碳纤维复合材料具有较好的抗拉强度，但在剪切强度上与铝-锂合金、钛和钢等材料相比相差较多，这使其在实际飞行和起飞降落过程中遭受冲击载荷后相比其他材料更容易产生层间破坏，例如，飞机结构产生的细小裂纹在飞机遭受多次冲击后更容易向层内扩散。

图 5.1　空客 A350XWB 喷涂碳纤维复合材料图案的机身

碳纤维环氧树脂复合材料作为纤维增强复合材料中重要的一类，在高端制造及其他领域越来越得到广泛的应用。一种由纤维增强复合材料制成的双稳态复合材料结构由于其潜在的应用前景（可变形及能量收集领域）在近几年受到了广泛的关注。非对称正交铺设圆柱壳、反对称铺设圆柱壳结构等双稳态复合材料结构本身继承了复合材料较高的比强度和比模量、质量轻等优良特性，它还具有两种稳定状态且不需要持续的外力维持。双稳态复合材料结构在智能可变形结构领域越来越受到广泛的关注，如可变形机翼、风力发电机叶片和可变形管道等[1,2]。近年来，基于双稳态复合材料结构的仿捕虫草结构也已经开展了相关研究[3-5]。双稳态智能结构中一个具体的应用如图 5.2 所示，图中呈现了一种通过使用双稳态复合材料结构作为直升机旋翼桨叶的后缘襟翼来控制机翼的表面。在第一个稳定状态，双稳态复合材料制成的后缘襟翼与标准的机翼叶片相同，而第二稳态是后缘襟翼从第一稳态摆动 10° 得到的。设计的两种不同稳态的后缘襟翼可以更好地适应直升机悬停和向前航行两种不同的飞行状态。

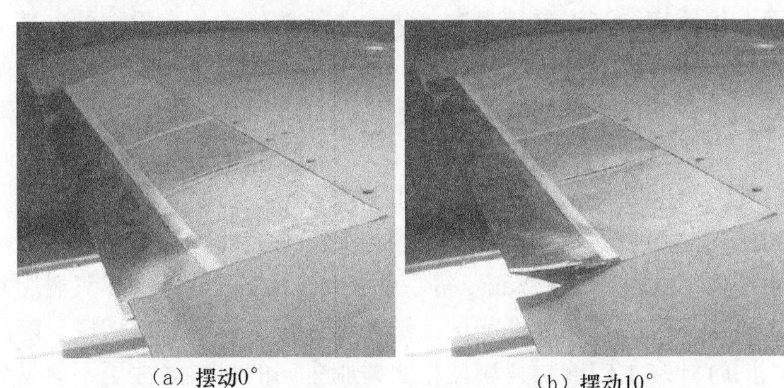

（a）摆动0°　（b）摆动10°

图 5.2　双稳态复合材料结构制造成的后缘襟翼

空客 A350XWB 和双稳态复合材料结构制成的后缘襟翼以及其他用双稳态复合材料结构制成的智能结构，服役时不可避免地会受到周围环境变化的影响（温度、湿度等）。空客 A350XWB 在飞行过程中会不断遭遇恶劣环境的影响，需要经历多次暴风雨、阳光暴晒和实现不着陆环球飞行（高温环境、交替的湿热环境）等工况。与其他材料相比，碳纤维复合材料的耐高温性能相对较差，在湿热环境下其力学性能也会有所降低。对于双稳态复合材料结构制备的后缘襟翼及其他双稳态智能结构也应该在设计阶段考虑周围环境的影响。除了需要考虑周围环境的影响，另一个问题是如何使双稳态复合材料结构变形行为能被更精确地预测。例如，图 5.2 中的双稳态复合材料结构制备的后缘襟翼如何能被精确地预测偏转 10°。这就需要进行湿热环境及其他相关影响因素对于纤维增强复合材料及其结构的研究，进而预测这些因素造成的影响，以避免实际应用过程中危险的发生。

5.1.2　温湿环境影响的国内外研究现状

对于湿热环境下双稳态复合材料结构模型的研究主要包括两个方面：①温度及湿度环境对碳纤维/玻璃纤维树脂复合材料本身影响和对双稳态复合材料结构双

稳态特性影响的研究；②反对称铺设圆柱壳结构及其他新型双稳态复合材料结构的研究。

双稳态复合材料结构是由纤维增强树脂基体复合材料制成的。碳纤维、玻璃纤维受温度及湿度影响较小，而树脂基体则会明显地受到温度和湿度的影响而改变其本身的材料属性。国内外学者关于湿热环境对复合材料本身的影响以及对双稳态复合材料结构的影响已经进行了一系列研究。

1. 温湿环境对复合材料的影响

温度会对复合材料产生影响，纤维增强树脂基体复合材料的强度和刚度随温度的变化而发生改变。当温差较大时，热膨胀系数作为一个重要的参数可用来分析该复合材料试件形变的情况。已有的一系列实验表明，纤维增强树脂基体复合材料中的部分材料属性随温度改变不是单纯的线性变化，而具有一定的非线性特性[6,7]。Hyer 等[6]测量了 T300/5208 石墨纤维环氧树脂复合材料在不同温度下（-157～121℃）的材料属性。结果表明材料属性（包括纵向弹性模量、剪切模量、主泊松比和横向热膨胀系数）与温度线性相关，而横向弹性模量和纵向热膨胀系数体现了明显的非线性特性。Yuhas 等[7]对 AS4/5208 石墨纤维环氧树脂复合材料进行了 23～121℃时的材料属性测试，结果表明弹性模量和剪切模量随温度的升高而降低，同时纤维主向的材料属性相比树脂主向的材料属性更不容易受温度变化的影响。此外，对纤维增强树脂基体复合材料试件在不同温度下进行剪切和拉伸破坏实验及失效类型也进行了研究[8-10]。美国密歇根理工大学的 Odegard 等[8]对碳纤维环氧树脂基体复合材料在不同的设定温度下进行了实验，表明试件失效的类型并不会对强度值产生影响。

目前，对纤维增强树脂复合材料的吸湿行为已经有了相关研究[11,12]，湿度会对复合材料的材料属性产生影响。复合材料的吸湿行为主要通过吸湿曲线来体现，该曲线体现复合材料试件在湿度环境中获取水分增加质量计算得到的吸湿率（C）与其在湿度环境中放置时间的平方根（$t^{1/2}$）的关系。美国密歇根大学的 Shen 等[11]提出一个湿度扩散理论模型，该模型中吸湿率随时间相关，其中复合材料被考虑是一维均质材料且其单面或者双面暴露于潮湿的空气环境中或蒸馏水中的情况。一系列测试实验证实了该理论模型，预测的复合材料吸湿性能及降湿过程也符合实验结果。韩国成均馆大学的 Suh 等[12]研究了碳纤维环氧树脂基体复合材料在湿热环境下的吸湿行为。从多种湿热环境下的吸湿和降湿过程可以得到：随着温度的升高，在复合材料试件吸收水分的含量即吸湿率不断提高的同时，其吸湿速率也在不断提高。不同的浸泡温度使得复合材料试件吸湿平衡时达到不同的最大吸湿率（即饱和吸湿率 C_m）。对于实验得到的这种现象，Suh 等提出了具有结合水和自由水的两种物理模型来量化分析不同温度下的吸湿行为。另外，湿度会对纤维增强树脂复合材料的材料属性造成影响[13-15]。德国凯泽斯劳滕大学的 Selzer 等[13]通过实验研究湿度对纤维增强环氧树脂复合材料的力学性能和失效行为的影响。不同的纤维增强环氧树脂复合材料通过浸泡在蒸馏水中来达到不同的吸湿率。结果表明吸收的湿度主要降低纤维增强环氧树脂复合材料中树脂基体的材料属性，以及纤维和树脂基体界面上的性能。对于树脂基体材料属性及界面性能的降低原因是湿度的进入弱化了纤维和树脂基体的连接能力，同时也软化了树脂基体。韩国学者 Choi 等[14]考虑碳纤维环氧树脂复合材料层合板在航空环境下影响吸湿行为的因素，影响吸湿的因素包括碳纤维环氧树脂复合材料层合板吸湿过程的温度、树脂的体积分数、空隙率、试件的厚度、层合板的铺设方式和内部残余应力等。结果表明因素中试件的厚度及其层合板铺设方式对复合材料层合板在厚度方向的吸湿行为影响较小，而其他影响因素在不同程度上影响了吸湿速率和饱和吸湿率；同时，复合材料层合板的玻璃态转变温度会随饱和吸湿率的增加而明显减小。美国威诺纳州立大学的 Abdel-Magid 等[15]通过实验研究，综合考虑载荷、湿度和温度等影响因素对玻璃纤维环氧树脂复合材料材料属性的影响。实验考虑了不同加载时间及不同浸泡温度的情况，得出持续加载产生的应力在短期内会对复合材料材料属性产生积极的影响，而试件在短期持续加载产生的应力下，同时又浸泡在室温的水溶液中，较容易发生脆性破坏，但在温度为 65℃的水溶液中则容易产生韧性破坏。

同时考虑湿热环境因素对复合材料产生的影响方面，复合材料在湿热浸泡的实验和理论模型上已经有了大量研究[16,17]。对于湿热环境对复合材料材料属性的影响，印度理工学院的 Parhi 等[18]在对湿热环境影响下具有分层情况的复合材料层合板和壳进行动态分析时，分别考虑随温度和湿度变化的材料属性进行温度和湿度影响下的动态特性研究。其中，纵向和横向弹性模量以及剪切模量随温度或湿度相关，而热膨胀系数和湿膨胀系数考虑不随温度或湿度变化。另外，对于选定的温度和湿度的材料属性在实验测量上具有一定的难度，一种通过细观力学计算的方式来获取不同温度和湿度下的材料属性，在理论模型研究上具有一定的可行性。上海交通大学的 Shen[19,20] 在考虑湿热环境下的纤维增强环氧树脂基体复合材料的材料属性时，通过实验测得同时与温度和湿度相关的树脂基体和纤维材料的材料属性，之后根据细观力学理论推导得到同时随温度和湿度相关的复合材料的材料属性。

2. 温湿环境对双稳态复合材料结构的影响

温度会对双稳态复合材料结构的双稳态特性造成影响，即温度会对双稳态复合材料结构加工成形后不同稳态的结构形状以及不同稳态间的稳态转变过程产生影响。日本学者 Hamamoto 和 Hyer[21]率先进行了温度对非对称正交铺设层合板的双稳态特性影响的研究。他们采用一种几何非线性理论来研究温度对非对称正交铺设层合板高温固化后曲率的影响，并通过实验获取数据来验证理论预测的结果。结果表明温度会对非对称正交铺设层合板结构的曲率产生影响，且温度影响下理论结果对比实验数据，两者吻合较好。Moore 等[22,23]研究了非对称正交铺设层合板的曲率与温度变化的非线性关系。为了使模型更加精确，考虑了随温度相关的材料属性，之后采用理论分析和有限元模拟进行对比研究。在实验上，通过制备非对称正交铺设层合板试件进行验证，过程中所用的实验装置如图 5.3 所示。结果表明非对称正交铺设层合板的曲率和扭曲率随着温度的升高不断减小，主要是因为残余内应力的释放。Eckstein 等[24,25]结合理论和有限元模拟研究了温度对非对称正交铺设层合板结构尺寸的影响。为了更好地考虑实际情况，在研究过程中考虑随温度相关材料属性以及随厚度方向变化的温度环境即温度梯度的影响。同时，通过温度和温度梯度调控可以使该结构成为驱动结构。通过量规测量高温固化后具有初始曲率的层合板结构随温度变化的曲率值，其结果与理论和有限元模拟结果相符。Zhang 等[26,27]通过理论和有限元模拟研究温度场（包括均匀温度场和温度梯度）对反对称铺设圆柱壳结构的双稳态行为的影响，主要体现在不同的温度场和不同的温度梯度下该结构形状（即曲率和扭曲率）的变化过程。之后，他们提出一种结合均匀温度场和温度梯度的综合影响来调控反对称铺设圆柱壳结构曲率和扭曲率的方法。此外，通过有限元模拟和实验对比，研究整体温度场和局部温度场对反对称铺设圆柱壳结构形状的影响。结果表明两者在趋势上吻合程度较好，但在数值上存在一定的差异。此外，法国普瓦提埃大学的 Gigliotti 等[28,29]对非对称正交铺设层合板在热氧化环境下（暴露在 150℃空气环境下）的变形行为进行了研究。

（a）温控箱、千分表、钢尺和[0/90]试件

（b）载荷力加载装置和制备的夹具

图 5.3　实验装置[22]

湿度会对双稳态复合材料结构的双稳态特性造成影响。吸湿的作用对双稳态复合材料结构的加工成形过程、不同稳态结构形状和稳态转变过程带来影响。美国俄亥俄州立大学的 Harper[30]在理论上研究湿度诱发的膨胀对非对称正交铺设层合板在垂直于平面上形变的影响，即在 Hyer[31]的非对称正交铺设理论的基础上考虑湿度的影响。结果表明湿度会对结构形状及铺设方式的非对称正交铺设层合板的理论预测的形态（马鞍形或两个半圆柱形稳态结构的其中一个）产生影响。Choi 等[14]通过实验研究得到了非对称正交铺设层合板的曲率会随吸湿率的增加而减小。Tsai 等[32]提出了一种非对称正交铺设层合板曲率测量的实验方法。他们把非对称正交铺设层合板固定在具有测量设备的夹具上，实时并精确地测量在不同吸湿率下该结构的曲率值。但该方法存在一定缺点，即设计的夹具需要在该结构中心点打孔，这在一定程度上影响其结构本身的完整性。爱尔兰利默里克大学的 Telford 等[33]采用结合实验和有限元模拟的方法从非对称正交铺设层合板厚度方向上的残余内应力角度研究和分析湿度的浸入导致结构变化的原因。他们采用有限元法模拟得到加工制备的非对称正交铺设层合板结构的等效热膨胀系数，之后倒推出横向湿膨胀系数。其他尺寸和铺设方式的层合板结构都采用此湿膨胀系数进行模拟研究。葡萄牙波尔图大学的 Portela 等[34]通过有限元法研究非对称正交铺设层合板在不同稳态时的结构尺寸及不同稳态间的稳态转变过程。同时，该稳态转变过程采用压电复合材料作为驱动结构，由于压电复合材料作为驱动力时存在驱动力较小的问题，稳态转变过程中考虑湿度对非对称正交铺设层合板的影响就是为了更容易通过压电复合材料进行驱动。图 5.4 给出了考虑湿度影响时通过压电材料驱动的有限元模型设计方法。Etches 等[35]通过实验系统地研究非对称正交铺设层合板考虑湿度影响的力学行为，提出考虑湿热应变的非对称正交铺设层合板的理论模型来预测不同湿度环境下该结构的形状和稳态转变所需的最大

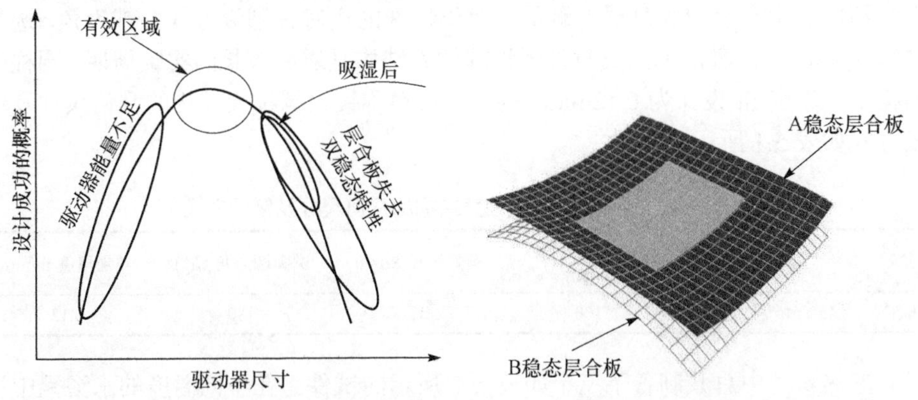

（a）压电材料驱动稳态转变的设计曲线　　（b）压电材料驱动稳态转变的有限元模型

图 5.4　湿度影响下通过压电材料驱动的有限元模型设计[35]

载荷，包括不同稳态时结构形状的变化以及稳态转变过程。实验结果表明非对称正交铺设层合板随着湿度的增加，其结构形状和稳态转变行为会发生较大的变化。

5.2 温湿环境下的双稳态结构实验

本节通过实验的方法来研究温度和湿度对反对称铺设圆柱壳结构双稳态特性的影响[36,37]。首先，介绍反对称铺设圆柱壳试件的制备、结构尺寸的选择和所选用的仪器设备，提出通过在不同温度的水浴锅中浸泡不同的时间来达到反对称铺设圆柱壳试件不同温度、湿度的实验方法[38,39]。然后，使用带温控箱的拉伸试验机对反对称铺设圆柱壳进行不同温度、湿度条件下机械加载的稳态转变实验[40]。对于不同温度和湿度下的反对称铺设圆柱壳结构形状通过拍照及相应的数字图像处理技术来获取。此外，进行只考虑湿度影响的实验，反对称铺设圆柱壳结构试件通过浸泡在蒸馏水及其他溶液中达到不同的湿度，之后进行稳态转变实验、不同稳态结构的曲率与扭曲率的测量。

5.2.1 实验准备

1. 试件制备与测试平台

反对称铺设圆柱壳试件是通过标准的加工制备过程获得的，其选用材料为T700/环氧树脂复合材料。首先把碳纤维环氧树脂预浸料布剪裁成需要的形状，按照设计的铺设方式铺设；然后放入热压罐中且在半圆柱形钢制模具的支撑下和150℃的固化温度中固化45min；最后冷却到室温获得试件[41]。

在研究温度和湿度对第二稳态曲率半径影响的实验中，第二稳态曲率半径较小时相比曲率半径较大时更易测量。对于特殊的反对称铺设方式，铺设角α选为45°。为获取不同吸湿率的反对称铺设圆柱壳结构且避免较长的实验周期，圆柱壳结构单层厚度 th 设计为 0.12mm，构造的反对称铺设圆柱壳结构的几何尺寸及铺设方式如表 5.1 所示。

表 5.1 反对称铺设圆柱壳结构的几何尺寸及铺设方式

参数	铺设方式	纵向直边长度 L/mm	圆弧半径 R/mm	圆弧圆心角 β/(°)	单层厚度 th/mm
取值	[45°/−45°/45°/−45°]	100	25	180	0.12

湿热实验中总共制备了三个如表 5.1 所示的试件。在不同温度的水浴锅中浸泡不同时间，其目的是获取不同温度和吸湿率的试件。为便于区分浸泡于不同温

度下水浴锅中的试件，将浸泡于温度为 40℃的水浴锅中的试件标记为试件 1-1。用类似的方法，浸泡于温度为 60℃和 80℃的水浴锅中的试件分别标记为试件 1-2 和试件 1-3。

搭配拉伸试验机的温控箱用于试件初始的烘干，提供在其机械加载过程与初始设置水浴锅一样温度的测试环境。三个型号为 HH-1 的数显恒温水浴锅用于恒温浸泡试件来达到不同的温度和吸湿率。精度为 0.001g 的电子天平用于测量试件的质量。此外，数码相机与其配套的数字图像处理技术用于试件结构尺寸的非接触式快速测量。

2. 实验测量

1）吸湿率测定

对于浸泡在三个不同温度水浴锅中的试件，都需要进行吸湿率测定。所有的试件在设置为 50℃的烘干箱内烘干 12h，把这三个烘干后的试件取出称重三次之后取平均值，作为其他不同吸湿率参考的基础。由于 T700/环氧树脂材料的玻璃态转变温度为 85℃以及浸泡水溶液的沸点为 100℃，三个不同的温度分别设置为 40℃、60℃和 80℃。三个试件分别浸泡在温度为 40℃、60℃和 80℃的水浴锅中直到测量的质量趋于稳定值，即在该温度下达到饱和状态。

吸湿率测量过程具体如下：

（1）将全部试件从水浴锅中取出，在与水浴锅相同温度的温控箱中使用滤纸擦干。

（2）由于电子天平不能放置于温控箱内，但是实验需要把擦干的试件反复取出，再在电子天平上进行称重。为确保试件同样保持一定的温度和吸湿率，需要把试件放入温控箱内加温补偿因称重过程而降低的温度。

（3）记录每个编号后的试件在干燥状态下的质量 m_1，用滤纸反复擦干后称重直至质量不再变化，记为 m_t。通过测量三次后取平均值，来确保所测值的准确性。按照吸湿率公式计算吸湿率的值：

$$C_t = \frac{m_t - m_1}{m_t} \tag{5.1}$$

式中，m_1 为烘干后干燥试件的质量；m_t 为浸泡在水浴锅中 t 时刻试件的质量；C_t 为浸泡在水浴锅中 t 时刻试件的吸湿率。

2）结构尺寸的测量

试件在温度和湿度影响下不再具有规则的半圆柱壳结构，因此需要通过 x 方向的曲率 k_x、y 方向的曲率 k_y 以及 x-y 平面内的扭曲率 k_{xy} 来描述其形状。根据 Guest 等提出的双参数模型[42]，结合图片处理软件 Coreldraw[43]和 Matlab 程序[44]的数字图像处理技术可以获取主曲率 C_p 和夹角 θ 的值，其中处理过程中的图片如图 5.5 所示。图 5.5(a)中，在试件的两纵向直边上取四个点，通过该四点的坐标信息就能计算获得两直边的扭转角 2θ。为了获取试件的圆弧曲率，在底部夹具上标记两个点作为参考点，之后用计算获取的曲率值乘以底部夹具实际尺寸与图片两点距离的比值就能获得实际试件圆弧的曲率值。

（a）两直边上标记的点

（b）圆弧边上标记的点及与实物对比的点

图 5.5　数字图像处理技术过程中处理的图片

5.2.2　实验过程

考虑保持一定温度下，湿度会对反对称铺设圆柱壳结构的结构尺寸及稳态转变载荷产生影响。试件的吸湿率起初会随浸泡时间的增加呈快速线性增长，浸泡一定时间之后，吸湿率的增加速度逐渐变慢，最终达到饱和值，即表明吸湿过程达到平衡状态。对于保持的不同温度，起初吸湿率线性增加部分的斜率会不同。根据不同的温度，全部试件的实验次数安排分别都按照实验规律，即当起初吸湿率增长速度较快时实验次数安排较多，之后吸湿率增长较缓慢时实验次数相应减少。

对于分别浸泡在 40℃、60℃和 80℃的水浴锅中不同时间的试件，取出后需要各自对应在 40℃、60℃和 80℃的温控箱中擦干，按照前述介绍的吸湿率测量方法获取该试件的温度和吸湿率。之后在温控箱中拍照，通过数字图像处理技术获取第一稳态结构形状的信息。对于不同温度和吸湿率的试件，在含有温控箱的拉伸试验机上进行机械加载实验获得载荷-位移曲线。对于第二稳态结构形状信息，同样采用数字图像处理技术获取。一直重复该实验过程，直至试件的吸湿率达到不同的吸湿程度，其实验操作过程如图 5.6 所示。对于每次实验操作，为了避免试件的吸湿率因温控箱再次加温而降低以及周围环境的影响，尽量保证在最短的时间内完成实验过程。

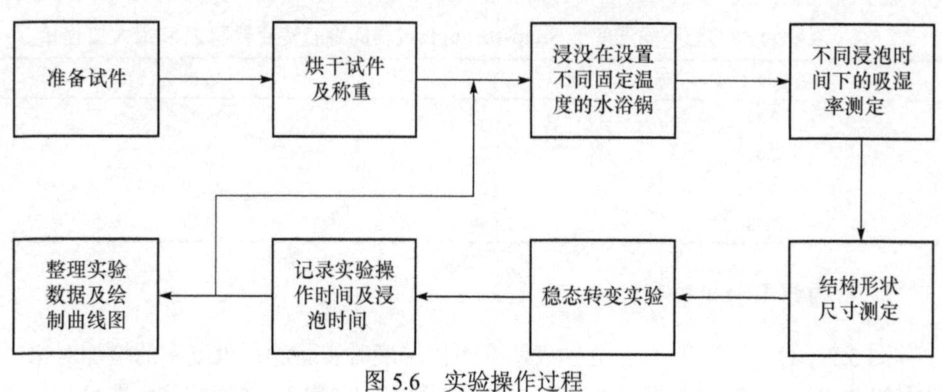

图 5.6　实验操作过程

5.2.3　实验分析

1. 稳态转变影响

表 5.2～表 5.4 分别列举了通过实验获得的在不同温度的水浴锅中浸泡不同时间得到相应温度下不同吸湿率的反对称铺设圆柱壳 Snap-through 过程的稳态转变载荷 F_t 和稳态转变所需的最大位移 d_t 的值。当保持在一定的温度下改变吸湿率的值时，吸湿率的变化并不会显著影响稳态转变载荷。对比表 5.2、表 5.3 和表 5.4 发现，在吸湿率相同时改变温度，实验得到的稳态转变载荷随着温度的增加不断减小；在保持一定的温度下增加吸湿率或在吸湿率相同时增加温度，稳态转变的最大位移变化的幅度都较小。

表 5.2　温度为 40℃时不同湿度下 Snap-through 过程的稳态转变载荷 F_t 和最大位移 d_t

吸湿率 C/%	F_t/N	d_t/mm
0.16	34.69	28.56
0.52	35.33	27.92
0.62	36.84	26.29
0.77	34.09	27.86

表 5.3　温度为 60℃时不同湿度下 Snap-through 过程的稳态转变载荷 F_t 和最大位移 d_t

吸湿率 C/%	F_t/N	d_t/mm
0.32	30.74	27.32
1.26	27.74	27.19
1.69	29.28	26.76
2.10	30.37	25.32

表 5.4　温度为 80℃时不同湿度下 Snap-through 过程的稳态转变载荷 F_t 和最大位移 d_t

吸湿率 C/%	F_t/N	d_t/mm
0.29	27.42	25.92
2.64	27.22	27.59
3.55	26.97	23.99
3.73	25.54	24.09

2. 结构曲率和扭曲率影响

图 5.7（a）、（b）和（c）分别表示在不同温度时实验测得吸湿率的增加对第一稳态扭曲率 k_{xy1}、第二稳态扭曲率 k_{xy2} 和第二稳态主曲率 k_{x2} 的影响。由图可知，随着吸湿率的增加，第一稳态扭曲率和第二稳态扭曲率整体都有不同程度的增加，而第二稳态主曲率则略微减小，但是其减小的幅度较小。

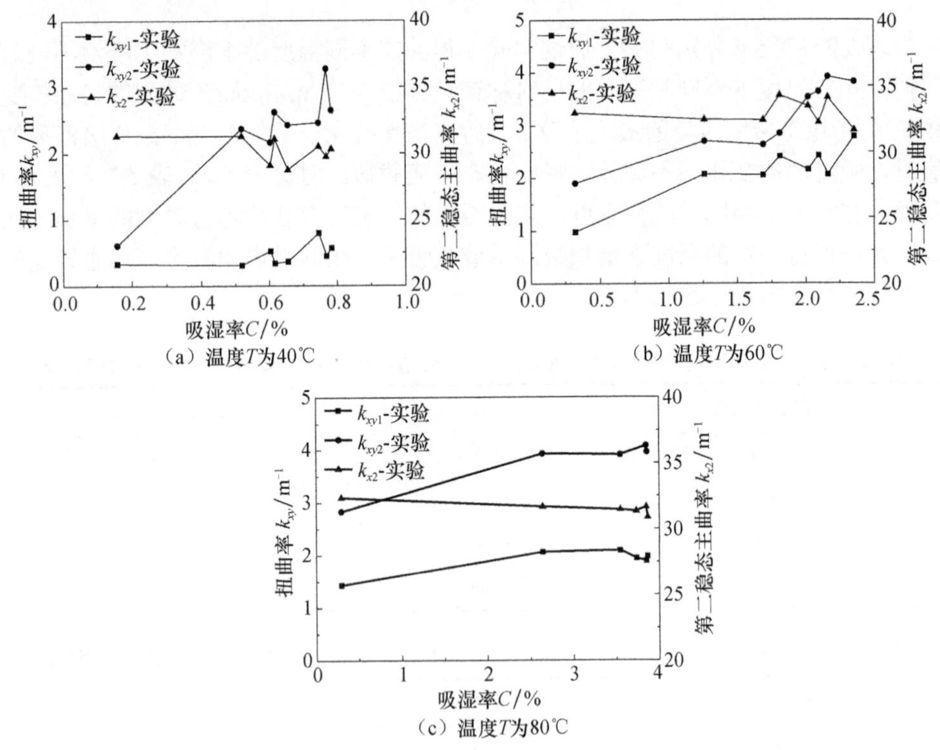

（a）温度T为40℃　（b）温度T为60℃
（c）温度T为80℃

图 5.7　不同温度下湿度对反对称铺设圆柱壳结构主曲率和扭曲率的影响

在不同的温度下，即分别在图 5.7（a）、（b）和（c）中，对比第一稳态扭曲率 k_{xy1} 和第二稳态扭曲率 k_{xy2} 随湿度变化的曲线可以发现，第二稳态扭曲率在数值上更大，且随着吸湿率增加时扭曲率变化的程度也更大。其中，除了温度在 80℃时，实验测得的第二稳态扭曲率受吸湿率增加的影响变化较小。

5.2.4　湿度对双稳态结构的影响

相对于同时考虑温度和湿度影响，选取试件的结构尺寸和铺设方式在单独湿度影响时在整体上保持不变，把试件单层厚度 th 改为 0.14mm，具体如表 5.5 所示。

表 5.5　湿度实验选取的试件结构的结构尺寸及铺设方式

铺设方式	长度 L/mm	横截面圆弧半径 R/mm	圆心角 β/(°)	单层厚度 th/mm
[45°/−45°/45°/−45°]	100	25	180	0.14
[45°/−45°/0/45°/−45°]				

制备三个试件用于湿度实验，包括两个四层试件和一个五层试件。为便于区分各个试件，把浸泡在蒸馏水中的四层试件标记为试件 2-1，五层试件标记为试件 2-2，浸泡在 $MgCl_2$ 溶液中的四层试件标记为试件 2-3。其中，试件 2-3 浸泡在 $MgCl_2$ 溶液中的目的是浸泡到饱和时可以达到与浸泡在蒸馏水中不同的饱和吸湿率。

1. 吸湿过程

图 5.8 为各个试件在常温溶液中的吸湿曲线，即吸湿率 C 与时间的平方根 $t^{1/2}$ 的关系曲线，其中虚线代表实验只测量了试件 2-3 吸湿曲线后半段饱和时的曲线。各个试件的吸湿率 C 在起初的吸湿阶段随着时间的平方根 $t^{1/2}$ 呈线性关系，这符合 Fick 第二定律[45]。在吸湿过程的后半段，吸湿率的增加速度不断变慢，最终到达吸湿平衡阶段。试件 2-1 和试件 2-2 浸泡在蒸馏水中 32 天后，达到饱和阶段的

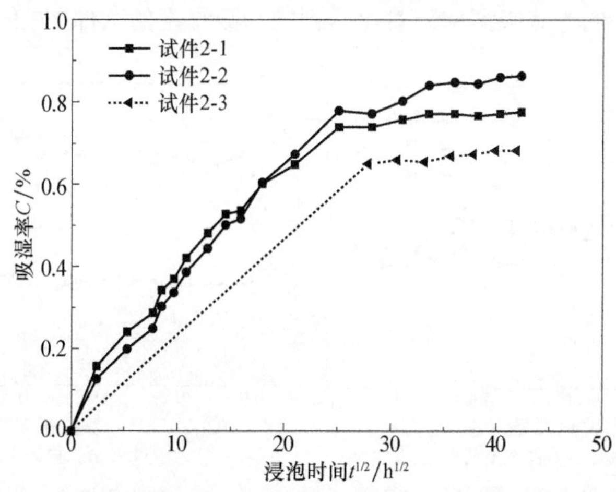

图 5.8　浸泡在常温下的蒸馏水或饱和 $MgCl_2$ 溶液中的吸湿曲线

吸湿率的值分别为 0.78%和 0.86%。而对于浸泡在 $MgCl_2$ 溶液中的试件 2-3 在经历了相同时间后，测量得到其吸湿率为 0.682%。对比试件 2-1 和试件 2-3 可以得到，相同结构尺寸和铺设方式的试件在蒸馏水和 $MgCl_2$ 溶液中浸泡相同时间可以获得不同的饱和吸湿率。试件 2-3 的吸湿率直到试件 2-1 和试件 2-2 达到饱和状态时才进行测量，因此通过虚线表示这条不完全的吸湿曲线。

2. 湿度对圆柱壳结构形状的影响

烘干后干燥试件的吸湿率定为 0，各个干燥试件的曲率和扭曲率可以作为在一定吸湿率时试件结构形状对比的基础。由于试件加工制备过程的缺陷，各个试件存在一定的初始扭曲率。

图 5.9（a）和（b）给出了各个试件的第一稳态主曲率 k_{y1} 和第二稳态主曲率 k_{x2} 在室温环境下与吸湿率 C 的关系曲线。由图 5.10 可知，各个试件的吸湿率随着浸泡时间的增加都收敛于饱和值，因此图 5.9（a）和（b）中都在各吸湿曲线末端存在聚集的数据点，相似的现象可以在图 5.10（a）和（b）中得到。在图 5.9（a）中，试件 2-1 和试件 2-2 的第一稳态主曲率随着吸湿率的增加存在轻微下降的趋势。这与湿度对非对称正交铺设层合板影响的研究结果有显著的不同，即非对称铺设层合板的第一稳态主曲率会因为吸湿率的增加显著减小[35]。然而，当试件吸湿率接近饱和时，试件 2-3 的第一稳态主曲率随着吸湿率的轻微增加而显著减小。在吸湿平衡阶段，反对称铺设圆柱壳结构中的环氧树脂会由于水分的浸入变得更软，且多次的实验可能会对该结构的结构尺寸产生一定程度的影响。由于试件分别在蒸馏水和饱和 $MgCl_2$ 溶液中浸泡相同的时间（该时间选择为两个试件都能达到饱和吸湿率的时间），浸泡在 $MgCl_2$ 溶液中试件的饱和吸湿率会明显小于浸泡在蒸馏水中试件的饱和吸湿率。对比达到饱和吸湿率的试件 2-3 的第一稳态主曲

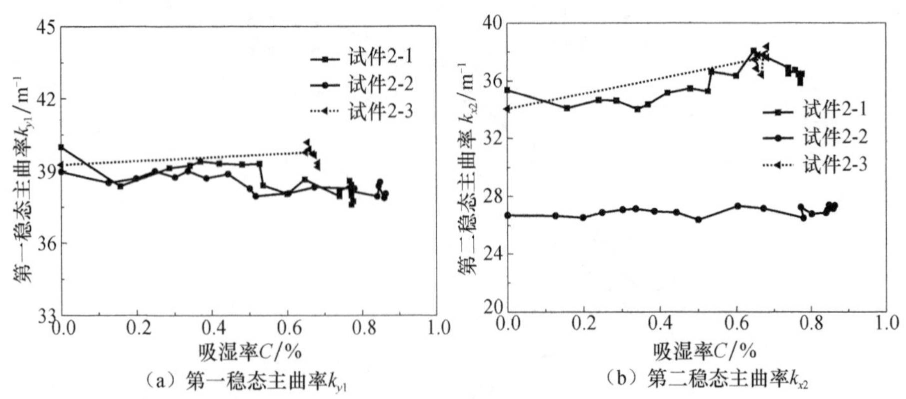

（a）第一稳态主曲率k_{y1}　（b）第二稳态主曲率k_{x2}

图 5.9　湿度对试件的第一稳态主曲率 k_{y1} 和第二稳态主曲率 k_{x2} 的影响

率与饱和吸湿率相同数值时浸泡于蒸馏水中试件 2-1 的第一稳态主曲率，两者的数值在理论上应该相同。但在实际实验得到的结果中，试件 2-3 在饱和吸湿率时的第一稳态主曲率大于试件 2-1 在吸湿率等于试件 2-3 饱和吸湿率时的值，两者误差可能是试件制备的误差、测量误差等一系列因素造成的。图 5.9（b）中显示试件 2-1 的第二稳态主曲率随着吸湿率的增加不断增加。然而，试件 2-2 的第二稳态主曲率并不随吸湿率的变化而变化。试件 2-3 的第二稳态主曲率在其饱和吸湿率时与试件 2-1 在吸湿率等于试件 2-3 饱和吸湿率时的值相等。

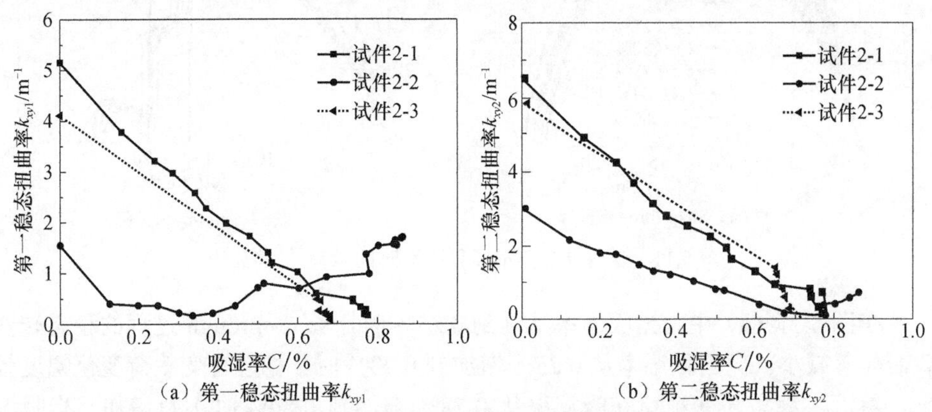

（a）第一稳态扭曲率k_{xy1}　（b）第二稳态扭曲率k_{xy2}

图 5.10　湿度对试件的第一稳态扭曲率 k_{xy1} 和第二稳态扭曲率 k_{xy2} 的影响

图 5.10（a）和（b）给出了试件的第一稳态扭曲率 k_{xy1} 和第二稳态扭曲率 k_{xy2} 与吸湿率的关系曲线。全部试件的第一稳态扭曲率和第二稳态扭曲率都随着吸湿率的增加整体上都不断减小，其中包括试件 2-1 和试件 2-3。然而，试件 2-2 的第一稳态扭曲率在吸湿率 C 小于 0.32% 时减小，而在 C 大于 0.32% 时不断增加。

相似的曲线变化规律同样在试件 2-2 的第二稳态扭曲率 k_{xy2} 随吸湿率变化的曲线中可以发现，但其在吸湿率 C= 0.78% 时才发生转变。试件的初始扭曲率会因加工制备过程中制备的缺陷或残余内应力而产生。在试件的吸湿率较大时，残余内应力的释放会成为扭曲率减小的重要因素。铺层数为五层的试件 2-2 在第一稳态扭曲率和第二稳态扭曲率上相比其他的试件存在更小的初始扭曲率值。对于试件 2-2 的第一稳态扭曲率和第二稳态扭曲率存在先减小后增大的现象，主要是因为试件单层纵向和横向上存在不同的湿膨胀系数和试件铺设方式为特殊的反对称铺设。

3. 湿度对圆柱壳结构稳态转变的影响

图 5.11（a）和（b）给出了试件 2-2 在不同吸湿率下若干次 Snap-through 过

程和 Snap-back 过程的载荷-位移曲线。由图 5.11 可知，在 Snap-through 过程和 Snap-back 过程的载荷-位移曲线中，载荷先随着位移的增加不断增加到最大值，之后随着位移的增加迅速减小。

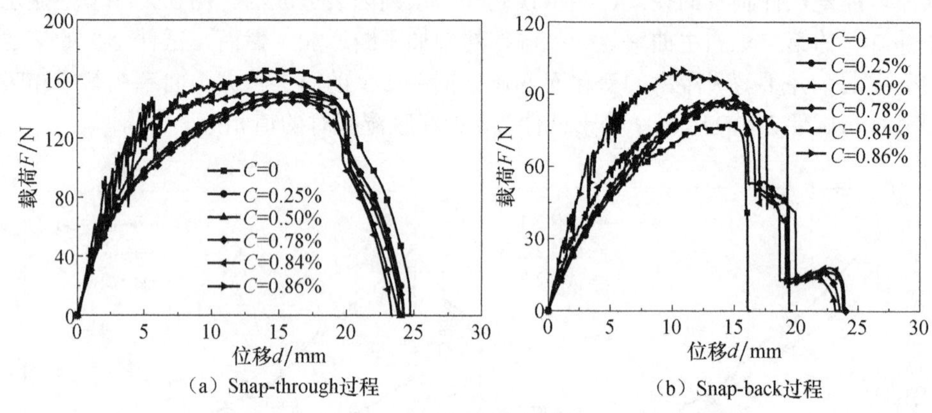

图 5.11　试件 2-2 在不同吸湿率时的载荷-位移曲线

在图 5.11（a）中，当吸湿率从 0 到 0.25% 时，Snap-through 过程的稳态转变载荷显著减小。但当吸湿率从 0.25% 增加到 0.78% 时，稳态转变载荷变化幅度较小。然而，稳态转变载荷在吸湿率从 0.78% 增加到 0.86% 时不断增加。当吸湿率 C 大于 0.78% 时，载荷-位移曲线前半部分即载荷未达到稳态转变载荷时存在振动现象是由压头与试件之间存在相对滑移造成的。对于图 5.11（b）所示的 Snap-back 过程的载荷-位移曲线，稳态转变载荷和稳态转变所需的最大位移随着吸湿率的增加不断增加。由于吸湿率的增加，Snap-back 过程的载荷-位移曲线的迟滞过程（Snap-back 过程时载荷在下降过程局部增加的现象）更加明显。这可能是因为反对称铺设圆柱壳结构在吸湿率较大时变得更软从而更能体现出黏弹性行为。

图 5.12 给出了试件 2-1 和试件 2-2 的稳态转变载荷与吸湿实验次数的关系，整体上可以得到 Snap-through 过程的稳态转变载荷明显大于 Snap-back 过程的稳态转变载荷。随着实验次数的增加即试件吸湿率的增加，试件 2-1 和试件 2-2 在 Snap-through 过程的稳态转变载荷逐渐减小，但当达到第 13 次实验之后稳态转变载荷不断增加。试件 2-1 和试件 2-2 在 Snap-back 过程的稳态转变载荷随着实验次数的增加不断增加。反对称铺设圆柱壳结构在 Snap-through 过程的稳态转变载荷随吸湿率增加而变化的趋势与已有的湿度对非对称正交铺设层合板稳态转变载荷影响的研究结果有着显著的不同。在 Etches 等[35]的研究中，非对称正交铺设层合板在 Snap-through 过程的稳态转变载荷随吸湿率的增加显著减小。

对于分别浸泡在蒸馏水和饱和 $MgCl_2$ 溶液中且具有相同的结构尺寸及铺设方式的试件 2-1 和试件 2-3 进行了对比研究。对达到饱和吸湿率的试件 2-1 和试件

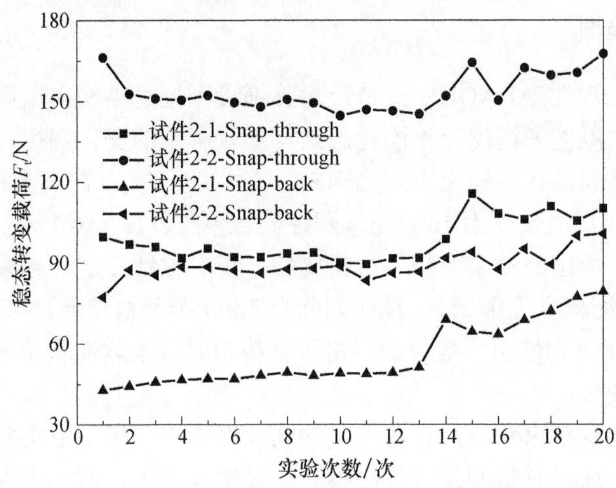

图 5.12　稳态转变载荷随实验次数增加而变化的规律曲线

2-3 进行了稳态转变载荷与稳态转变最大位移的测量，所得的具体结果在表 5.6 中列出。由表 5.6 可知，浸泡在蒸馏水中的试件 2-1 的饱和吸湿率大于浸泡在饱和 $MgCl_2$ 溶液中的试件 2-3 的饱和吸湿率，可以得到试件 2-1 的 Snap-through 过程和 Snap-back 过程的稳态转变载荷大于试件 2-2 的稳态转变载荷。浸泡在不同溶液中的试件可以达到不同的饱和吸湿率，同时对比浸泡在不同溶液中达到不同饱和吸湿率的稳态转变载荷与试件浸泡在蒸馏水不同时间测得的稳态转变载荷，两者在规律上一致。

表 5.6　稳态转变载荷和稳态转变所需的最大位移

试件	饱和吸湿率 C_m/ %(质量分数)	Snap-through 过程的稳态转变载荷 F_t/N	Snap-through 过程的稳态转变所需的最大位移 d_t/mm	Snap-back 过程的稳态转变载荷 F_b/N	Snap-back 过程的稳态转变所需的最大位移 d_b/mm
2-1	0.74	98.96	24.72	68.50	24.22
2-3	0.65	97.84	25.32	49.42	25.49

5.3　温湿环境下的双稳态结构有限元模拟

通过有限元模拟软件 ABAQUS 研究温度和湿度对反对称铺设圆柱壳结构两个稳态时的结构尺寸与不同稳态间稳态转变过程的影响[46]。本节采用一种等效替代的方法，即通过温度场来模拟温度和湿度同时作用的情况。不同稳态结构的结构尺寸由于在温度和湿度环境下不再具有规则的半圆柱形，需要通过测量不同方向的曲率以及平面内的扭曲率来进行研究，而稳态转变过程则通过载荷-位移曲线来进行描述。

5.3.1　有限元模型

通过有限元软件 ABAQUS 模拟反对称铺设圆柱壳结构在温湿环境下的稳态转变过程，以及温度和湿度对不同稳态结构形状影响的变化规律。有限元模型中反对称铺设圆柱壳结构的铺设方式为[45°/−45°/45°/−45°]，曲率半径为 25mm，圆心角为 180°，两直边长度为 100mm，圆柱壳各单层厚度为 0.12mm。所用的材料属性为第 2 章中给出的随温度相关材料属性。反对称铺设圆柱壳模型使用壳单元 S4R（4 节点的缩减型壳单元），具体划分为 1600 个网格单元，节点数目为 1681 个[47]。通过验证得到使用该数目的网格进行模拟时，收敛性和精度较好，且模拟所需的时间也较短。

采用两点加载法来获取两种稳态时的圆柱壳结构。模型中主要包括两个支撑板和一个压头，通过解析刚体进行建模。在模拟过程中，两个支撑板可以限制圆柱壳结构垂直于支撑板平面方向即加载方向的位移，同时还需要限制圆柱壳结构中心点除加载方向外的 5 个自由度。此外，压头模型可以模拟实际压头机械加载过程。

对于有限元模拟过程，采用 4 个静态分析步进行分析。在起始步，主要设置初始的参考温度为 20℃，限制圆柱壳结构中心点除位移加载方向以外的自由度，这里 y 方向为机械加载的方向，即（U1=U3=UR1=UR2=UR3=0）。对于具体调整收敛的过程，可以适当调整其中的 5 个自由度约束来使模拟过程更易收敛。对于第一个分析步，设置需要研究的温湿环境，且在之后的几个分析步中保持不变。在第二个分析步中，设置压头加载的位移大小。在第三个分析步中，设置压头返回到起始位置，即模拟卸载过程。稳态转变模拟过程如图 5.13 所示，从状态（a）

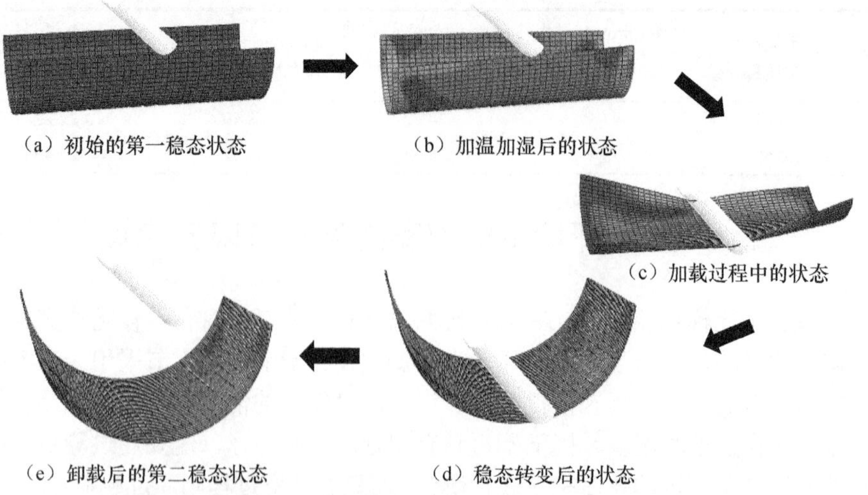

图 5.13　温湿环境下反对称铺设圆柱壳结构的稳态转变过程

到状态（b）为施加温度场和湿度场的过程，从状态（b）到状态（c）再到状态（d）为在温湿环境下的稳态转变过程，而从状态（d）到状态（e）为卸载过程[48]。

由于有限元软件 ABAQUS 中有考虑温度场的模块而没有湿度场模拟的模块，对于加温和加湿过程，考虑加温度场比加湿度场更容易实现。但是，加湿度的过程与加温度的过程在理论上具有相似性，采用等效的热膨胀系数的方法可以模拟温度和湿度同时作用的情况。由式（2.44）得到层合板中单层板因温度和湿度影响而产生的应变，之后进行转变得到

$$\boldsymbol{\varepsilon}=\begin{bmatrix}\alpha_1\\ \alpha_2\\ 0\end{bmatrix}\Delta T+\begin{bmatrix}\beta_1\\ \beta_2\\ 0\end{bmatrix}\Delta C=\left(\begin{bmatrix}\alpha_1\\ \alpha_2\\ 0\end{bmatrix}+\begin{bmatrix}\beta_1\\ \beta_2\\ 0\end{bmatrix}\frac{\Delta C}{\Delta T}\right)\Delta T=\boldsymbol{\alpha}^*\Delta T \tag{5.2}$$

式中，$\boldsymbol{\alpha}^*$为等效热膨胀系数，它可以同时考虑由于温度和湿度所产生的应变。

具体地，对于反对称铺设圆柱壳结构的吸湿率 C 为从 0 到 0.4%，周围温度 T 从 20℃到 80℃，则等效的热膨胀系数的值为

$$\begin{aligned}\boldsymbol{\alpha}^*&=\begin{bmatrix}\alpha_1\\ \alpha_2\\ 0\end{bmatrix}+\begin{bmatrix}\beta_1\\ \beta_2\\ 0\end{bmatrix}\frac{\Delta C}{\Delta T}=\begin{bmatrix}\left(-2.2+0.0025T+0.000125T^2\right)\times10^{-6}\\ \left(68.2833-0.1975T\right)\times10^{-6}\\ 0\end{bmatrix}+\begin{bmatrix}0\\ 0.005\\ 0\end{bmatrix}\times\frac{0.4}{60}\\ &=\begin{bmatrix}\left(-2.2+0.0025T+0.000125T^2\right)\times10^{-6}\\ \left(101.6166-0.1975T\right)\times10^{-6}\\ 0\end{bmatrix}\end{aligned} \tag{5.3}$$

把式（5.3）中的等效热膨胀系数的值代入有限元模拟的热膨胀系数，同时设置温度变化的两个温度场[49]，就可以模拟该温度和湿度时的圆柱壳结构。

5.3.2　温度和湿度对双稳态结构的影响

温度和湿度会对反对称铺设圆柱壳结构的双稳态特性产生影响[35,50]。具体为研究反对称铺设圆柱壳在不同温度和湿度时纵向的曲率、横向的曲率和该平面内的扭曲率的变化规律，以及反对称铺设圆柱壳在不同温度和湿度时从第一稳态到第二稳态的载荷-位移曲线的变化规律。

1. 稳态转变影响

图 5.14～图 5.16 分别为通过 ABAQUS 软件模拟得到的在不同温度、不同吸湿率时的 Snap-through 过程的载荷-位移曲线。由图 5.14 可知，对于温度为 40℃、吸湿率分别选取为特殊的 0.2%、0.4%、0.6%和 0.8%时的载荷-位移曲线，其中载荷随着位移增加先不断增加到达最大值，之后迅速减小到零，相似的规律可以在

图 5.15 温度为 60℃时改变吸湿率和图 5.16 温度为 80℃时改变吸湿率中发现。对比各自保持在不同的温度下改变吸湿率的情况（图 5.14、图 5.15 和图 5.16 中的相应曲线）中可以得到，吸湿率对于载荷-位移曲线影响较小。保持吸湿率不变对比不同温度下的载荷-位移曲线（对比图 5.14、图 5.15 和图 5.16 中的相应曲线）可以得到，随着温度的升高，稳态转变载荷不断减小，同时稳态转变所需要的位移也不断减小。图 5.14、图 5.15 和图 5.16 中只列举了吸湿率为 0.2%、0.4%、0.6%和 0.8%时的载荷-位移曲线，实验测量得到的吸湿率值同样可以满足相似的规律。

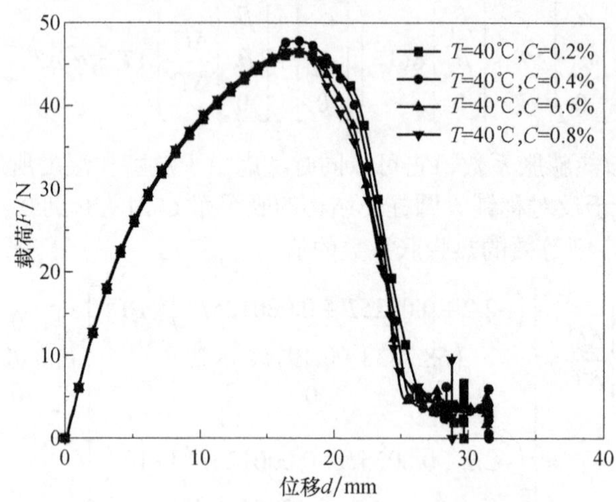

图 5.14　温度 40℃时不同吸湿率下的载荷-位移曲线

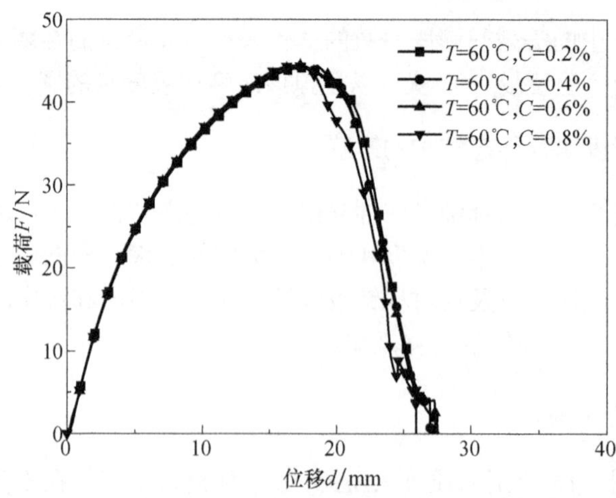

图 5.15　温度 60℃时不同吸湿率下的载荷-位移曲线

对于随温度相关同时不随湿度相关材料属性的有限元模型，温度的改变会对反对称铺设圆柱壳结构的稳态转变造成明显的影响，而吸湿率的增加并不会对反对称铺设圆柱壳结构的稳态转变造成明显的影响。

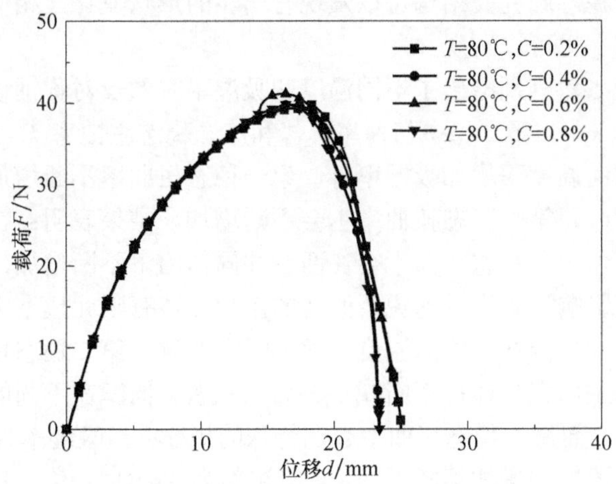

图 5.16　温度 80℃时不同吸湿率下的载荷-位移曲线

2. 结构形状影响

温度和湿度会对反对称铺设圆柱壳结构两个稳态的结构尺寸造成影响。图 5.17 中给出了常温时两个稳态结构的 von Mises 应力图和考虑温度和湿度影响时两个稳态结构的 von Mises 应力图。

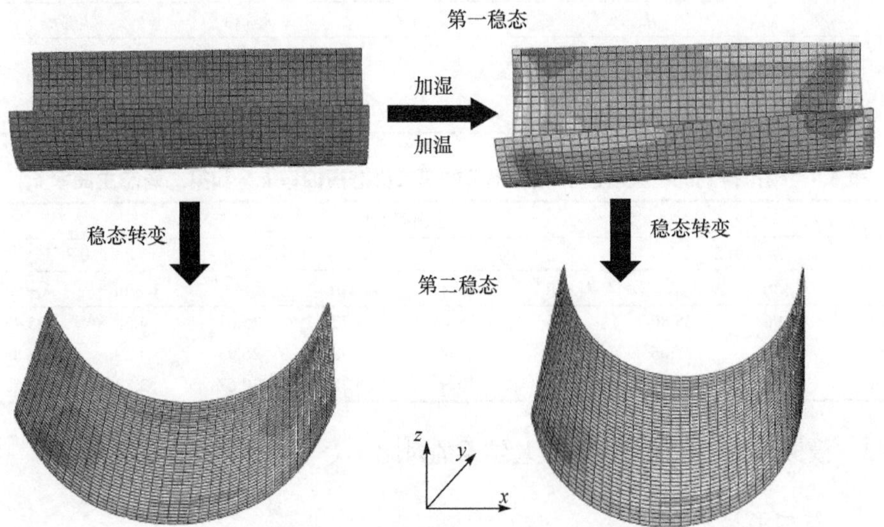

图 5.17　在温度和湿度环境下圆柱壳结构的形状变化

由图 5.17 可知，反对称铺设圆柱壳结构的 von Mises 应力呈现出随着圆柱壳的中心点中心对称的特点。考虑温度 T 从 20℃到 80℃，同时吸湿率 C 从 0 到 0.4%变化，对比第一稳态圆柱壳结构可以发现有明显的形状变化，相似的现象在第二稳态圆柱壳结构上也可以发现。

表 5.7 和表 5.8 分别给出了不同温度和吸湿率时的反对称铺设圆柱壳结构的第一稳态扭曲率 k_{xy1}、第二稳态扭曲率 k_{xy2} 和第二稳态主曲率 k_{x2} 的值。由表 5.7 可知，当在不同的温度下增加吸湿率时，第一稳态扭曲率不断增加。在不同的吸湿率下增加温度时，第一稳态扭曲率也会不断增加。结果表明：在温度和吸湿率都增加的情况下，第一稳态扭曲率会在两者共同作用下不断增加，且增加的值比各自温度和湿度影响下更大，这说明两者的影响在该有限元模型中是相互促进关系。由表 5.8 可知，当在不同的温度下增加吸湿率时，第二稳态扭曲率都不断增加，而第二稳态主曲率整体都不断减小。第二稳态主曲率在不同的吸湿率下增加温度时不断增加，而第二稳态扭曲率存在特殊的规律：当吸湿率为 0.2%时，第二稳态扭曲率随着温度的增加不断增加；当吸湿率为 0.4%时，第二稳态扭曲率随着温度的增加先增加后减小；而当吸湿率为 0.6%和 0.8%时，第二稳态扭曲率随着温度的增加不断减小。从该模拟结果中可知，温度和湿度对第二稳态扭曲率的影响相比对第一稳态扭曲率的影响，其不再为简单的相互促进关系。

表 5.7　模拟得到的不同温度和吸湿率下的第一稳态扭曲率 k_{xy1}

温度 T/℃	吸湿率 C/%			
	0.2	0.4	0.6	0.8
	k_{xy1}/m^{-1}	k_{xy1}/m^{-1}	k_{xy1}/m^{-1}	k_{xy1}/m^{-1}
40	1.05	1.53	2.01	2.49
60	1.31	1.73	2.15	2.57
80	1.65	2.06	2.47	2.87

表 5.8　模拟得到的不同温度和吸湿率下的第二稳态扭曲率 k_{xy2} 和第二稳态主曲率 k_{x2}

温度 T/℃	吸湿率 C/%							
	0.2		0.4		0.6		0.8	
	k_{xy2}/m^{-1}	k_{x2}/m^{-1}	k_{xy2}/m^{-1}	k_{x2}/m^{-1}	k_{xy2}/m^{-1}	k_{x2}/m^{-1}	k_{xy2}/m^{-1}	k_{x2}/m^{-1}
40	1.96	25.80	2.86	25.72	3.77	25.61	4.68	25.47
60	2.17	27.06	2.88	27.00	3.58	26.93	4.29	26.84
80	2.19	30.69	2.73	30.66	3.28	30.62	3.82	30.57

5.3.3　模拟结果与理论结果、实验结果的对比

1. 结构形状影响

图 5.18（a）、（b）和（c）分别通过理论、模拟及部分实验，给出了在不同的

温度时吸湿率的增加对第一稳态扭曲率 k_{xy1} 和第二稳态扭曲率 k_{xy2} 的影响。由图 5.18（a）、（b）和（c）可知，第一稳态扭曲率和第二稳态扭曲率随着吸湿率的增加都不断线性增加。对比不同温度下的扭曲率 k_{xy1} 和 k_{xy2} 随吸湿率变化的曲线，

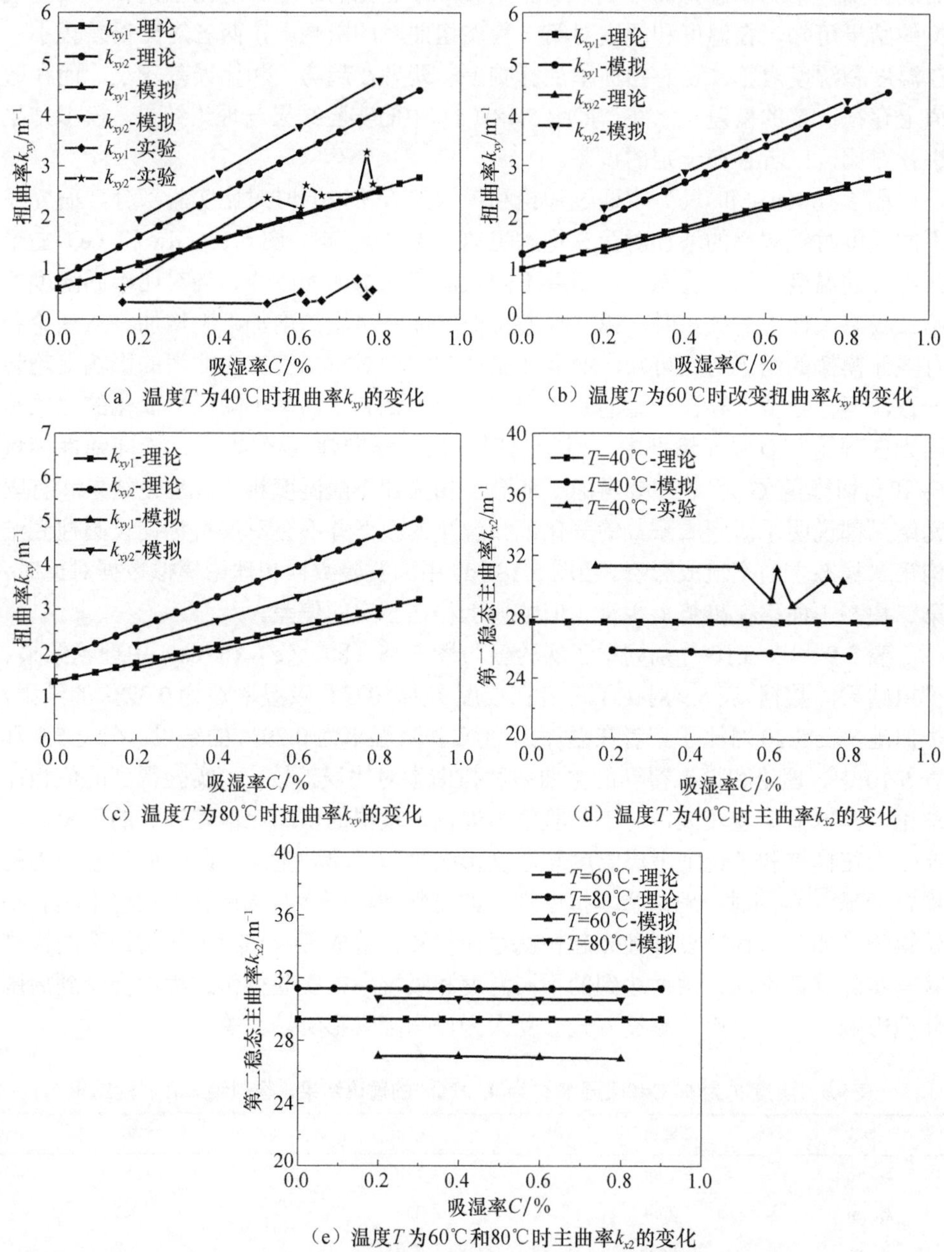

（a）温度 T 为40℃时扭曲率 k_{xy} 的变化

（b）温度 T 为60℃时改变扭曲率 k_{xy} 的变化

（c）温度 T 为80℃时扭曲率 k_{xy} 的变化

（d）温度 T 为40℃时主曲率 k_{x2} 的变化

（e）温度 T 为60℃和80℃时主曲率 k_{x2} 的变化

图 5.18　不同温度下湿度对圆柱壳结构主曲率和扭曲率的影响

反对称铺设圆柱壳结构试件在不同吸湿率时的第一稳态扭曲率和第二稳态扭曲率随着温度的升高都不断增加，但其斜率相比减小。在不同的温度下，即分别在图5.18（a）、（b）和（c）中，对比第一稳态扭曲率和第二稳态扭曲率随湿度变化的曲线可知，第二稳态扭曲率更容易受到吸湿率变化的影响。对比理论和有限元模拟的结果可知，在温度和湿度对第一稳态扭曲率的影响上，两者对比误差较小。在温度和湿度对第二稳态扭曲率的影响上，两者在趋势上相比误差较小，而在数值上存在一定的偏差。此外，将图5.18（a）中的实验结果与理论结果、模拟结果进行对比，三者存在一定的误差。

图5.18（d）和（e）中通过理论和模拟的方法，同时对比实验部分，研究在不同温度时吸湿率的增加对第二稳态主曲率 k_{x2} 的影响。图5.18（d）和（e）显示在不同的温度下第二稳态主曲率并不随吸湿率的增加而改变。当对比不同温度下第二稳态主曲率的关系时，第二稳态主曲率随着温度的增加不断增加。从理论和有限元模拟的结果对比可知，两者在温度和湿度对第二稳态主曲率的影响上趋势一致，但在数值上存在一定的系统误差。第二稳态主曲率不随湿度变化的现象是因为在理论和有限元模型中，对于材料属性的纵向弹性模量 E_1、横向弹性模量 E_2 和剪切模量 G_{12}[51,52]主要考虑了随温度相关和不随湿度相关。理论结果和有限元结果都说明了湿膨胀系数的变化或吸湿率的改变并不会对反对称铺设圆柱壳结构第二稳态主曲率造成影响。当图5.18（d）中的实验数据和理论模拟数据对比时，第二稳态主曲率在趋势上相符，但数值上存在一定的偏差。

表5.9和表5.10分别列举了实验值与图5.18（b）、（c）和（e）中理论结果、模拟结果的数据。表5.9对比了三者在温度 T 为60℃和吸湿率 C 为0.32%的结果。类似地，表5.10对比了三者在温度为80℃和吸湿率为0.29%的结果。在表5.9和表5.10中，理论和模拟得到的主曲率和扭曲率对比误差较小，实验得到的值相比理论、模拟值偏差较大，对于实验值与理论、模拟的值相比偏差较大的现象，主要因为在模拟和理论上考虑温度与湿度影响时两者单独考虑其影响而忽略两者的耦合情况[53]；同时，理论和模拟中选用的材料属性因素、试件制备过程中具有初始缺陷（如反对称铺设圆柱壳起初就存在扭转）造成理论和模拟起初构造的模型就与实际试件不同、试件达到的不同温度和吸湿率在实验操作过程中会受到周围环境影响，以及选用的测量方式会受人为操作因素影响较大等。

表5.9　温度 T 为60℃和吸湿率 C 为0.32%时的理论结果、模拟结果和实验结果

参数	理论	模拟	实验
k_{xy1}/m^{-1}	1.64	1.56	0.98
k_{xy2}/m^{-1}	2.40	2.60	1.90
k_{x2}/m^{-1}	29.35	27.03	32.96

表 5.10　温度 T 为 80℃和吸湿率 C 为 0.29%时的理论结果、模拟结果和实验结果

参数	理论	模拟	实验
k_{xy1}/m^{-1}	1.95	1.83	1.43
k_{xy2}/m^{-1}	2.88	2.43	2.83
k_{x2}/m^{-1}	31.30	30.68	32.38

2. 稳态转变影响

表 5.11 和表 5.12 分别列举了有限元模拟和实验获得的在不同温度与湿度下 Snap-through 过程反对称铺设圆柱壳结构的稳态转变载荷 F_t 和稳态转变所需的最大位移 d_t 的值。由表 5.11 可知，有限元模拟得到的稳态转变载荷和实验得到的稳态转变载荷在温度 40℃下改变吸湿率的值时，吸湿率的变化并不会显著影响稳态转变载荷。

表 5.11　模拟与实验在温度 40℃和不同湿度下 Snap-through 过程稳态转变载荷 F_t 的对比

吸湿率 C/%	F_t^f/N	F_t^e/N
0.16	46.35	34.69
0.52	46.50	35.33
0.62	46.76	36.84
0.77	47.95	34.09

表 5.12　模拟与实验在温度 40℃和不同湿度下 Snap-through 过程稳态转变的最大位移 d_t 的对比

吸湿率 C/%	d_t^f/mm	d_t^e/mm
0.16	29.42	28.56
0.52	28.69	27.92
0.62	28.91	26.29
0.77	31.07	27.86

对比表 5.11、表 5.13 和表 5.14，有限元模拟得到的稳态转变载荷 F_t^f 和实验得到的稳态转变载荷 F_t^e 整体趋势上随着温度的增加不断减小。在表 5.12～表 5.14 中，稳态转变的最大位移 d_t 在一定的温度下增加吸湿率的值时，其变化的幅度较小。而在一定的吸湿率下增加温度时，它会不断减小。对比表 5.11～表 5.14 的模拟值和理论值，两者存在一定的误差。

表 5.13　模拟与实验在温度 60℃和吸湿率 0.32%时稳态转变载荷 F_t 和最大位移 d_t 的对比

温度 T/℃	吸湿率 C/%			
	0.32			
	F_t^f/mm	F_t^e/mm	d_t^f/mm	d_t^e/mm
60	44.37	30.74	25.93	27.32

表 5.14　模拟与实验在温度 80℃和吸湿率 0.29%时稳态转变载荷 F_t 和最大位移 d_t 的对比

温度 T/℃	吸湿率 C/%			
	0.29			
	F_t^f/mm	F_t^e/mm	d_t^f/mm	d_t^e/mm
80	40.32	27.42	24.91	25.92

3. 综合影响调控

有限元模拟过程中通过单因素变量的方法研究温度和湿度对第一稳态扭曲率 k_{xy1} 和第二稳态扭曲率 k_{xy2} 的影响。由有限元模拟的结果可知，反对称铺设圆柱壳结构的第一稳态扭曲率和第二稳态扭曲率随着温度或湿度的增加而增加。该有限元模拟的结果验证了第 2 章提出的在理论上进行温湿调控扭曲率的方法，即通过提高温度和降低湿度调节扭曲率，或者通过提高湿度和降低温度来调节扭曲率[54]。

图 5.19 与图 5.20 分别给出了有限元模拟和理论分析的方法列举的改变温度 T 和吸湿率 C 进行对第一稳态扭曲率 k_{xy1} 和第二稳态扭曲率 k_{xy2} 的调控。在图 5.19 中，有限元模型和理论分析都是先设定其中一条曲线的吸湿率为 0.4%，其第一稳态扭曲率随着温度的降低而不断减小；另一条曲线温度为 40℃，其第一稳态扭曲率随着吸湿率的增加而不断增加。对比图 5.19 和图 5.20 中的曲线可知，改变相同的温度和吸湿率对第二稳态扭曲率调节的幅度相比对第一稳态扭曲率调节的幅度更大。图 5.19 和图 5.20 中的理论与有限元模拟结果相比，第一稳态扭曲率的对比误差较小，而对于第二稳态扭曲率，两者对比在趋势上相符，但在数值上存在一定误差。

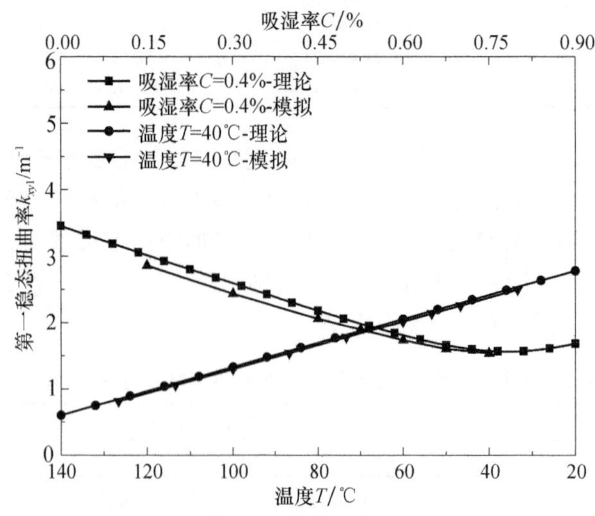

图 5.19　圆柱壳结构的第一稳态扭曲率 k_{xy1} 的温湿调控

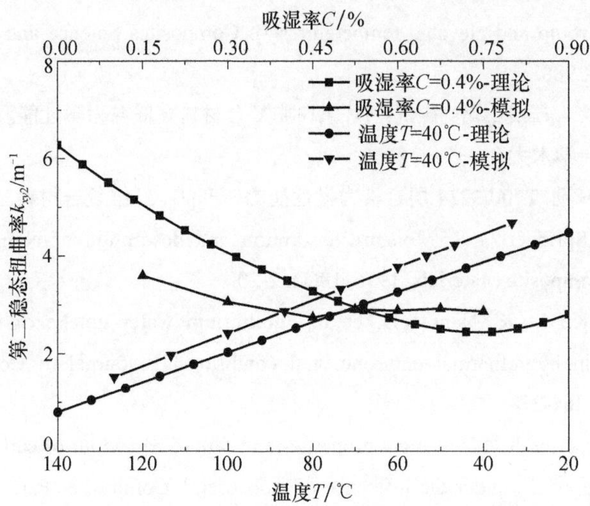

图 5.20　圆柱壳结构的第二稳态扭曲率 k_{xy2} 的温湿调控

参 考 文 献

[1] Daynes S, Nall S J, Weaver P M, et al. On a bistable flap for an airfoil[C]. 50th AIAA/ASME/ASCE/AHS/ASC Structures, Structural Dynamics, and Materials Conference, Palm Springs, 2009.

[2] Daynes S, Weaver P M, Trevarthen J A. A morphing composite air inlet with multiple stable shapes[J]. Journal of Intelligent Material Systems and Structures, 2011, 22(9): 961-973.

[3] Kim S W, Koh J S, Cho M, et al. Design and analysis a flytrap robot using bi-stable composite[C]. IEEE International Conference on Robotics and Automation, Shanghai, 2011.

[4] Kim S W, Koh J S, Cho M, et al. Towards a bio-mimetic flytrap robot based on a snap-through mechanism[C]. 3rd IEEE RAS and EMBS International Conference on Biomedical Robotics and Biomechatronics (BioRob), Tokyo, 2010.

[5] Kim S W, Koh J S, Lee J G, et al. Flytrap-inspired robot using structurally integrated actuation based on bistability and a developable surface[J]. Bioinspiration and Biomimetics, 2014, 9(3): 1490-1507.

[6] Hyer M W, Herakovich C T, Milkovich S M, et al. Temperature dependence of mechanical and thermal expansion properties of T300/5208 graphite/epoxy[J]. Composites, 1983, 14(83): 276-280.

[7] Yuhas D E, Isaacson B. Elevated temperature measurements of elastic constants in polymer composites[J]. Aurora, 1998, 51: 60502-60507.

[8] Odegard G, Kumosa M. Elastic-plastic and failure properties of a unidirectional carbon/PMR-15

composite at room and elevated temperatures[J]. Composites Science and Technology, 2000, 60(16): 2979-2988.

[9] 陈明, 龙连春, 陈众迎, 等. 碳纤维/环氧树脂复合材料高低温力学性能及细观结构研究[C]. 中国力学学会学术大会, 郑州, 2009.

[10] 刘梦媛, 刘东勋. T700/3234 层合板力学性能的研究[J]. 纤维复合材料, 2013, 30(1): 16-18.

[11] Shen C H, Springer G S. Moisture absorption and desorption of composite materials[J]. Journal of Composite Materials, 1976, 10(1): 2-20.

[12] Suh D W, Ku M K, Nam J D, et al. Equilibrium water uptake of epoxy/carbon fiber composites in hygrothermal environmental conditions[J]. Journal of Composite Materials, 2001, 35(3): 264-278.

[13] Selzer R, Friedrich K. Mechanical properties and failure behaviour of carbon fibre-reinforced polymer composites under the influence of moisture[J]. Composites Part A: Applied Science and Manufacturing, 1997, 28(6): 595-604.

[14] Choi H S, Ahn K J, Nam J D, et al. Hygroscopic aspects of epoxy/carbon fiber composite laminates in aircraft environments[J]. Composites Part A: Applied Science and Manufacturing, 2001, 32(5): 709-720.

[15] Abdel-Magid B, Ziaee S, Gass K, et al. The combined effects of load, moisture and temperature on the properties of E-glass/epoxy composites[J]. Composite Structures, 2005, 71(3/4): 320-326.

[16] 钟轶峰, 秦文正, 张亮亮, 等. 复合材料湿热弹性性能的变分渐近细观力学模型[J]. 复合材料学报, 2016, 33(10): 2197-2204.

[17] 王世明. 温度与湿度环境对碳纤维复合材料力学行为的影响研究[D]. 南京: 南京航空航天大学, 2011.

[18] Parhi P K, Bhattacharyya S K, Sinha P K. Hygrothermal effects on the dynamic behavior of multiple delaminated composite plates and shells[J]. Journal of Sound and Vibration, 2001, 248(2): 195-214.

[19] Shen H S. Nonlinear analysis of functionally graded fiber reinforced composite laminated beams in hygrothermal environments, Part Ⅰ: Theory and solutions[J]. Composite Structures, 2015, 125(4): 698-705.

[20] Shen H S. Nonlinear analysis of functionally graded fiber reinforced composite laminated beams in hygrothermal environments, Part Ⅱ: Numerical results[J]. Composite Structures, 2015, 125(4): 706-712.

[21] Hamamoto A, Hyer M W. Non-linear temperature-curvature relationships for unsymmetric graphite-epoxy laminates[J]. International Journal of Solids and Structures, 1987, 23(7): 919-935.

[22] Moore M, Ziaei-Rad S, Firouziannejad A. Temperature-curvature relationships in asymmetric angle ply laminates by considering the effects of resin layers and temperature dependency of material properties[J]. Journal of Composite Materials, 2014, 48(9): 1071-1089.

[23] Moore M, Ziaei-Rad S, Salehi H. Thermal response and stability characteristics of bistable composite laminates by considering temperature dependent material properties and resin layers[J]. Applied Composite Materials, 2013, 20(1): 87-106.

[24] Eckstein E, Pirrera A, Weaver P M. Morphing high-temperature composite plates utilizing thermal gradients[J]. Composite Structures, 2013, 100(5): 363-372.

[25] Eckstein E, Pirrera A, Weaver P M. Multi-mode morphing using initially curved composite plates[J]. Composite Structures, 2014, 109(1): 240-245.

[26] Zhang Z, Ye G F, Wu H L, et al. Thermal effect and active control on bistable behaviour of anti-symmetric composite shells with temperature-dependent properties[J]. Composite Structures, 2015, 124: 263-271.

[27] Zhang Z, Wu H L, Ye G F, et al. Experimental study on bistable behaviour of anti-symmetric laminated cylindrical shells in thermal environments[J]. Composite Structures, 2016, 144: 24-32.

[28] Gigliotti M, Grandidier J C, Lafarie-Frenot M C. The employment of 0/90 unsymmetric samples for the characterisation of the thermo-oxidation behaviour of composite materials at high temperatures[J]. Composite Structures, 2011, 93(8): 2109-2119.

[29] Gigliotti M, Pannier Y, Minervino M C, et al. The effect of a thermo-oxidative environment on the behaviour of multistable [0/90] unsymmetric composite plates[J]. Composite Structures, 2013, 106(12): 863-872.

[30] Harper B D. The effects of moisture induced swelling upon the shapes of anti-symmetric cross-ply laminates[J]. Journal of Composite Materials, 1987, 21(1): 36-48.

[31] Hyer M W. Some observations on the cured shape of thin unsymmetric laminates[J]. Journal of Composite Materials, 1981, 15(2): 175-194.

[32] Tsai C L, Wooh S C, Hwang S F, et al. Hygric characterization of composites using anantisymmetric cross-ply specimen[J]. Experimental Mechanics, 2001, 41(3): 270-276.

[33] Telford R, Katnam K B, Young T M. The effect of moisture ingress on through-thickness residual stresses in unsymmetric composite laminates: A combined experimental-numerical analysis [J]. Composite Structures, 2014, 107(1): 502-511.

[34] Portela P, Camanho P, Weaver P, et al. Analysis of morphing, multi stable structures actuated by piezoelectric patches[J]. Computers and Structures, 2008, 86(3): 347-356.

[35] Etches J, Potter K, Weaver P, et al. Environmental effects on thermally induced multistability in unsymmetric composite laminates[J]. Composites Part A: Applied Science and Manufacturing,

2009, 40(8): 1240-1247.

[36] 王德, 金平, 谭晓明, 等. 基于宏细观统一本构模型的复合材料湿热应力分析[J]. 南京航空航天大学学报, 2014, 46(3): 389-394.

[37] Kumar S B, Sridhar I, Sivashanker S. Influence of humid environment on the performance of high strength structural carbon fiber composites [J]. Materials Science and Engineering A, 2008, 498(1/2): 174-178.

[38] 郭洪艳. 湿度测量及控制方法[J]. 天津科技, 2012, (4): 68-69.

[39] 李振杰. 湿度测量方法研究[J]. 计量与测试技术, 2011, 38(6): 41-42.

[40] Chillara V S C, Dapino M J. Mechanically-prestressed bistable composite laminates with weakly coupled equilibrium shapes[J]. Composites Part B: Engineering, 2017, 111: 251-260.

[41] 崔兴志. 碳纤维增强环氧树脂复合材料的制备及性能研究[D]. 青岛: 中国海洋大学, 2014.

[42] Guest S D, Pellegrino S. Analytical models for bistable cylindrical shells[J]. Proceedings of the Royal Society A, 2006, 462(2067): 839-854.

[43] 石岳. 平面设计师印艺进阶[M]. 北京: 印刷工业出版社, 2010.

[44] 李昕, 陈坚. 基于 MATLAB 的数字图像处理[J]. 电脑知识与技术, 2009, 5(8): 1979-1981.

[45] Crank J. The Mathematics of Diffusion[M]. Oxford: Clarendon, 1975.

[46] 黄远, 万怡灶, 何芳,等. 碳纤维/环氧树脂单向复合材料的吸湿残余应力研究[J]. 航空材料学报, 2009, 29(4): 57-62.

[47] 高素荷. 网格划分密度与有限元求解精度研究[J]. 重工科技, 2006, 1: 12-15.

[48] 刘展. ABAQUS 6.6 基础教程与实例详解[M]. 北京: 中国水利水电出版社, 2008.

[49] 朱福栋, 王云山. 有限元法在温度场模拟与测量中的应用[J]. 仪器仪表用户, 2010, 17(1): 78-79.

[50] Ray B C. Temperature effect during humid ageing on interfaces of glass and carbon fibers reinforced epoxy composites[J]. Journal of Colloid and Interface Science, 2006, 298(1): 111-117.

[51] 代少俊. 高性能纤维复合材料[M]. 上海: 华东理工大学出版社, 2013.

[52] 王耀先. 复合材料力学与结构设计[M]. 上海: 华东理工大学出版社, 2012.

[53] 唐世斌, 唐春安, 林皋. 混凝土温湿耦合效应研究综述[C]. 建筑结构学报创刊 30 周年纪念暨建筑结构基础理论与创新学术研讨会, 上海, 2010.

[54] 潘豪. 湿热环境反对称铺设双稳态结构性能及初始缺陷影响研究[D]. 杭州: 浙江工业大学, 2017.

第 6 章　黏弹性理论分析

6.1　复合材料黏弹性研究现状

6.1.1　概述

双稳态复合材料层合结构一般是由碳纤维树脂基体复合材料制备而成的，在服役期间或长期贮存时会受到各种环境因素的影响。树脂材料作为一种典型的黏弹性材料，受温度和时间影响非常大，因此温度与时间这两个因素对双稳态复合材料层合结构的力学性能和几何形状会产生较大影响。尤其在航空航天结构[1,2]（图 6.1 为波音 787 的碳纤维复合材料机身）上应用时，材料要经受各种严酷环境的考验，在 2005 年的“火星快车”任务中，欧洲航天局发射的探测器的可展开天线（为玻璃纤维增强树脂基体复合材料）在最后到达预定轨道开始展开过程中其实际的展开外形和展开速度都与先前模拟预测的结果存在较大偏差，对探测器工作的开展造成了延误[3]。产生这一现象的原因是天线受到了发射过程中循环热载荷的影响并在经历了长达 2 年的飞行过程后产生了较大的应力松弛。作为智能可变形结构，需要在极端环境下来完成某种预期的特定功能。因此，研究双稳态复合材料层合结构在温度和时间作用下的黏弹性行为对其在航空航天以及其他高新技术领域的应用具有重要的指导意义和参考价值。

图 6.1　波音 787 的碳纤维复合材料机身[2]

6.1.2 复合材料结构黏弹性国内外研究现状

由于双稳态复合材料层合结构在航空航天领域有着巨大的潜在应用价值，国内外学者对其展开了广泛而深入的研究。这些研究一般都是基于材料的弹性模型，并没有考虑材料的黏弹性特性。树脂是一种典型的黏弹性材料，故纤维增强树脂基体复合材料具有典型的黏弹性力学行为，其力学性能会随着加载时间和温度的变化而变化。特别是在航空航天领域，材料经常处于严酷的环境中，因此对复合材料的黏弹性性能在极端环境下的研究就显得非常重要。影响树脂基体复合材料的黏弹性规律的因素很多，主要包括树脂基体的力学性能、纤维的力学性能和纤维铺设方式等。将以上所有因素综合起来考虑，纤维增强树脂基体复合材料的黏弹性力学行为就会变得比较复杂[4]。经过多年的发展，对于纤维增强树脂基体复合材料黏弹性的研究已经取得了很多成果，下面对相关研究进行简单的总结。

对复合材料黏弹性性能的研究方法可以分为三种：一是理论研究，建立黏弹性理论模型；二是实验研究，进行松弛或者蠕变实验；三是从实验或理论中获得材料参数等数据，采用有限元法进行黏弹性模拟研究。

（1）理论研究方面：在树脂基体复合材料的黏弹性理论研究上，细观力学模型得到了广泛应用[5-7]。伊朗的 Abadi[8]根据细观力学的方法，基于复合材料的简化模型，对复合材料的黏弹性能进行了理论研究。美国的 Hashin[9-11]建立了线性黏弹性的对应原理，并据此研究了颗粒增强和纤维增强两类复合材料的黏弹性能。Park 等[12]采用一种准确且有效的数值方法对采用 Prony 级数表示的线性黏弹性材料属性进行互相转换。利用这种方法可以对时域、频域、Laplace 域下的松弛模量和蠕变柔量进行互相转换。Barbero 等[13]利用 Laplace 变换的方法，基于线性黏弹性模型，根据纤维与基体的材料属性得到碳纤维复合材料单层板的黏弹性材料属性。这种基于线性黏弹性的对应原理，利用 Laplace 变换和 Laplace 逆变换来描述树脂基体复合材料黏弹性行为的方法得到了广泛应用[14-20]。

在国内，哈尔滨工业大学的梁军等[21]也从微观力学的角度出发，利用等效夹杂理论建立了颗粒增强复合材料的黏弹性本构模型，并以此研究了时间和夹杂体积分数对材料黏弹性能的影响。梁军[22]在静态黏弹性性能研究的基础上，根据动态黏弹性和静态黏弹性的转变关系，研究了夹杂体积分数和载荷频率对复合材料复模量的影响。

（2）实验研究方面：作为最直接的方式，实验的方法是研究树脂基体复合材料黏弹性的一个重要途径，实验主要分为松弛实验和蠕变实验。加拿大的 Dasappa 等[23]通过理论与实验相结合的方法研究了温度对树脂基体复合材料蠕变性能的影响。美国的 Kwok 等[24,25]对受到长时间折叠的低密度聚乙烯（LDPE）壳和编织型树脂基体复合材料壳的展开问题进行了研究，结果表明经过长时间的折叠和高温下的折叠都会明显减缓结构的展开过程。英国学者 Brinkmeyer 等[26]对编织型的双稳态复合材料可展开结构的黏弹性响应进行了实验研究，结果表明随着温度升高和加载时间增长，结构的应力会降低，形状回复的过程会延长，尤其在长时间加载后结构会出现不可逆的形变。英国的 Wang 等[27]对正交铺设的双稳态复合材料壳在制备过程中受到的黏弹性预应力的影响进行了研究，结果表明在固化过程中采用黏弹性的模型进行计算比弹性模型和实验结果更相近。

在国内，中国科学院力学研究所的卢锡年等[28]通过实验的方法，讨论了应力、温度等因素对短纤维增强树脂基体复合材料蠕变性能的影响，并用 Prony 级数的形式来拟合蠕变柔量。西北工业大学的岳珠峰等[29]利用实验的方法研究了界面对纤维增强树脂基体复合材料黏弹性能的影响。南京航空航天大学的于航和周储伟[30]根据碳纤维复合材料的细观力学模型预测了其黏弹性材料属性并与实验结果进行对比，给出一种通过理论方法得出碳纤维复合材料黏弹性材料属性的途径，首先基于松弛实验数据获得基体的黏弹性材料属性，然后以此为基础研究复合材料的动态黏弹性能，理论结果与实验结果吻合较好。

（3）有限元分析方面：美国的 Brinson 等[31,32]利用有限元法分析了两相和三相复合材料的黏弹性特性，并利用 Mori-Tanaka 模型[33,34]来验证结果的准确性。Broakenbrough 等[35]应用有限元法研究了不同的纤维排列方式对复合材料的黏弹性能的影响。墨西哥学者 Levin 等[36]通过一个数值逼近的方法对黏弹性复合材料进行微观力学建模，其中用 Prony 级数的形式来表示材料的黏弹性材料属性。近年来随着商业有限元软件的发展，一些有限元软件如 ABAQUS 等被用来分析材料的黏弹性能[10,37]。美国的 Tang 等[38,39]利用变分渐近法和均匀化原理，建立复合材料的单个晶胞模型，通过 ABAQUS 软件分析了复合材料的弹性与黏弹性性能。法国学者 Guinot 等[40,41]通过假设圆柱壳的横截面长度不变且始终与圆柱壳的中心线保持垂直，建立双稳态圆柱壳结构的有限元简化模型，来模拟结构的稳态转变过程，分析应变能的变化过程。英国的 Stabile 等[42]通过改进双稳态壳结构的有限元模型提高了模拟过程的数值稳定性，通过对稳态转变过程进行非线性动力学模拟，分析了转变过程的应变能变化，如图 6.2 所示。

从前面综述可以看出，在理论研究方面，主要采用的是微观力学的方法，利用 Laplace 变换和 Laplace 逆变换来对复合材料的黏弹性材料属性进行推导。理论方法在分析之前都进行了一定的假设，其计算结果和材料的实际情况存在差别，且不能实时准确描述树脂基体复合材料的整个应力应变场。随着计算机计算能力的不断发展尤其是商业有限元软件的快速发展，有限元法被广泛地应用于树脂基体纤维增强复合材料的分析。通过将有限元模拟与理论模型、实验方法相结合，可以对树脂基体复合材料的黏弹性性能进行全面、系统的分析。

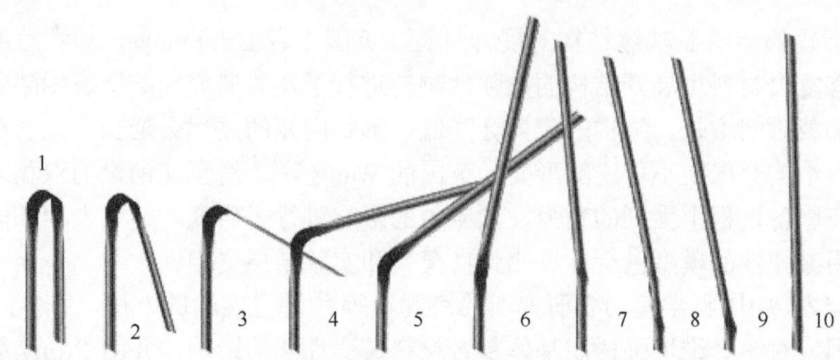

图 6.2　双稳态壳结构的动态展开过程[42]

而在应用方面，双稳态复合材料层合结构凭借其可变形和轻质的特点在智能可变性结构上有着广泛的应用。

Kim 等[43-45]采用双稳态正交铺设的碳纤维层合板作为叶片，利用形状记忆合金作为触发器，设计和制造了一种仿捕虫草机构，如图 6.3 所示。当形状记忆合金通电升温到达一定温度时便会发生变形，带动双稳态碳纤维层合板发生稳态转变，从而驱动仿捕虫草机构闭合。

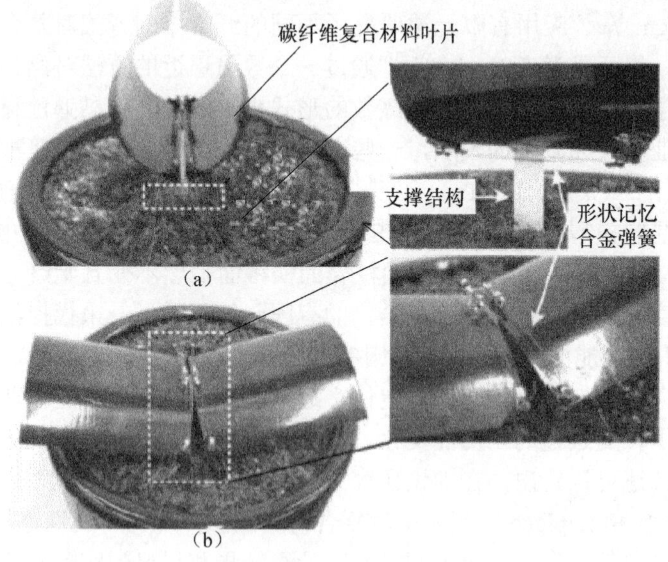

图 6.3　仿捕虫草机构[45]

哈尔滨工业大学的李昊[46]和 Dai 等[47]提出了利用双稳态层合板的拼接组成多稳定构型的太阳能板的设想。格子结构（图 6.4）的四周为双稳态层合板，中间为柔性的太阳能板，通过铰接的形式将双稳态层合板和太阳能板固定在一起；通过这种格子结构拼装成太阳能电池板（图 6.5）来接收太阳能，为卫星提供能量，卫星可以通过改变双稳态层合板的构型来调整太阳能电池板的角度，从而最大限度地吸收太阳能。

图 6.4　双稳态格子结构[46]

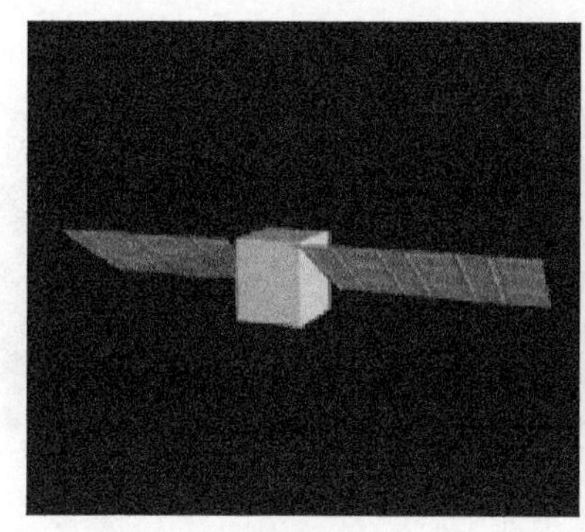

（a）伸展状态

（b）卷拢状态

图 6.5　可变形太阳能电池板示意图[46]

英国的 Mattioni 等[48]研究了铺层为分段连续变化的双稳态层合板，提出了可变形翼尖和多稳态机翼的概念，并研究了在稳态转变过程中可变形机翼攻角的变化和机翼在不同稳态下的承载能力，如图 6.6 所示。

（a）

（b）

（c）

（d）

图 6.6　多稳定可变形机翼[48]

Daynes 等[1]提出了一种利用橄榄球形对称层合板制成的双稳态进气道，如图 6.7 所示。橄榄球形对称层合板在其长度方向具有不同的弯曲刚度，且层合板在其两端进行固定约束，进而实现双稳态功能。双稳态进气道通过稳态转变而实现进气道的打开与闭合。

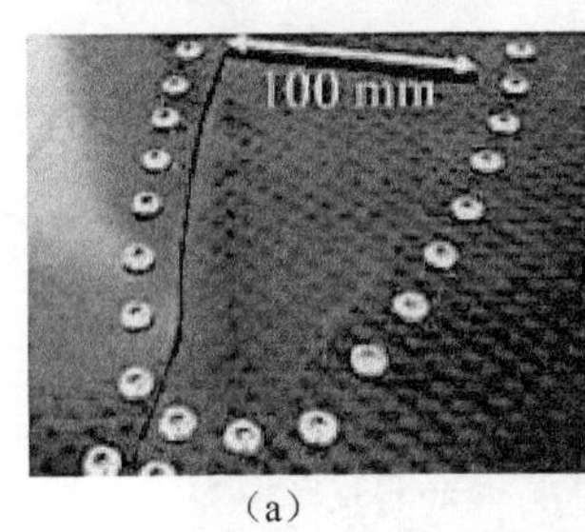

（a）

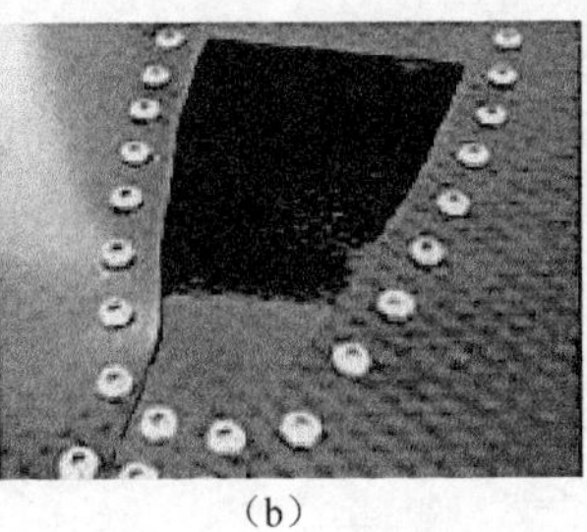

（b）

（c）

图 6.7　双稳态进气道[1]

英国萨里空间中心的 Fernandez 等[49-51]利用双稳态复合材料壳结构作为展开机构，提出了一种将大型的太阳帆折展起来储存到小型卫星里面的方案，并通过对小尺寸的模型进行实验（图 6.8），验证了该方案的可行性和优势。在随后的研究中，他们改进了工艺，通过改变纤维铺设角度，将双稳态圆柱壳的稳定长度增加到 5m，为大尺寸太阳帆的实现奠定了基础。

（a）0s

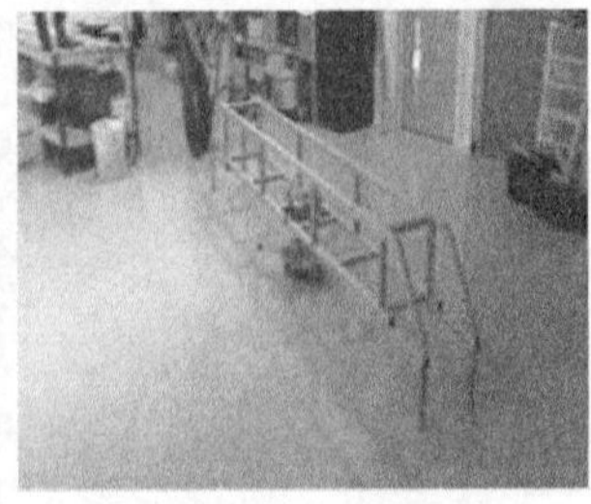

（b）0.64s

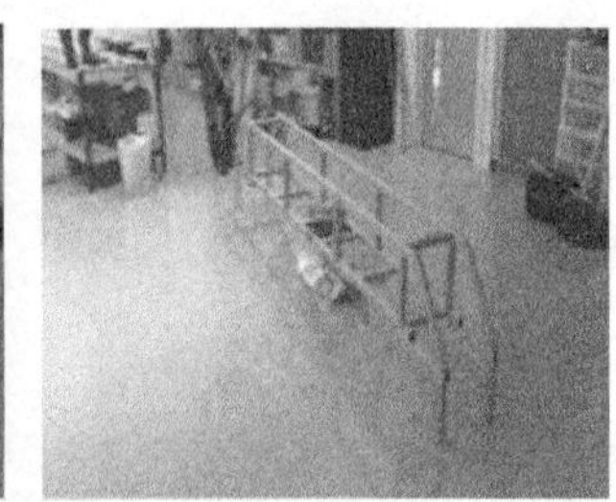

（c）1s

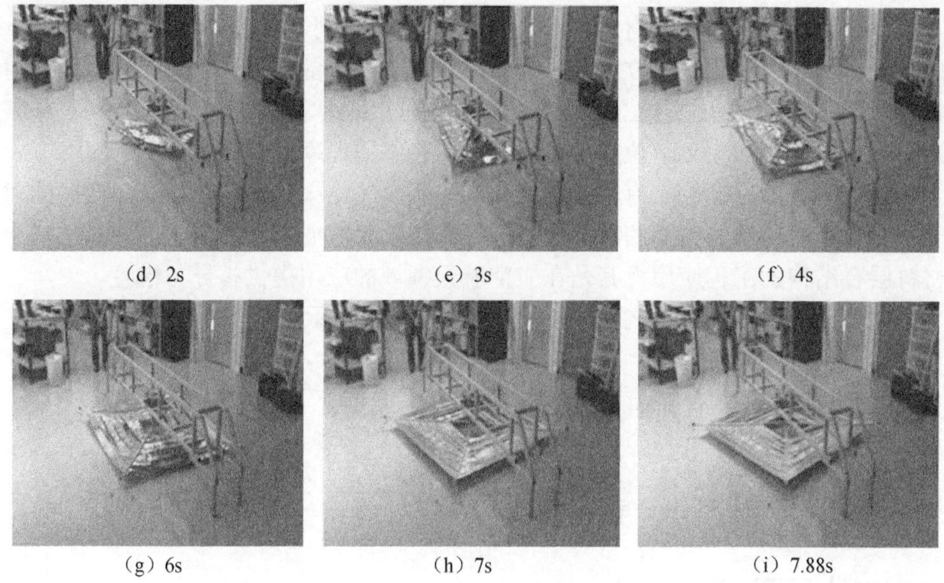

（d）2s　（e）3s　（f）4s

（g）6s　（h）7s　（i）7.88s

图 6.8　可展开太阳帆的展开过程[49]

综上所述，双稳态复合材料层合结构在智能可变形结构上尤其是在航空航天领域有着巨大的潜在应用，但是其服役环境存在着复杂的时温关系，而作为具有典型黏弹性特征的树脂基体复合材料，在研究环境对其影响时必然不能忽略材料的黏弹性特性。因此，本书作者从以下几个方面开展研究工作：

（1）制备碳纤维增强环氧树脂基体复合材料试件和环氧树脂试件，利用动态力学分析仪来测量环氧树脂基体的玻璃态转换温度、线性黏弹性区域和松弛模量。根据时温等效原理将不同温度下短期的松弛模量曲线等效到同一个参考温度下，得到长期的松弛模量曲线。根据环氧树脂的松弛模量曲线和碳纤维的材料属性，利用微观力学的均匀化原理和有限元法，建立碳纤维增强环氧树脂基体复合材料的单晶胞有限元模型，从而通过有限元模拟的方法计算得到碳纤维增强环氧树脂基体复合材料的黏弹性材料属性。

（2）结合线性黏弹性理论与经典层合板理论，利用最小势能原理推导出在温度与加载时间共同作用下的双稳态复合材料层合结构的黏弹性理论模型。在理论上，预测了加载时间和温度对结构第二稳态曲率的影响。

（3）制备碳纤维增强环氧树脂基体复合材料层合结构，利用带温度箱的拉伸试验机等实验仪器对双稳态复合材料层合结构在不同温度、不同松弛位置和不同加载时间下的稳态转变过程进行模拟，得到 Snap-through 过程的载荷-位移曲线以及结构在第二稳态的曲率变化规律。通过对不同试件的扫描电镜（scanning electron microscope，SEM）图像的观察，从微观层面来解释温度对结构双稳态特性的影响。

(4) 根据双稳态复合材料层合结构的稳态转变实验过程，利用 ABAQUS 软件及其子程序 UMAT，建立双稳态复合材料层合结构的黏弹性有限元模型，并对其在不同温度与加载时间下的稳态转变过程进行有限元模拟，得到其 Snap-through 过程的载荷-位移曲线以及第二稳态的曲率变化规律。

通过对比理论计算、有限元模拟和实验研究的结果，讨论温度和加载时间对双稳态复合材料层合结构的稳态转变过程和第二稳态曲率的影响，为双稳态复合材料层合结构的工程应用尤其是在航空航天领域的应用提供指导与借鉴。

此部分主要研究内容之间的相互关系如图 6.9 所示。

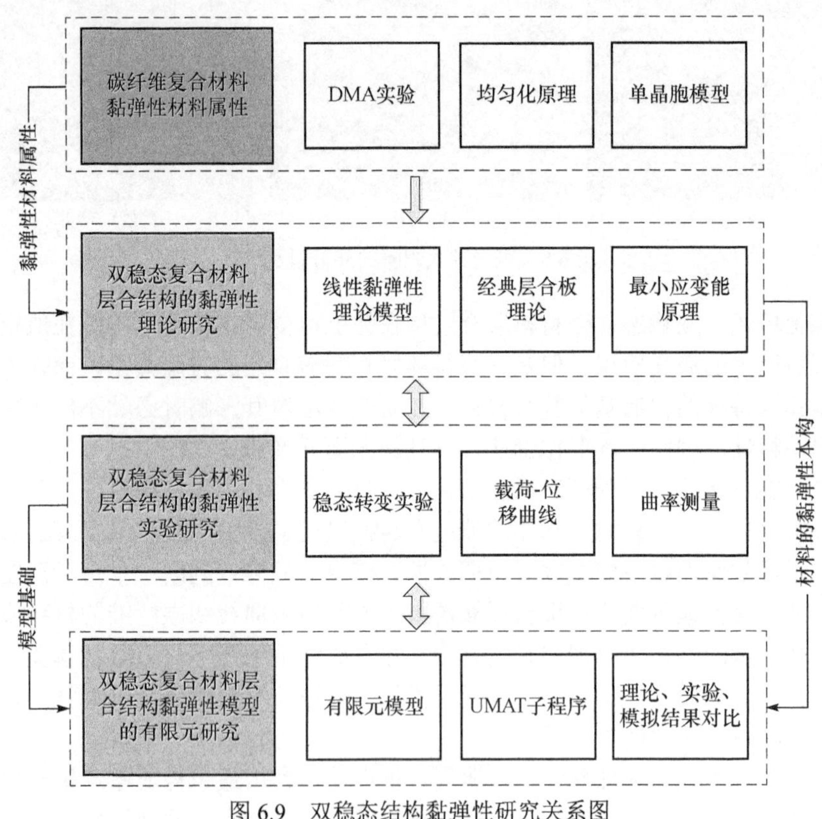

图 6.9　双稳态结构黏弹性研究关系图

6.2　碳纤维复合材料黏弹性材料属性

6.2.1　黏弹性理论基础

纤维增强树脂基体复合材料[52,53]由于树脂的黏弹性特性而具有典型的黏弹性力学行为[54,55]，其力学性能依赖于环境温度、加载时间和载荷大小等条件。黏弹性可以分为线性黏弹性[56,57]和非线性黏弹性[58,59]。黏弹性材料存在一个线性黏弹性区域，在这个区域内材料的变化是可逆的，其力学性能仅与环境温度和加载时间相关，这可以大大简化研究模型；而当超出线性黏弹性区域时，材料会发生不可逆的变化，其力学性能不仅受温度和加载时间的影响，还与载荷大小相关，应力与应变的相应关系会变得较为复杂。这里由于非线性黏弹性问题的复杂性所限，假定所使用的材料在加载过程中始终处于线性黏弹性区域，即只考虑材料的线性黏弹性。

树脂的黏弹性性能受温度的影响非常大[23]，尤其在靠近其玻璃态转变温度 T_g 时。当环境温度远低于 T_g 时，树脂呈现出玻璃态，黏弹性特征不是很明显；当环境温度在 T_g 附近时，树脂的黏弹性特征就变得非常明显，其弹性模量会随着时间增加而急剧下降；当环境温度高于 T_g 时，树脂呈现橡胶态，黏弹性特征又变得不明显，但其橡胶态的弹性模量远低于玻璃态时的弹性模量。

黏弹性行为存在两种常见的现象，分别是松弛和蠕变[60]。松弛是指在一定温度下施加一个恒定的应变，材料的应力会随着时间的增长而逐渐减小的现象，如图 6.10 所示，$\sigma(t)=E(t)\times\varepsilon_1$，其中 $E(t)$ 称为松弛模量，表示在单位应变下的应力响应。

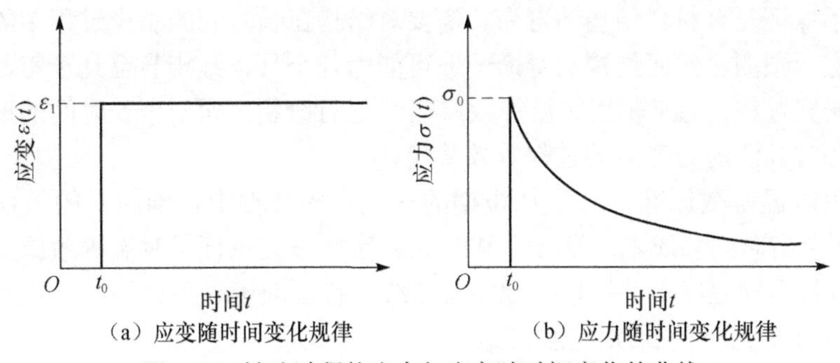

（a）应变随时间变化规律　（b）应力随时间变化规律

图 6.10　松弛过程的应力与应变随时间变化的曲线

蠕变是指在一定温度下施加一个恒定的应力，材料的应变会随着时间的增大而逐渐增大的现象，如图 6.11 所示，$\varepsilon(t)=D(t)\times\sigma_1$，其中 $D(t)$ 称为蠕变柔量，表示在单位应力下的应变响应。

根据松弛和蠕变过程中的应力和应变的变化规律，可以得到松弛模量 $E(t)$ 和蠕变柔量 $D(t)$ 在加载过程中随时间的变化规律，如图 6.12 所示。从图中可以看到，在加载过程中，松弛模量随着时间的增加而逐渐减小，其中未交联树脂的松弛模量可以减小到 0，而交联树脂的松弛模量不会减小到 0，但是会趋近于一个恒定值；而蠕变柔量随着时间的增加而逐渐增大。

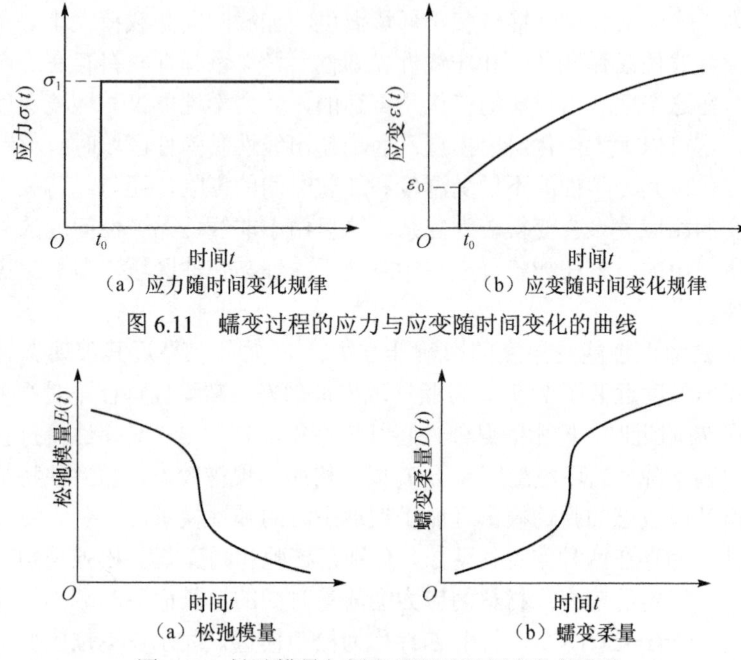

（a）应力随时间变化规律　　（b）应变随时间变化规律

图 6.11　蠕变过程的应力与应变随时间变化的曲线

（a）松弛模量　　（b）蠕变柔量

图 6.12　松弛模量与蠕变柔量随时间变化的曲线

为了保证复合材料结构的寿命，需要对结构在长时间的服役过程中的相应力学性能进行预测，然而结构的寿命一般可能为几个月、几年甚至几十年，为了能够缩短研究过程，通常采用时温等效原理[61]进行分析，即一个长时间的过程可以被一个相对高温的短时间的过程等效替代。

利用时温等效原理，可以从短期的松弛实验数据中得到材料的长期松弛数据，从而节省时间和成本。美国的 Williams 等[62]最先论证了时温等效原理的正确性，通过将不同温度下的短期松弛实验曲线用移位因子a_T平移到同一参考温度 T_s 下得到材料在 T_s 下的长期松弛曲线。

其中，移位因子由 Williams-Landel-Ferry（WLF）方程得到，即

$$\lg a_T = -\frac{c_1(T-T_0)}{c_2+(T-T_0)} \tag{6.1}$$

式中，c_1 和 c_2 为常数，由材料决定。

根据 WLF 方程，可以得到在参考温度下的相对时间 $t'=\dfrac{t}{a_T}$，从而可以得到

$$E_T(t)=E_{T_0}(t') \tag{6.2}$$

通过式（6.2）就可以将不同温度下的松弛模量统一到相同的参考温度下，进而可以得到材料长期的松弛曲线。

6.2.2　DMA 试验

1. 玻璃态转变温度 T_g 的测量

为了选择合适的实验温度，需要知道材料的玻璃态转变温度 T_g，因为在靠近 T_g 时，材料的黏弹性会变得非常明显，而当温度超过 T_g 时会使材料的性能发生剧烈的变化。

实验所采用仪器为美国 TA（Thermal Analysis and Rheology）公司的 TA-Q800 动态力学分析仪[63]，夹具选择为单悬臂夹具。共有两种试件，如图 6.13（a）所示，左边透明的试件为环氧树脂，右侧的试件为 T700 碳纤维增强环氧树脂基体复合材料，试件的尺寸均为 30mm×12mm×3mm。

测量玻璃态转变温度的方法[64]是在动态力学分析仪的多重频率模式下，进行温度扫描来确定。其中，温度扫描的范围为室温～150℃，升温速度为 5℃/min，激励的振幅为 5mm，激励频率为 1Hz。实验结果选取材料的储存模量和损失模量随温度的变化曲线如图 6.14 和图 6.15 所示。

（a）DMA实验的试件

（b）动态力学分析仪TA-Q800

图 6.13　DMA 实验的试件与仪器

可以根据存储模量的起始转变点和损耗模量的峰值位置来确认材料的玻璃态转变温度的大小[65]。由图 6.14 可得，储存模量的起始转变点为 70℃，而损耗模量的峰值出现在 80℃处，得到该环氧树脂的玻璃态转变温度为 70～80℃。同理，由图 6.15 可得，该碳纤维复合材料的玻璃态转变温度为 110～120℃。为了避免材料的性能在加载过程中发生剧烈的变化，实验的温度不宜高于其玻璃态转变温度，同时需要观察到显著的黏弹性行为。综合考虑以上几点因素，本书中实验的温度范围选择为室温～80℃。

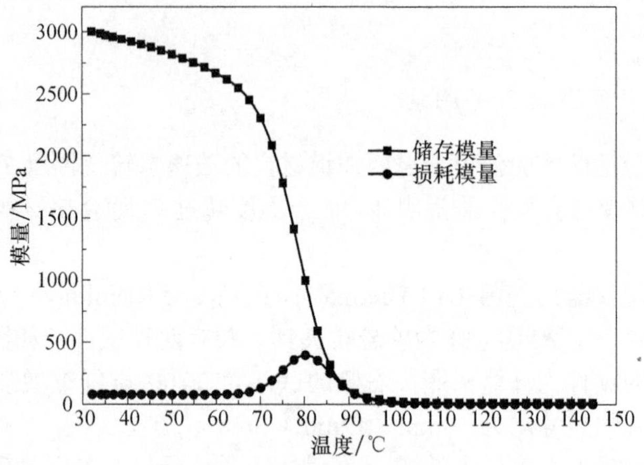

图 6.14　环氧树脂的 T_g 测量曲线

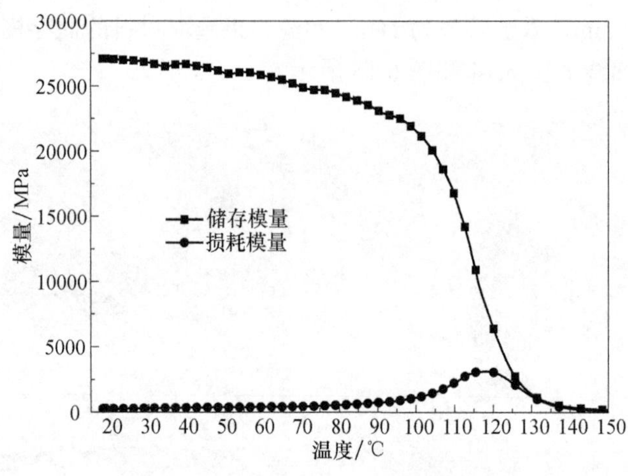

图 6.15　碳纤维复合材料的 T_g 测量曲线

2. 线性黏弹性区域测量

材料在线性黏弹性区域（linear viscoelastic region，LVR）内才会满足线性黏弹性的条件，因此在进行松弛实验之前需要确定材料的应变阈值。实验仪器为美国 TA 公司的 TA-Q800 动态力学分析仪（DMA），夹具选择为单悬臂夹具，试件为 T700 碳纤维增强环氧树脂基体复合材料，尺寸为 30mm×12mm×3mm。

测量线性黏弹性区域选择的是多重应力/应变模式，进行应力扫描。其中，实验温度选择为 20℃、40℃、60℃和 80℃，应力范围为 0～17.5N，频率为 1Hz。

在线性黏弹性区域内，材料的储存模量不会随着应力或应变的变化而变化，而当应力或应变超过线性黏弹性区域时，材料的储存模量会发生急剧下降，通常将储存模量下降到初始值的 95% 时的应力或应变值作为线性黏弹性区域的边界[66]，如图 6.16 所示，两条虚线所夹区域即线性黏弹性区域。

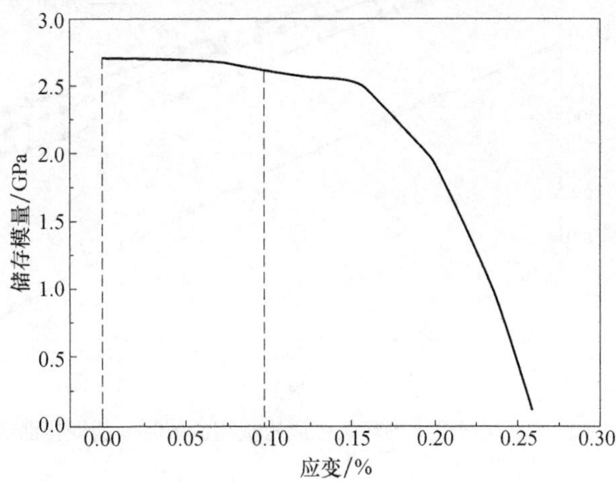

图 6.16 环氧树脂的 LVR 测量曲线

根据表 6.1，碳纤维复合材料的线性黏弹性区域随着温度的升高会逐渐缩小。为了让应力松弛实验能够在线性黏弹性区域内进行且便于加载，综合考虑后，选择 0.1%作为试件在所有温度下进行松弛时所施加的恒定应变值。

表 6.1 环氧树脂的 LVR 的应变阈值

温度/℃	20	40	60	80
应变阈值/%	0.301	0.290	0.253	0.236

3. *应力松弛实验*

应力松弛实验采用 DMA 的 Stress Relaxation 模式，时间为 1h，恒定应变为 0.1%，实验温度选择为 20℃、40℃、60℃和 80℃，每个试件进行应力松弛实验前，在达到所设定的温度后先保温 5min 使其受热均匀后再开始加载进行松弛实验。试件为环氧树脂材料，尺寸为 30mm×12mm×3mm。实验得到不同温度下的松弛模量随时间的变化曲线，如图 6.17 所示。

根据 WLF 方程可得

$$\lg a_T = \lg\frac{E(T)}{E(T_s)} = -\frac{c_1(T-T_s)}{c_2+(T-T_s)} \Rightarrow \frac{1}{\lg E(T_s)-\lg E(T)} = \frac{c_2}{c_1}\frac{1}{T-T_s}+\frac{1}{c_1} \tag{6.3}$$

式（6.3）可以看成一个线性方程的形式，根据图 6.17 中不同温度下的松弛模量的值，可以通过线性拟合的方法求得材料常数 c_1 和 c_2 的值，分别为 c_1=2.838，

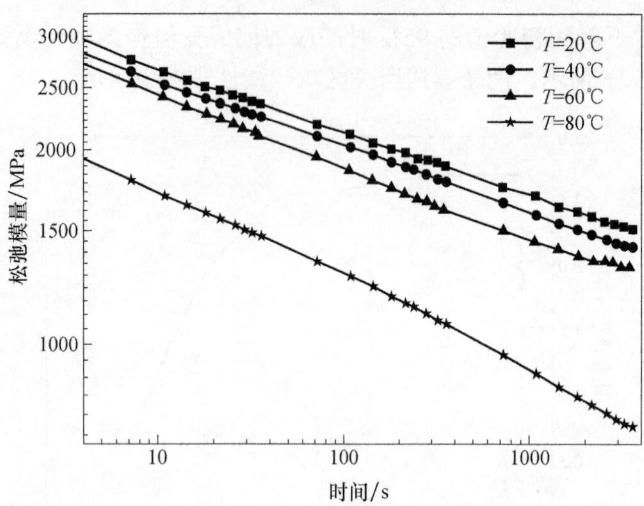

图 6.17　不同温度下的环氧树脂松弛模量随时间的变化曲线

c_2=93.291。由得到的 c_1 和 c_2 以及 WLF 方程，可以将 20℃、40℃、60℃和 80℃时的松弛模量的曲线等效到同一参考温度 40℃下，从而得到一条长期的松弛模量曲线，如图 6.18 所示。再用 Maxwell 模型[55]对这条曲线进行拟合，从而可以得到环氧树脂在参考温度 40℃下的松弛模量函数：

$$E(t)=(E)_0 e^{-t/\tau} \tag{6.4}$$

式中，初始时刻的松弛模量$(E)_0$=2990MPa，松弛时间τ=5980s，可通过线性拟合的方法得到。

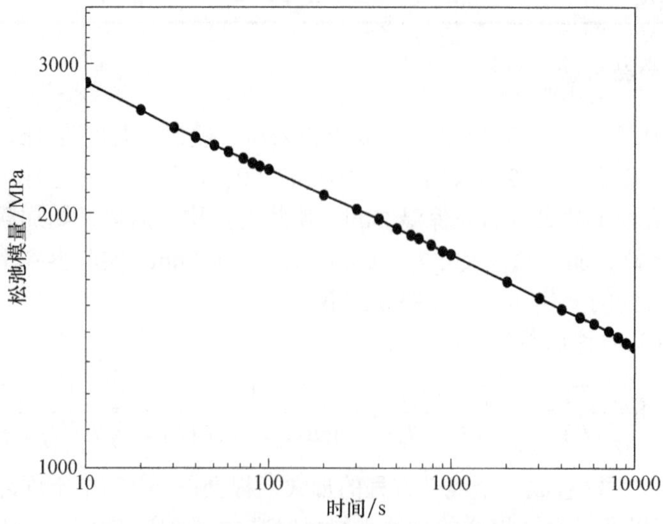

图 6.18　在参考温度 40℃下环氧树脂松弛模量随时间的变化曲线

6.2.3 晶胞模型有限元分析

纤维增强树脂基体复合材料的黏弹性材料属性的获取一直是一个研究热点。目前，主要有理论推导、实验测量和有限元模拟三种方法。理论推导的方法比较方便快捷，但是精确程度不高；实验测量的方法对于测量纤维增强树脂基体复合材料的黏弹性属性就比较复杂，因为纤维增强树脂基体复合材料是各向异性材料，它具有多个方向的拉伸模量和剪切模量，这就意味着需要多次测量才能获得完整的纤维增强树脂基体复合材料的黏弹性材料属性；基于均匀化原理的有限元法，只需测得树脂的黏弹性材料属性，再根据纤维的弹性材料属性（由于纤维的材料属性非常稳定，将纤维视为弹性材料），即可模拟出纤维增强树脂基体复合材料的黏弹性材料属性。

根据均匀化原理[39]，可以通过分析如图 6.19 所示的晶胞模型的力学性能，来获得碳纤维复合材料整体的力学性能。碳纤维的平均直径为 6.5μm，纤维的体积分数为 60%，则可计算晶胞的横截面尺寸为 8μm×8μm，这里取晶胞的厚度为 4μm。

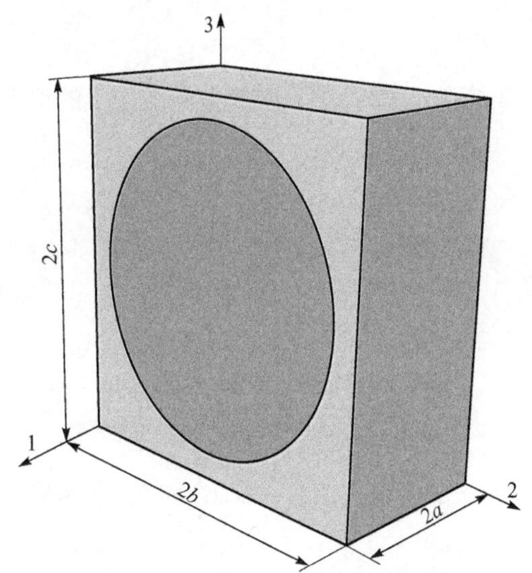

图 6.19　碳纤维复合材料晶胞模型

碳纤维复合材料是横观各向同性材料，其刚度矩阵是一个对称矩阵，因此应力松弛的刚度矩阵可以表示成如下形式[67]：

$$\begin{bmatrix}\bar{\sigma}_{11}(t)\\\bar{\sigma}_{22}(t)\\\bar{\sigma}_{33}(t)\\\bar{\sigma}_{23}(t)\\\bar{\sigma}_{12}(t)\\\bar{\sigma}_{13}(t)\end{bmatrix}=\begin{bmatrix}C_{11}(t)&C_{12}(t)&C_{12}(t)&0&0&0\\C_{12}(t)&C_{22}(t)&C_{23}(t)&0&0&0\\C_{12}(t)&C_{23}(t)&C_{22}(t)&0&0&0\\0&0&0&C_{44}(t)&0&0\\0&0&0&0&C_{55}(t)&0\\0&0&0&0&0&C_{55}(t)\end{bmatrix}\begin{bmatrix}\bar{\varepsilon}_{11}(t)\\\bar{\varepsilon}_{22}(t)\\\bar{\varepsilon}_{33}(t)\\\bar{\gamma}_{23}(t)\\\bar{\gamma}_{12}(t)\\\bar{\gamma}_{13}(t)\end{bmatrix}\tag{6.5}$$

1. 计算 $C_{11}(t)$和 $C_{12}(t)$

为了计算 $C_{11}(t)$和 $C_{12}(t)$，需要对晶胞模型施加如下的边界条件：

$$\begin{aligned}&u_1(0,2,3)=0\\&u_1(2a,2,3)=d_1\\&u_2(1,0,3)=u_2(1,2b,3)=0\\&u_3(1,2,0)=u_3(1,2,2c)=0\end{aligned} \tag{6.6}$$

式中，u_1、u_2、u_3 表示在方向 1、2、3 上的位移；d_1 为恒定值，则可以得到

$$C_{11}(t)=\frac{\bar{\sigma}_{11}(t)}{\bar{\varepsilon}_{11}(t)},\quad C_{12}(t)=\frac{\bar{\sigma}_{22}(t)}{\bar{\varepsilon}_{11}(t)} \tag{6.7}$$

式中，$\bar{\varepsilon}_{11}(t)=d_1/(2a)$ 为施加的恒定应变；$\bar{\sigma}_{11}(t)$ 与 $\bar{\sigma}_{22}(t)$ 为整个模型上所有单元的平均应力。

2. 计算 $C_{22}(t)$和 $C_{23}(t)$

为了计算 $C_{22}(t)$和 $C_{23}(t)$，需要对晶胞模型施加如下的边界条件：

$$\begin{aligned}&u_1(0,2,3)=u_1(2a,2,3)=0\\&u_2(1,0,3)=0\\&u_2(1,2b,3)=d_2\\&u_3(1,2,0)=u_3(1,2,2c)=0\end{aligned} \tag{6.8}$$

式中，d_2 为恒定值，可以得到

$$C_{22}(t)=\frac{\bar{\sigma}_{22}(t)}{\bar{\varepsilon}_{22}(t)},\quad C_{23}(t)=\frac{\bar{\sigma}_{33}(t)}{\bar{\varepsilon}_{22}(t)} \tag{6.9}$$

式中，$\bar{\varepsilon}_{22}(t)=d_2/(2b)$ 为施加的恒定应变；$\bar{\sigma}_{22}(t)$ 和 $\bar{\sigma}_{33}(t)$ 为整个模型上所有单元的平均应力。

3. 计算 $C_{44}(t)$

为了计算 $C_{44}(t)$，需要建立一个如图 6.20 所示的二维平面模型，所需施加的边界条件为

$$\begin{aligned}&u_2(-b,3)=u_2(b,3)=0\\&u_3(-b,3)=u_3(b,3)=0\\&u_2(2,-c)=u_2(2,c)=0\\&u_3(2,-c)=u_3(2,c)=0\end{aligned} \tag{6.10}$$

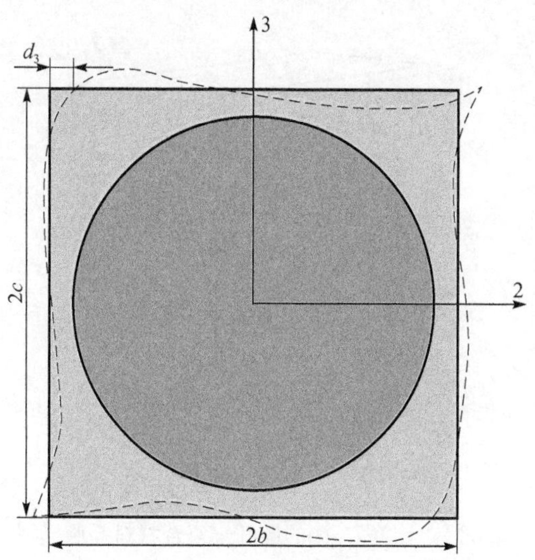

图 6.20　碳纤维复合材料晶胞的二维模型

另外，还需要使 $u_2(0,0)=u_3(0,0)=0$，从而固定中心点来消除刚体位移。再对每个角落的节点施加一个恒定的水平位移 d_3，则可得

$$C_{44}(t)=\frac{\overline{\sigma}_{23}(t)}{\overline{\gamma}_{23}(t)} \tag{6.11}$$

式中，$\overline{\gamma}_{23}(t)=d_3/c$ 为施加的恒定应变；$\overline{\sigma}_{23}(t)$ 为整个模型上所有单元的平均力。

4. 计算 $C_{55}(t)$

为了计算 $C_{11}(t)$和 $C_{12}(t)$，需要对如图 6.21 所示的晶胞模型施加如下的边界条件：

$$\begin{aligned}
&u_1(0,2,3)=u_1(a,2,3)\\
&u_2(0,2,3)=u_2(a,2,3)\\
&u_3(0,2,3)=u_3(a,2,3)\\
&u_1(1,2,0)=u_2(1,2,0)=u_3(1,2,0)=0\\
&u_1(1,2,2c)=d_4\\
&u_1(1,2,2c)=0
\end{aligned} \tag{6.12}$$

式中，d_4 为恒定值，可以得到

$$C_{55}(t)=\frac{\overline{\sigma}_{12}(t)}{\overline{\gamma}_{12}(t)} \tag{6.13}$$

式中，$\overline{\gamma}_{12}(t)=d_4/(2c)$ 为施加的恒定应变；$\overline{\sigma}_{12}(t)$ 为整个模型上所有单元的平均应力。

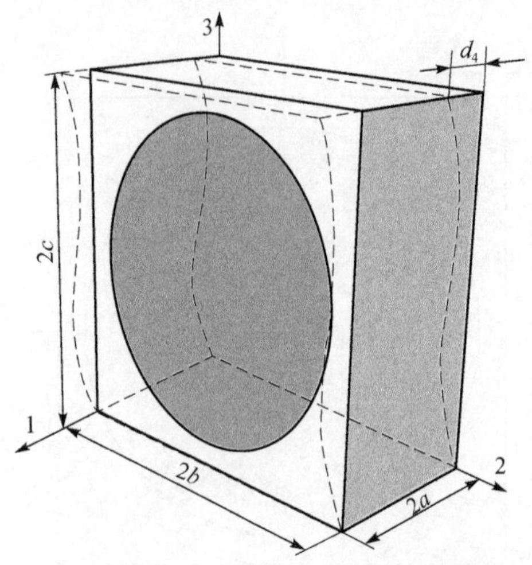

图 6.21　计算 $C_{55}(t)$的碳纤维复合材料晶胞模型

5. 松弛模量计算

根据上述模型和边界条件，可以计算得到各刚度系数随时间变化的曲线，如图 6.22 所示，再利用松弛模量与刚度系数的关系以及 Maxwell 模型，可以得到：碳纤维复合材料的黏弹性材料属性（式（6.14）），其中的系数通过线性拟合[68]得到：

$$\begin{aligned}
&E_1(t) = (E_1)_0 \mathrm{e}^{-t/\tau_1} \\
&E_2(t) = E_3(t) = (E_2)_0 \mathrm{e}^{-t/\tau_2} \\
&G_{12}(t) = G_{13}(t) = (G_{12})_0 \mathrm{e}^{-t/\tau_{12}} \\
&G_{23}(t) = (G_{23})_0 \mathrm{e}^{-t/\tau_{23}}
\end{aligned} \tag{6.14}$$

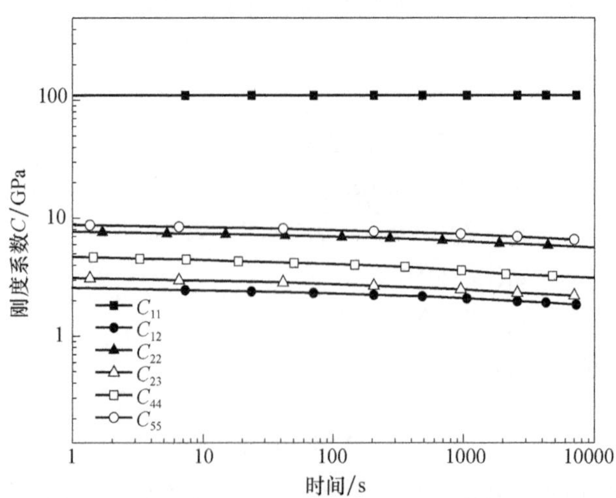

图 6.22　碳纤维复合材料的刚度系数随时间变化关系

6.3　双稳态结构黏弹性理论

6.3.1　理论基础

1. 玻尔兹曼叠加原理

由 6.2 节可知，松弛过程的应力应变关系为$\sigma(t)=E(t)\varepsilon_1$，其中应变为一恒定值，但是在实际的场合下，物体所承受的载荷一般不是恒定应变而是复杂很多的随时间变化的$\varepsilon(t)$。这时上面的关系式就不适用了，需要用到玻尔兹曼叠加原理[69,70]，将$\varepsilon(t)$这个随时间变化的应变微元化，在每个微元内的时间段里的应变看成是恒定的，也就可以看成一个应力松弛过程，再将每个微元里应力的结果线性叠加，从而得到整个时间段的应力-应变关系[71]：

$$\sigma(t)=\int_0^t E(t-s)\frac{\mathrm{d}\varepsilon}{\mathrm{d}s}\mathrm{d}s \tag{6.15}$$

2. 黏弹性模型下的经典层合板理论

虽然经典层合板理论是在弹性模型的前提下得到的，但是黏弹性模型和弹性模型还是存在一定的相似性，因此这里需要推导出经典层合板理论在线性黏弹性模型下的表现形式。

复合材料层合结构是由多层单层板按一定的铺设角度组成的，其中每一层单层板在材料主方向的应力-应变关系为[72]

$$\begin{bmatrix}\sigma_1(t)\\ \sigma_2(t)\\ \tau_{12}(t)\end{bmatrix}=\int_0^t \boldsymbol{Q}(t-s)\boldsymbol{\varepsilon}'(s)\mathrm{d}s$$

$$=\int_0^t\begin{bmatrix}Q_{11}(t-s) & Q_{12}(t-s) & 0\\ Q_{21}(t-s) & Q_{22}(t-s) & 0\\ 0 & 0 & Q_{66}(t-s)\end{bmatrix}\begin{bmatrix}\varepsilon_1'(s)\\ \varepsilon_2'(s)\\ \gamma_{12}'(s)\end{bmatrix}\mathrm{d}s \tag{6.16}$$

其中

$$Q_{11}(t)=\frac{E_1(t)}{1-v_{12}v_{21}},\quad Q_{22}(t)=\frac{E_2(t)}{1-v_{12}v_{21}},\quad Q_{12}(t)=\frac{v_{12}E_2(t)}{1-v_{12}v_{21}}=\frac{v_{21}E_1(t)}{1-v_{12}v_{21}},\quad Q_{66}(t)=G_{12}(t)。$$

$$\begin{bmatrix}\sigma_x(t)\\ \sigma_y(t)\\ \tau_{xy}(t)\end{bmatrix}=\int_0^t\begin{bmatrix}\bar{Q}_{11}(t-s) & \bar{Q}_{12}(t-s) & 0\\ \bar{Q}_{21}(t-s) & \bar{Q}_{22}(t-s) & 0\\ 0 & 0 & \bar{Q}_{66}(t-s)\end{bmatrix}\begin{bmatrix}\varepsilon_x'(s)\\ \varepsilon_y'(s)\\ \gamma_{xy}'(s)\end{bmatrix}\mathrm{d}s \tag{6.17}$$

式中，$\bar{\boldsymbol{Q}}(t)$ 为刚度矩阵 $\boldsymbol{Q}(t)$ 的转换矩阵，且转换关系为

$$\begin{bmatrix} \bar{Q}_{11}(t) \\ \bar{Q}_{22}(t) \\ \bar{Q}_{12}(t) \\ \bar{Q}_{66}(t) \\ \bar{Q}_{16}(t) \\ \bar{Q}_{26}(t) \end{bmatrix} = \begin{bmatrix} m^4 & n^4 & 2m^2n^2 & 4m^2n^2 \\ n^4 & m^4 & 2m^2n^2 & 4m^2n^2 \\ m^2n^2 & m^2n^2 & m^4+n^4 & -4m^2n^2 \\ m^2n^2 & m^2n^2 & -2m^2n^2 & (m^2-n^2)^2 \\ m^3n & -mn^3 & m^3n-mn^3 & 2(mn^3-m^3n) \\ mn^3 & -m^3n & mn^3-m^3n & 2(m^3n-mn^3) \end{bmatrix} \begin{bmatrix} Q_{11}(t) \\ Q_{22}(t) \\ Q_{12}(t) \\ Q_{66}(t) \end{bmatrix} \tag{6.18}$$

复合材料层合板横截面上的内力为

$$\begin{bmatrix} N_x(t) \\ N_y(t) \\ N_{xy}(t) \end{bmatrix} = \int_{-\frac{\text{th}}{2}}^{\frac{\text{th}}{2}} \begin{bmatrix} \sigma_x(t) \\ \sigma_y(t) \\ \tau_{xy}(t) \end{bmatrix} \mathrm{d}z, \quad \begin{bmatrix} M_x(t) \\ M_y(t) \\ M_{xy}(t) \end{bmatrix} = \int_{-\frac{\text{th}}{2}}^{\frac{\text{th}}{2}} \begin{bmatrix} \sigma_x(t) \\ \sigma_y(t) \\ \tau_{xy}(t) \end{bmatrix} z\mathrm{d}z \tag{6.19}$$

式中，th 为层合板单层的厚度。

对于由 n 层不同铺设角度的复合材料单层板构成的复合材料层合板，其应力沿层合板的厚度方向是不连续分布的，因此只能通过分层积分然后逐层累加求和，得

$$\begin{bmatrix} N_x(t) \\ N_y(t) \\ N_{xy}(t) \end{bmatrix} = \sum_{i=1}^{n} \int_{z_{i-1}}^{z_i} \begin{bmatrix} \sigma_x(t) \\ \sigma_y(t) \\ \tau_{xy}(t) \end{bmatrix}_i \mathrm{d}z \tag{6.20}$$

$$\begin{bmatrix} M_x(t) \\ M_y(t) \\ M_{xy}(t) \end{bmatrix} = \sum_{i=1}^{n} \int_{z_{i-1}}^{z_i} \begin{bmatrix} \sigma_x(t) \\ \sigma_y(t) \\ \tau_{xy}(t) \end{bmatrix}_i z\mathrm{d}z \tag{6.21}$$

复合材料层合板的几何方程为

$$\begin{bmatrix} \varepsilon_x(t) \\ \varepsilon_y(t) \\ \gamma_{xy}(t) \end{bmatrix} = \begin{bmatrix} \varepsilon_x^0(t) \\ \varepsilon_y^0(t) \\ \gamma_{xy}^0(t) \end{bmatrix} + z \begin{bmatrix} k_x(t) \\ k_y(t) \\ k_{xy}(t) \end{bmatrix} \tag{6.22}$$

式中，$\varepsilon_x^0(t)$、$\varepsilon_y^0(t)$、$\gamma_{xy}^0(t)$ 为中面应变；$k_x(t)$、$k_y(t)$为中面弯曲挠曲率；$k_{xy}(t)$为中面扭曲率；该六个量均与 z 坐标无关。

将单层板应力-应变关系式（6.17）及层合板几何方程（6.22）代入式（6.19），得

$$\begin{bmatrix} N_x(t) \\ N_y(t) \\ N_{xy}(t) \end{bmatrix} = \sum_{i=1}^{n} \int_{z_{i-1}}^{z_i} \int_0^t \bar{\boldsymbol{Q}}(t-s)_i \left(\begin{bmatrix} \dfrac{\mathrm{d}\varepsilon_x^0(s)}{\mathrm{d}s} \\ \dfrac{\mathrm{d}\varepsilon_y^0(s)}{\mathrm{d}s} \\ \dfrac{\mathrm{d}\gamma_{xy}^0(s)}{\mathrm{d}s} \end{bmatrix} + z_i \begin{bmatrix} \dfrac{\mathrm{d}k_x(s)}{\mathrm{d}s} \\ \dfrac{\mathrm{d}k_y(s)}{\mathrm{d}s} \\ \dfrac{\mathrm{d}k_{xy}(s)}{\mathrm{d}s} \end{bmatrix} \right) \mathrm{d}s\mathrm{d}z$$

$$= \sum_{i=1}^{n} \left((z_i - z_{i-1}) \int_0^t \bar{\boldsymbol{Q}}(t-s)_i \begin{bmatrix} \dfrac{\mathrm{d}\varepsilon_x^0(s)}{\mathrm{d}s} \\ \dfrac{\mathrm{d}\varepsilon_y^0(s)}{\mathrm{d}s} \\ \dfrac{\mathrm{d}\gamma_{xy}^0(s)}{\mathrm{d}s} \end{bmatrix} \mathrm{d}s + \frac{z_i^2 - z_{i-1}^2}{2} \int_0^t \bar{\boldsymbol{Q}}(t-s)_i \begin{bmatrix} \dfrac{\mathrm{d}k_x(s)}{\mathrm{d}s} \\ \dfrac{\mathrm{d}k_y(s)}{\mathrm{d}s} \\ \dfrac{\mathrm{d}k_{xy}(s)}{\mathrm{d}s} \end{bmatrix} \mathrm{d}s \right)$$

$$= \int_0^t \begin{bmatrix} A_{11}(t-s) & A_{12}(t-s) & A_{16}(t-s) \\ A_{12}(t-s) & A_{22}(t-s) & A_{26}(t-s) \\ A_{16}(t-s) & A_{26}(t-s) & A_{66}(t-s) \end{bmatrix} \begin{bmatrix} \dfrac{\mathrm{d}\varepsilon_x^0(s)}{\mathrm{d}s} \\ \dfrac{\mathrm{d}\varepsilon_y^0(s)}{\mathrm{d}s} \\ \dfrac{\mathrm{d}\gamma_{xy}^0(s)}{\mathrm{d}s} \end{bmatrix} \mathrm{d}s$$

$$+ \int_0^t \begin{bmatrix} B_{11}(t-s) & B_{12}(t-s) & B_{16}(t-s) \\ B_{12}(t-s) & B_{22}(t-s) & B_{26}(t-s) \\ B_{16}(t-s) & B_{26}(t-s) & B_{66}(t-s) \end{bmatrix} \begin{bmatrix} \dfrac{\mathrm{d}k_x(s)}{\mathrm{d}s} \\ \dfrac{\mathrm{d}k_y(s)}{\mathrm{d}s} \\ \dfrac{\mathrm{d}k_{xy}(s)}{\mathrm{d}s} \end{bmatrix} \mathrm{d}s \tag{6.23}$$

同理，得

$$\begin{bmatrix} M_x(t) \\ M_y(t) \\ M_{xy}(t) \end{bmatrix} = \int_0^t \begin{bmatrix} B_{11}(t-s) & B_{12}(t-s) & B_{16}(t-s) \\ B_{12}(t-s) & B_{22}(t-s) & B_{26}(t-s) \\ B_{16}(t-s) & B_{26}(t-s) & B_{66}(t-s) \end{bmatrix} \begin{bmatrix} \dfrac{\mathrm{d}\varepsilon_x^0(s)}{\mathrm{d}s} \\ \dfrac{\mathrm{d}\varepsilon_y^0(s)}{\mathrm{d}s} \\ \dfrac{\mathrm{d}\gamma_{xy}^0(s)}{\mathrm{d}s} \end{bmatrix} \mathrm{d}s$$

$$+\int_0^t \begin{bmatrix} D_{11}(t-s) & D_{12}(t-s) & D_{16}(t-s) \\ D_{12}(t-s) & D_{22}(t-s) & D_{26}(t-s) \\ D_{16}(t-s) & D_{26}(t-s) & D_{66}(t-s) \end{bmatrix} \begin{bmatrix} \dfrac{\mathrm{d}k_x(s)}{\mathrm{d}s} \\ \dfrac{\mathrm{d}k_y(s)}{\mathrm{d}s} \\ \dfrac{\mathrm{d}k_{xy}(s)}{\mathrm{d}s} \end{bmatrix} \mathrm{d}s \tag{6.24}$$

式中，z_i 为第 i 层至层合板中面的 z 轴坐标。

可将式（6.23）和式（6.24）表示为

$$\begin{bmatrix} \boldsymbol{N}(t) \\ \boldsymbol{M}(t) \end{bmatrix} = \int_0^t \begin{bmatrix} \boldsymbol{A}(t-s) & \boldsymbol{B}(t-s) \\ \boldsymbol{B}(t-s) & \boldsymbol{D}(t-s) \end{bmatrix} \frac{\mathrm{d}\varepsilon(s)}{\mathrm{d}s} \mathrm{d}s \tag{6.25}$$

式中

$$\begin{aligned} \boldsymbol{A}(t) &= \begin{bmatrix} A_{11}(t) & A_{12}(t) & A_{16}(t) \\ A_{12}(t) & A_{22}(t) & A_{26}(t) \\ A_{16}(t) & A_{26}(t) & A_{66}(t) \end{bmatrix} = \sum_{i=1}^{n} \bar{\boldsymbol{Q}}(t)_i (z_i - z_{i-1}) \\ \boldsymbol{B}(t) &= \begin{bmatrix} B_{11}(t) & B_{12}(t) & B_{16}(t) \\ B_{12}(t) & B_{22}(t) & B_{26}(t) \\ B_{16}(t) & B_{26}(t) & B_{66}(t) \end{bmatrix} = \sum_{i=1}^{n} \bar{\boldsymbol{Q}}(t)_i \left(\frac{z_i^2 - z_{i-1}^2}{2} \right) \\ \boldsymbol{D}(t) &= \begin{bmatrix} D_{11}(t) & D_{12}(t) & D_{16}(t) \\ D_{12}(t) & D_{22}(t) & D_{26}(t) \\ D_{16}(t) & D_{26}(t) & D_{66}(t) \end{bmatrix} = \sum_{i=1}^{n} \bar{\boldsymbol{Q}}(t)_i \left(\frac{z_i^3 - z_{i-1}^3}{3} \right) \end{aligned} \tag{6.26}$$

由于板壳结构[73, 74]在实际过程中应变的变化规律是非常复杂的，呈现出很强的非线性，这里需要对应变进行简化，假设所施加的应变为阶跃应变，即

$$\begin{cases} \varepsilon(t) = 0, & 0 \leqslant t < \Delta t \\ \varepsilon(t) = \varepsilon_1, & t \geqslant \Delta t \end{cases}, \quad \Delta t \to 0 \tag{6.27}$$

则式（6.25）可转化为

$$\begin{aligned} \begin{bmatrix} \boldsymbol{N}(t) \\ \boldsymbol{M}(t) \end{bmatrix} &= \int_0^t \begin{bmatrix} \boldsymbol{A}(t-s) & \boldsymbol{B}(t-s) \\ \boldsymbol{B}(t-s) & \boldsymbol{D}(t-s) \end{bmatrix} \frac{\mathrm{d}\varepsilon(s)}{\mathrm{d}s} \mathrm{d}s \\ &= \int_0^{\Delta t} \begin{bmatrix} \boldsymbol{A}(t-s) & \boldsymbol{B}(t-s) \\ \boldsymbol{B}(t-s) & \boldsymbol{D}(t-s) \end{bmatrix} \frac{\mathrm{d}\varepsilon(s)}{\mathrm{d}s} \mathrm{d}s + \int_{\Delta t}^t \begin{bmatrix} \boldsymbol{A}(t-s) & \boldsymbol{B}(t-s) \\ \boldsymbol{B}(t-s) & \boldsymbol{D}(t-s) \end{bmatrix} \frac{\mathrm{d}\varepsilon(s)}{\mathrm{d}s} \mathrm{d}s \end{aligned} \tag{6.28}$$

因为在$[\Delta t,t]$内，$\varepsilon(t)=\varepsilon_1$为恒定值，$\dfrac{\mathrm{d}\varepsilon(s)}{\mathrm{d}s}\mathrm{d}s = 0 \Rightarrow \int_{\Delta t}^t \begin{bmatrix} \boldsymbol{A}(t-s) & \boldsymbol{B}(t-s) \\ \boldsymbol{B}(t-s) & \boldsymbol{D}(t-s) \end{bmatrix} \dfrac{\mathrm{d}\varepsilon(s)}{\mathrm{d}s}\mathrm{d}s = 0$，

则式（6.28）可化为

$$
\begin{aligned}
\begin{bmatrix} \boldsymbol{N}(t) \\ \boldsymbol{M}(t) \end{bmatrix} &= \int_0^{\Delta t} \begin{bmatrix} \boldsymbol{A}(t-s) & \boldsymbol{B}(t-s) \\ \boldsymbol{B}(t-s) & \boldsymbol{D}(t-s) \end{bmatrix} \frac{\mathrm{d}\varepsilon(s)}{\mathrm{d}s} \mathrm{d}s \\
&= \int_0^{\Delta t} \begin{bmatrix} \boldsymbol{A}(t-s) & \boldsymbol{B}(t-s) \\ \boldsymbol{B}(t-s) & \boldsymbol{D}(t-s) \end{bmatrix} \mathrm{d}\varepsilon(s) \\
&= \left(\begin{bmatrix} \boldsymbol{A}(t-s) & \boldsymbol{B}(t-s) \\ \boldsymbol{B}(t-s) & \boldsymbol{D}(t-s) \end{bmatrix} \varepsilon(s) \right)_0^{\Delta t} - \int_0^{\Delta t} \varepsilon(s) \mathrm{d} \begin{bmatrix} \boldsymbol{A}(t-s) & \boldsymbol{B}(t-s) \\ \boldsymbol{B}(t-s) & \boldsymbol{D}(t-s) \end{bmatrix} \\
&= \begin{bmatrix} \boldsymbol{A}(t-\Delta t) & \boldsymbol{B}(t-\Delta t) \\ \boldsymbol{B}(t-\Delta t) & \boldsymbol{D}(t-\Delta t) \end{bmatrix} \varepsilon(\Delta t) - \begin{bmatrix} \boldsymbol{A}(t) & \boldsymbol{B}(t) \\ \boldsymbol{B}(t) & \boldsymbol{D}(t) \end{bmatrix} \varepsilon(0) \\
&\quad - \int_0^{\Delta t} \varepsilon(s) \mathrm{d} \begin{bmatrix} \boldsymbol{A}(t-s) & \boldsymbol{B}(t-s) \\ \boldsymbol{B}(t-s) & \boldsymbol{D}(t-s) \end{bmatrix}
\end{aligned} \tag{6.29}
$$

式中

$$
\begin{bmatrix} \boldsymbol{A}(t) & \boldsymbol{B}(t) \\ \boldsymbol{B}(t) & \boldsymbol{D}(t) \end{bmatrix} \times \varepsilon(0) = \begin{bmatrix} \boldsymbol{A}(t) & \boldsymbol{B}(t) \\ \boldsymbol{B}(t) & \boldsymbol{D}(t) \end{bmatrix} \times 0 = 0 \tag{6.30}
$$

$$
\lim_{\Delta t \to 0} \begin{bmatrix} \boldsymbol{A}(t-s) & \boldsymbol{B}(t-s) \\ \boldsymbol{B}(t-s) & \boldsymbol{D}(t-s) \end{bmatrix} \times \varepsilon(\Delta t) = \begin{bmatrix} \boldsymbol{A}(t) & \boldsymbol{B}(t) \\ \boldsymbol{B}(t) & \boldsymbol{D}(t) \end{bmatrix} \times \varepsilon_1 \tag{6.31}
$$

$$
\lim_{\Delta t \to 0} \int_0^{\Delta t} \varepsilon(s) \mathrm{d} \begin{bmatrix} \boldsymbol{A}(t-s) & \boldsymbol{B}(t-s) \\ \boldsymbol{B}(t-s) & \boldsymbol{D}(t-s) \end{bmatrix} = 0 \tag{6.32}
$$

则最终可得

$$
\begin{bmatrix} \boldsymbol{N}^{\mathrm{M}}(t) \\ \boldsymbol{M}^{\mathrm{M}}(t) \end{bmatrix} = \begin{bmatrix} \boldsymbol{A}(t) & \boldsymbol{B}(t) \\ \boldsymbol{B}(t) & \boldsymbol{D}(t) \end{bmatrix} \times \varepsilon_1 = \begin{bmatrix} \boldsymbol{A}(t) & \boldsymbol{B}(t) \\ \boldsymbol{B}(t) & \boldsymbol{D}(t) \end{bmatrix} \begin{bmatrix} \boldsymbol{\varepsilon}^0 \\ \boldsymbol{k} \end{bmatrix} \tag{6.33}
$$

3. 考虑温度因素的层合板刚度关系

正交各向异性复合材料层合板在不受外部载荷的情况下，当温度变化为$\Delta T(t)$时，单层板材料主方向的热膨胀应变[75,76]为

$$
\begin{bmatrix} \varepsilon_1^{\mathrm{T}}(t) \\ \varepsilon_2^{\mathrm{T}}(t) \\ \gamma_{12}^{\mathrm{T}}(t) \end{bmatrix} = \begin{bmatrix} \alpha_1 \\ \alpha_2 \\ 0 \end{bmatrix} \Delta T(t) \tag{6.34}
$$

在自然坐标系下的热膨胀应变为

$$
\begin{bmatrix} \varepsilon_x^{\mathrm{T}}(t) \\ \varepsilon_y^{\mathrm{T}}(t) \\ \gamma_{xy}^{\mathrm{T}}(t) \end{bmatrix} = \begin{bmatrix} \alpha_x \\ \alpha_y \\ \alpha_{xy} \end{bmatrix} \Delta T(t) \tag{6.35}
$$

式中，α_x、α_y 和 α_{xy} 为 x、y 方向及 x-y 平面的热膨胀系数。

这里为简化计算，假设升温过程也为阶跃过程，即

$$\begin{cases}\Delta T(t)=0, & 0\leqslant t<\Delta t\\ \Delta T(t)=\Delta T_1, & t\geqslant \Delta t\end{cases},\quad \Delta t\to 0 \tag{6.36}$$

由温度产生的内力和内力矩与应变关系，可得

$$\begin{bmatrix}N_x^{\mathrm{T}}(t)\\ N_y^{\mathrm{T}}(t)\\ N_{xy}^{\mathrm{T}}(t)\end{bmatrix}=\sum_{i=1}^{n}\int_{z_{i-1}}^{z_i}\int_0^t\begin{bmatrix}Q_{11}(t-s) & Q_{12}(t-s) & Q_{16}(t-s)\\ Q_{21}(t-s) & Q_{22}(t-s) & Q_{26}(t-s)\\ Q_{61}(t-s) & Q_{62}(t-s) & Q_{66}(t-s)\end{bmatrix}_i\begin{bmatrix}\alpha_x\\ \alpha_y\\ \alpha_{xy}\end{bmatrix}_i\frac{\mathrm{d}\Delta T(s)}{\mathrm{d}s}\mathrm{d}s\mathrm{d}z \tag{6.37}$$

$$\begin{bmatrix}M_x^{\mathrm{T}}(t)\\ M_y^{\mathrm{T}}(t)\\ M_{xy}^{\mathrm{T}}(t)\end{bmatrix}=\sum_{i=1}^{n}\int_{z_{i-1}}^{z_i}\int_0^t\begin{bmatrix}Q_{11}(t-s) & Q_{12}(t-s) & Q_{16}(t-s)\\ Q_{21}(t-s) & Q_{22}(t-s) & Q_{26}(t-s)\\ Q_{61}(t-s) & Q_{62}(t-s) & Q_{66}(t-s)\end{bmatrix}_i\begin{bmatrix}\alpha_x\\ \alpha_y\\ \alpha_{xy}\end{bmatrix}_i\frac{\mathrm{d}\Delta T(s)}{\mathrm{d}s}\mathrm{d}sz\mathrm{d}z \tag{6.38}$$

由于温度影响下的本构方程为

$$\begin{bmatrix}\boldsymbol{N}^{\mathrm{T}}(t)\\ \boldsymbol{M}^{\mathrm{T}}(t)\end{bmatrix}=\begin{bmatrix}\boldsymbol{A}(t) & \boldsymbol{B}(t)\\ \boldsymbol{B}(t) & \boldsymbol{D}(t)\end{bmatrix}\begin{bmatrix}\alpha_x\\ \alpha_y\\ \alpha_{xy}\end{bmatrix}_i\Delta T_1=\begin{bmatrix}\boldsymbol{A}(t) & \boldsymbol{B}(t)\\ \boldsymbol{B}(t) & \boldsymbol{D}(t)\end{bmatrix}\begin{bmatrix}\boldsymbol{\varepsilon}^{0\mathrm{T}}\\ \boldsymbol{k}^{\mathrm{T}}\end{bmatrix} \tag{6.39}$$

则得到温度产生的应变和曲率为

$$\begin{bmatrix}\boldsymbol{\varepsilon}^{0\mathrm{T}}\\ \boldsymbol{k}^{\mathrm{T}}\end{bmatrix}=\begin{bmatrix}\boldsymbol{A}(t) & \boldsymbol{B}(t)\\ \boldsymbol{B}(t) & \boldsymbol{D}(t)\end{bmatrix}^{-1}\begin{bmatrix}\boldsymbol{N}^{\mathrm{T}}(t)\\ \boldsymbol{M}^{\mathrm{T}}(t)\end{bmatrix} \tag{6.40}$$

由于温度对反对称铺设圆柱壳结构的影响，考虑温度影响情况下的本构方程包括机械载荷和温度载荷两部分产生的应变与曲率，其表达式为

$$\begin{bmatrix}\boldsymbol{N}(t)\\ \boldsymbol{M}(t)\end{bmatrix}=\begin{bmatrix}\boldsymbol{N}^{\mathrm{M}}(t)+\boldsymbol{N}^{\mathrm{T}}(t)\\ \boldsymbol{M}^{\mathrm{M}}(t)+\boldsymbol{M}^{\mathrm{T}}(t)\end{bmatrix}=\begin{bmatrix}\boldsymbol{A}(t) & \boldsymbol{B}(t)\\ \boldsymbol{B}(t) & \boldsymbol{D}(t)\end{bmatrix}\begin{bmatrix}\boldsymbol{\varepsilon}^{0}\\ \boldsymbol{k}\end{bmatrix}=\begin{bmatrix}\boldsymbol{A}(t) & \boldsymbol{B}(t)\\ \boldsymbol{B}(t) & \boldsymbol{D}(t)\end{bmatrix}\begin{bmatrix}\boldsymbol{\varepsilon}^{0\mathrm{M}}+\boldsymbol{\varepsilon}^{0\mathrm{T}}\\ \boldsymbol{k}^{\mathrm{M}}+\boldsymbol{k}^{\mathrm{T}}\end{bmatrix} \tag{6.41}$$

6.3.2　双稳态结构黏弹性理论模型

由于反对称铺设圆柱壳结构具有两个稳定状态，可以从能量角度出发求解出两个稳态解，即总应变能的两个极小值。其中，双稳态理论模型包括两个方面，一个为弯曲应变能密度 u_{b}，另一个为拉伸应变能密度 u_{s}。两个应变能密度的表达式为[77]

$$u_{\mathrm{b}}(t)=\frac{1}{2}(M_x(t)k_x+M_y(t)k_y+M_{xy}(t)k_{xy}) \tag{6.42}$$

$$u_{\mathrm{s}}(t)=\frac{1}{2}(N_x(t)\varepsilon_x^0+N_y(t)\varepsilon_y^0+N_{xy}(t)\gamma_{xy}^0) \tag{6.43}$$

由式（6.33）代入得

$$\begin{aligned}u_{\mathrm{b}}(t)=&\frac{1}{2}(B_{16}(t)\gamma_{xy}k_x+D_{11}(t)k_x^2+D_{12}(t)k_xk_y+B_{26}(t)\gamma_{xy}k_y+D_{12}(t)k_xk_y\\&+D_{22}(t)k_y^2+B_{16}(t)\varepsilon_xk_{xy}+B_{26}(t)\varepsilon_yk_{xy}+D_{66}(t)k_{xy}^2)\end{aligned} \tag{6.44}$$

$$\begin{aligned}u_{\mathrm{s}}(t)=&\frac{1}{2}(A_{11}(t)\varepsilon_x^2+A_{12}(t)\varepsilon_x\varepsilon_y+B_{16}(t)\varepsilon_xk_{xy}+A_{12}(t)\varepsilon_x\varepsilon_y+A_{22}(t)\varepsilon_y^2\\&+B_{26}(t)\varepsilon_yk_{xy}+A_{66}(t)\gamma_{xy}^2+B_{16}(t)\gamma_{xy}k_x+B_{26}(t)\gamma_{xy}k_y)\end{aligned} \tag{6.45}$$

则总的应变能密度为

$$u=u_{\mathrm{s}}+u_{\mathrm{b}} \tag{6.46}$$

温度产生的应变及曲率由式（6.35）所得，把 $\varepsilon_x=\varepsilon_x^0+\varepsilon_x^{\mathrm{T}}$，$\varepsilon_y=\varepsilon_y^0+\varepsilon_y^{\mathrm{T}}$，$k_x=k_{x2}-k_x^{\mathrm{T}}$，$k_y=k_{y2}-1/R_1-k_y^{\mathrm{T}}$，$k_{xy}=k_{xy2}-k_{xy}^{\mathrm{T}}$，$\varepsilon_y\approx 0$ 代入式（2.24），可得

$$\begin{aligned}u=&\frac{1}{2}\Big[A_{11}(t)(\varepsilon_x^0)^2+2A_{11}(t)\varepsilon_x^0\varepsilon_x^{\mathrm{T}}+A_{11}(t)(\varepsilon_x^{\mathrm{T}})^2+2A_{12}(t)(\varepsilon_x^0+\varepsilon_x^{\mathrm{T}})\varepsilon_y^{\mathrm{T}}\\&+2B_{16}(t)(\varepsilon_x^0+\varepsilon_x^{\mathrm{T}})(k_{xy2}-k_{xy}^{\mathrm{T}})+2B_{26}(t)\varepsilon_y^{\mathrm{T}}(k_{xy2}-k_{xy}^{\mathrm{T}})+A_{22}(t)(\varepsilon_y^{\mathrm{T}})^2\\&+\left(D_{11}(t)+B_{16}(t)B_{61}'(t)\right)\left(k_{x2}-k_x^{\mathrm{T}}\right)^2+\left(2D_{12}(t)+B_{16}(t)B_{62}'(t)\right.\\&\left.+B_{26}(t)B_{61}'(t)\right)\left(k_{x2}-k_x^{\mathrm{T}}\right)\left(k_{y2}-1/R_1-k_y^{\mathrm{T}}\right)\\&+\left(D_{22}(t)+B_{26}(t)B_{62}'(t)\right)\left(k_{y2}-1/R_1-k_y^{\mathrm{T}}\right)^2+D_{66}(t)\left(k_{xy2}-k_{xy}^{\mathrm{T}}\right)^2\Big]\end{aligned} \tag{6.47}$$

式中，k_{x2} 和 k_{y2} 分别为圆柱壳第二稳态 x、y 方向上的主曲率；k_{xy2} 为圆柱壳第二稳态的扭曲率。

把 $\varepsilon_x^0=\left[\dfrac{2\sin(\beta R_1k_{y2}/2)}{\beta R_1k_{y2}^2}-\dfrac{\cos\theta}{k_{y2}}\right]k_{x2}$ [78]代入式（6.47），并积分得到总的应变能表达式为

$$\begin{aligned}U=&\frac{1}{2}LA_{11}(t)\left[\frac{\beta R_1k_{x2}^2}{2k_{y2}^2}+\frac{\sin\left(\beta R_1k_{y2}\right)k_{x2}^2}{2k_{y2}^3}-\frac{4\sin^2\left(\dfrac{\beta R_1k_{y2}}{2}\right)k_{x2}^2}{\beta R_1k_{y2}^4}\right]+\frac{1}{2}\beta R_1L\Big[A_{11}(t)\left(\varepsilon_x^{\mathrm{T}}\right)^2\\&+2A_{12}(t)\varepsilon_x^{\mathrm{T}}\varepsilon_y^{\mathrm{T}}+A_{22}(t)\left(\varepsilon_y^{\mathrm{T}}\right)^2+2B_{16}(t)\varepsilon_x^{\mathrm{T}}\left(k_{xy2}-k_{xy}^{\mathrm{T}}\right)\\&+\left(D_{11}(t)+B_{16}(t)B_{61}'(t)\right)\left(k_{x2}-k_x^{\mathrm{T}}\right)^2\\&+\left(2D_{12}(t)+B_{16}(t)B_{62}'(t)+B_{26}(t)B_{61}'(t)\right)\left(k_{x2}-k_x^{\mathrm{T}}\right)\left(k_{y2}-1/R_1-k_y^{\mathrm{T}}\right)\\&+2B_{26}(t)\varepsilon_y^{\mathrm{T}}\left(k_{xy2}-k_{xy}^{\mathrm{T}}\right)\end{aligned}$$

$$+\left(D_{22}(t)+B_{26}(t)B'_{62}(t)\right)\left(k_{y2}-1/R_1-k_y^{\mathrm{T}}\right)^2+D_{66}(t)\left(k_{xy2}-k_{xy}^{\mathrm{T}}\right)^2\Big] \tag{6.48}$$

在第二稳态时 $k_{y2}\approx 0$，通过最小势能法[79]求得第二稳态 k_{x2} 和 k_{xy2} 为

$$\frac{\mathrm{d}U(t)}{\mathrm{d}k_{x2}}=0\Rightarrow k_{x2}(t)=\frac{2D_{12}(t)+B_{16}(t)B'_{62}(t)+B_{26}(t)B'_{61}(t)}{2(D_{11}(t)+B_{16}(t)B'_{61}(t))}\left(\frac{1}{R_1}+k_y^{\mathrm{T}}\right)+k_x^{\mathrm{T}} \tag{6.49}$$

$$\frac{\mathrm{d}U(t)}{\mathrm{d}k_{xy2}}=0\Rightarrow k_{xy2}(t)=-\frac{B_{16}(t)\varepsilon_x^{\mathrm{T}}+B_{26}(t)\varepsilon_y^{\mathrm{T}}}{D_{66}(t)}+k_{xy}^{\mathrm{T}} \tag{6.50}$$

而圆柱壳第二稳态的半径 R_2 则是由第二稳态的 k_{x2} 和 k_{xy2} 共同决定的。

6.3.3　双稳态结构黏弹性理论分析

根据式（6.49）与式（6.50），就可以得到双稳态复合材料层合结构在温度与加载时间影响下的第二稳态曲率的理论解，从而可以讨论第二稳态曲率随温度与加载时间的变化规律。

由 6.2 节可得碳纤维复合材料在参考温度 T=40℃时的黏弹性材料属性，如表 6.2 所示。

表 6.2　碳纤维增强环氧树脂基体复合材料单层板的黏弹性材料属性

拉伸模量		剪切模量		泊松比	
$(E_1)_0$	110.41GPa	$(G_{12})_0=(G_{13})_0$	5.5538GPa	$\nu_{12}=\nu_{13}$	0.31
τ_1	46551s	$\tau_{12}=\tau_{13}$	5020s		
$(E_2)_0=(E_3)_0$	7.53GPa	$(G_{23})_0$	5.0373GPa	ν_{23}	0.0203
$\tau_2=\tau_3$	7840s	τ_{23}	5011s		

对于弹性模型，不考虑加载时间，则弹性模量为

$$\begin{aligned}&E_1(t)=(E_1)_0\\&E_2(t)=E_3(t)=(E_2)_0\\&G_{12}(t)=G_{13}(t)=(G_{12})_0\\&G_{23}(t)=(G_{23})_0\end{aligned} \tag{6.51}$$

而对于黏弹性模型，弹性模量是随时间变化的，即

$$\begin{aligned}&E_1(t)=(E_1)_0\mathrm{e}^{-t/\tau_1}\\&E_2(t)=E_3(t)=(E_2)_0\mathrm{e}^{-t/\tau_2}\\&G_{12}(t)=G_{13}(t)=(G_{12})_0\mathrm{e}^{-t/\tau_{12}}\\&G_{23}(t)=(G_{23})_0\mathrm{e}^{-t/\tau_{23}}\end{aligned} \tag{6.52}$$

式中，方向 1 表示纤维轴向方向；方向 2、3 表示纤维横向方向。

考虑到泊松比[80,81]对松弛模量的影响非常小，这里假设泊松比为常数，不随时间和温度变化。材料的热膨胀系数取为$\alpha_1=-1\times10^{-6}K^{-1}$，$\alpha_2=6\times10^{-5}K^{-1}$。理论分析的对象为双稳态复合材料层合结构，其尺寸规格及铺层方式如表 6.3 所示。

表 6.3　试样尺寸规格及铺层方式

参数	铺层方式	长度 L/mm	初始横截面半径 R_1/mm	初始圆心角 β/(°)	单层厚度 th/mm
取值	[45°/−45°/45°/−45°]	100	25	180	0.14

对于黏弹性材料[82,83]，加载时间和温度对其材料属性的影响非常显著，因此这里分别分析加载时间和温度对双稳态复合材料层合结构的第二稳态的影响。

1. 加载时间对双稳态结构的影响

随着加载时间的增加，材料的松弛模量会持续减小，层合结构的形状会随之发生改变。利用式（6.49）与式（6.50），得到在参考温度 T=40℃下，弹性模型和黏弹性模型的加载时间 t 与第二稳态主曲率 k_{x2}、第二稳态扭曲率 k_{xy2} 的关系。如图 6.23 所示，随着加载时间的增加，第二稳态的主曲率不断增加，层合结构会变得更加卷拢。从图 6.24 可以看出，k_{xy2} 随着加载时间的增大有减小的趋势，这说明加载时间的增加能够减小双稳态层合结构在第二稳态的扭转。因为弹性模型不受加载时间的影响，所以弹性模型的曲率值都不随加载时间的变化而变化。

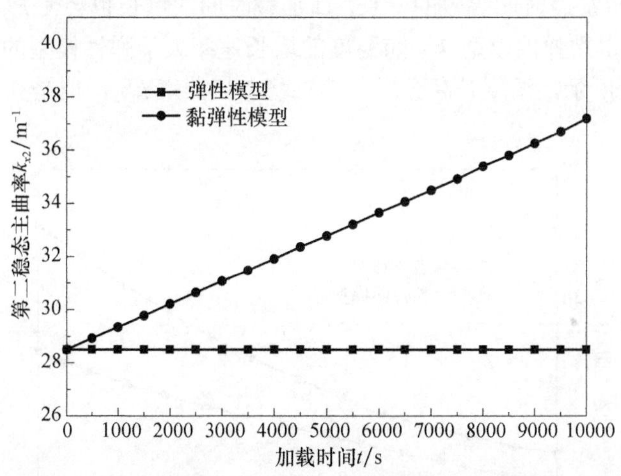

图 6.23　加载时间对第二稳态主曲率 k_{x2} 的影响曲线

2. 温度对双稳态结构的影响

温度的增加会引起材料的热膨胀变形，同时会放大材料的黏弹性特性。根据

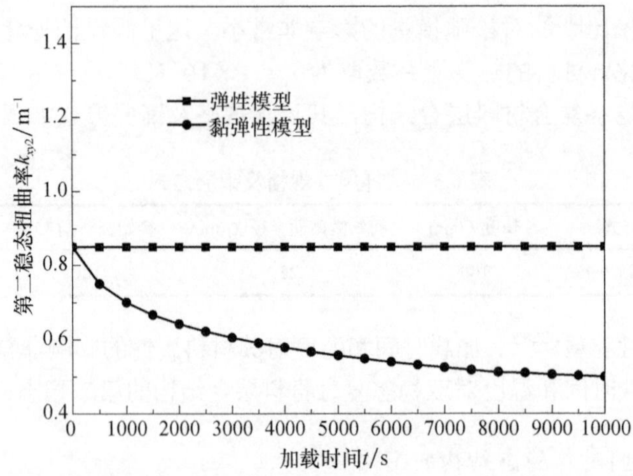

图 6.24　加载时间对第二稳态扭曲率 k_{xy2} 的影响曲线

时温等效原理，增加温度即延长加载时间，将会导致松弛模量的降低。因此，温度变化会对层合结构的双稳态特性产生很大的影响。根据式（6.49）与式（6.50），得到在加载时间为 3600s 的情况下弹性模型和黏弹性模型的温度 T 与第二稳态主曲率 k_{x2}、第二稳态扭曲率 k_{xy2} 的关系。

如图 6.25 所示，温度升高会增大第二稳态主曲率 k_{x2}，其中黏弹性模型 k_{x2} 的增长速率比弹性模型的要快。这是因为对于黏弹性模型，温度升高不仅会引起热应变，还会导致加载时间等效的变长，而加载时间的增长也会使 k_{x2} 增大，这两者的双重作用使得黏弹性模型 k_{x2} 随温度的增长速率大于弹性模型的增长速率。同理，由图 6.26 所示，温度升高会增大第二稳态扭曲率 k_{xy2}，但是其中黏弹性模型

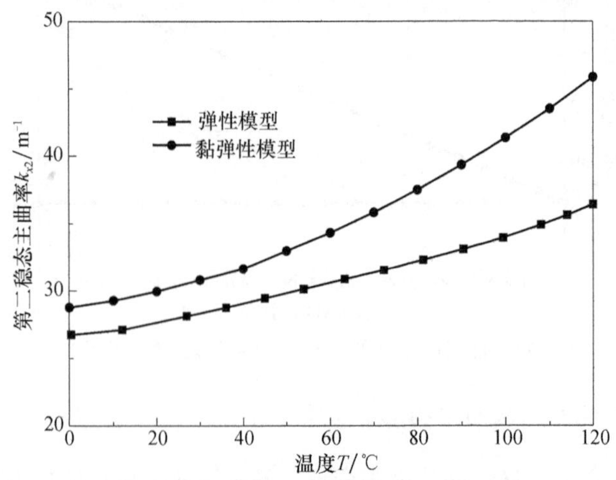

图 6.25　温度对第二稳态主曲率 k_{x2} 的影响曲线

的增长速率要远小于弹性模型的速率。由于温度升高会导致加载时间延长，而加载时间的增长会使 k_{xy2} 下降，这两者作用效果的相互抵消，使得黏弹性模型的 k_{xy2} 随温度的增长速率小于弹性模型的增长速率，甚至在高温情况下（如图 6.26 中 T=120℃的 k_{xy2} 要小于 T=100℃）会出现 k_{xy2} 随温度增大而下降的情况。

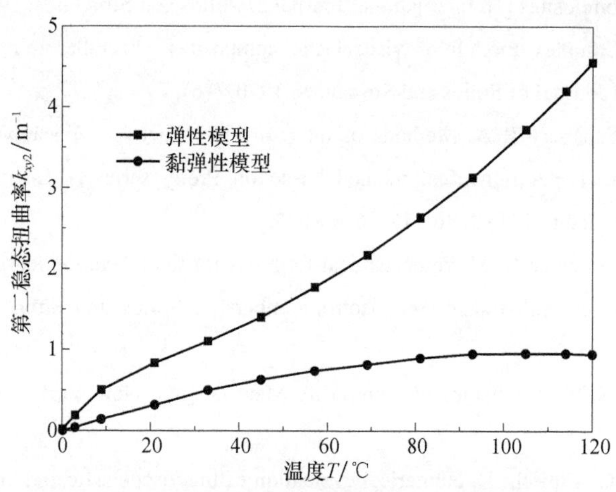

图 6.26　温度对第二稳态扭曲率 k_{xy2} 的影响曲线

参 考 文 献

[1] Daynes S, Weaver P M, Trevarthen J A. A morphing composite air inlet with multiple stable shapes[J]. Journal of Intelligent Material Systems and Structures, 2011, 22(9): 961-973.

[2] Kwok K. Mechanics of viscoelastic thin-walled structures[D]. Pasadena: California Institute of Technology, 2013.

[3] Mourem M, Adams D S. Deployment analysis of the lenticular jointed antennas onboard the Mars Express spacecraft[J]. Journal of Spacecraft and Rocket, 2009, 46(2): 394-402.

[4] Christensen R. Theory of Viscoelasticity: An Introduction[M]. Amsterdam: Elsevier, 2012.

[5] Aboudi J. Micromechanical modeling of finite viscoelastic multiphase composites[J]. Zeitschrift für angewandte Mathematik und Physik ZAMP, 2000, 51(1): 114-134.

[6] Hashin Z. Analysis of composite materials—A survey[J]. Journal of Applied Mechanics, 1983, 50(3): 481-505.

[7] Nemat-Nasser S, Hori M. Micromechanics: Overall Properties of Heterogeneous Materials[M]. Amstelrdam: Elsevier, 2013.

[8] Abadi M T. Micromechanical analysis of stress relaxation response of fiber-reinforced poly-

mers[J]. Composites Science and Technology, 2009, 69(7): 1286-1292.

[9] Hashin Z. Viscoelastic behavior of heterogeneous media[J]. Journal of Applied Mechanics, 1965, 32(3): 630-636.

[10] Hashin Z. Complex moduli of viscoelastic composites—Ⅰ. General theory and application to particulate composites [J]. International Journal of Solids and Structures, 1970, 6(5): 539-552.

[11] Hashin Z. Complex moduli of viscoelastic composites—Ⅱ. Fiber reinforced materials[J]. International Journal of Solids and Structures, 1970, 6(6): 797-807.

[12] Park S W, Schapery R A. Methods of interconversion between linear viscoelastic material functions Part Ⅰ—A numerical method based on Prony series[J]. International Journal of Solids and Structures, 1999, 36(11): 1653-1675.

[13] Barbero E J, Luciano R. Micromechanical formulas for the relaxation tensor of linear viscoelastic composites with transversely isotropic fibers[J]. Solids and Structures, 1995, 32(13): 1859-1872.

[14] Christensen R M. Mechanics of Composite Materials[M]. New York: Courier Corporation, 2012.

[15] Haasemann G, Ulbricht V. Numerical evaluation of the viscoelastic and viscoplastic behavior of composites[J]. Technische Mechanik, 2010, 30(1/2/3): 122-135.

[16] Megnis M, Varna J, Allen D H, et al. Micromechanical modeling of viscoelastic response of GMT composite[J]. Journal of Composite Materials, 2001, 35(10): 849-882.

[17] Li K, Gao X L, Roy A. Micromechanical modeling of viscoelastic response of nanotube-reinforced polymer composites[J]. Mechanics of Advanced Materials and Structures, 2006, 13(4): 317-328.

[18] Schapery R. Stress analysis of viscoelastic composite materials[J]. Journal of Composite Materials, 1967, 1(3): 228-267.

[19] Wang Y M, Weng G T. The influence of inclusion shape on the overall viscoelastic behavior of composites[J]. Journal of Applied Mechanics, 1992, 59(3): 510-518.

[20] Yancey R N, Pindera M J. Micromechanical analysis of the creep response of unidirectional composites[J]. Journal of Engineering Materials and Technology, 1990, 112(2): 157-163.

[21] 梁军, 杜善义. 黏弹性复合材料力学性能细观研究[J]. 复合材料学报, 2001, 18(2): 97-100.

[22] 梁军. 复合材料动态黏弹性能的细观研究[J]. 固体力学学报, 2001, 22(4): 427-431.

[23] Dasappa P, Lee-Sullivan P, Xiao X. Temperature effects on creep behavior of continuous fiber GMT composites[J]. Composites Part A: Applied Science and Manufacturing, 2009, 40(8): 1071-1081.

[24] Kwok K, Pellegrino S. Folding, stowage, and deployment of viscoelastic tape springs[J]. American Institute of Aeronautics and Astronautics Journal, 2013, 51(8): 1908-1918.

[25] Kwok K, Pellegrino S. Viscoelastic effects in tape-springs[C]. 52nd AIAA/ASME/ASCE/ASC Structures, Structural Dynamics, and Material Conference, Denver, 2011.

[26] Brinkmeyer A, Pellegrino S, Weaver P M, et al. Effects of viscoelasticity on the deployment of bistable tape springs[C]. 19th International Conference on Composite Materials, Montreal, 2013.

[27] Wang B, Fancey K S. A bistable morphing composite using viscoelastically generated prestress[J]. Materials Letters, 2015, 158: 108-110.

[28] 卢锡年，谢长春. 纤维增强聚合物的蠕变[J]. 复合材料学报, 1985, 2(2): 69-75.

[29] 岳珠峰，吕震宙. 压痕法确定纤维复合材料界面影响区蠕变特性的数值模拟法[J]. 纤维复合材料, 2003, 1(6): 6-9.

[30] 于航，周储伟. 纤维复合材料粘弹性动态性能的细观力学分析[J]. 振动工程学报，2011, 24(4): 359-362.

[31] Brinson L C, Lin W S. Comparison of micromechanics methods for effective properties of multiphase viscoelastic composites[J]. Composite Structures, 1998, 41(3): 353-367.

[32] Fisher F T, Brinson L C. Viscoelastic interphases in polymer-matrix composites: Theoretical models and finite-element analysis[J]. Composites Science and Technology, 2001, 61(5): 731-748.

[33] Benveniste Y. A new approach to the application of Mori-Tanaka's theory in composite materials[J]. Mechanics of Materials, 1987, 6(2): 147-157.

[34] Mori T, Tanaka K. Average stress in matrix and average elastic energy of materials with misfitting inclusions[J]. Acta Metallurgica, 1973, 21(5): 571-574.

[35] Broakenbrough J R, Suresh S, Wienecke H A. Deformation of metal-matrix composites continuous fibers: Geometrical effect of fiber distribution and shaper[J]. Acted Metal Mater, 1991, 39: 735-742.

[36] Levin V, Sevosticmov I. Micromechanical modeling of the effective viscoelastic properties of inhomogeneous materials using fraction-exponential operators[J]. International Journal of Fracture, 2005, 134(3/4): 37-44.

[37] Naik A, Abolfathi N, Karami G, et al. Micromechanical viscoelastic characterization of fibrous composites[J]. Journal of Composite Materials, 2008, 42(12): 1179-1204.

[38] Yu W B, Tang T. Variational asymptotic method for unit cell homogenization of periodically heterogeneous materials[J]. International Journal of Solids and Structures, 2007, 44(11): 3738-3755.

[39] Tang T, Felicelli S D. Computational evaluation of effective stress relaxation behavior of polymer composites[J]. International Journal of Engineering Science, 2015, 90: 76-85.

[40] Guinot F, Bourgeois S, Cochelin B, et al. A planar rod model with flexible thin-walled

cross-sections: Application to the folding of tape springs[J]. International Journal of Solids and Structures, 2012, 49(1): 73-86.

[41] Picault E, Marone-Hitz P, Bourgeois S, et al. A planar rod model with flexible cross-section for the folding and the dynamic deployment of tape springs：Improvements and comparisons with experiments[J]. International Journal of Solids and Structures, 2014, 51(18): 3226-3238.

[42] Stabile A, Laurenzi S. Coiling dynamic analysis of thin-walled composite deployable boom[J]. Composite Structures, 2014, 113: 429-436.

[43] Kim S, Koh J, Cho M, et al. Towards a bio-mimetic flytrap robot based on a snap-through mechanism[C]. 3rd IEEE RAS and EMBS International Conference on Biome- dical Robotics and Biomechatronics (BioRob), Tokyo, 2010.

[44] Kim S W, Koh J S, Cho M, et al. Design and analysis a flytrap robot using bi-stable composite[C]. IEEE International Conference on Robotics and Automation, Shanghai, 2011.

[45] Kim S W, Koh J S, Lee J G, et al. Flytrap-inspired robot using structurally integrated actuation based on bistability and a developable surface[J]. Bioinspiration and Biomimetics, 2014, 9(3): 36-40.

[46] 李昊. 多稳定可变形格子结构的力学行为分析[D]. 哈尔滨: 哈尔滨工业大学, 2011.

[47] Dai F H, Li H, Du S Y. A multi-stable lattice structure and its snap-through behavior among multiple states[J]. Composite Structures, 2013, 97: 56-63.

[48] Mattioni F, Weaver P M, Friswell M I, et al. Modelling and applications of thermally induced multistable composites with piecewise variation of lay-up in the planform[C]. 48th AIAA/ASME/ASCE/AHS/ASC Structures, Structural Dynamics and Materials Conference, Honolulu, 2007.

[49] Fernandez J M, Lappas V J, Daton-Lovett A J. Completely stripped solar sail concept using bi-stable reeled composite booms[J]. Acta Astronautica, 2011, 69(1/2): 78-85.

[50] Viquerat A, Schenk M, Lappas V. Deploytech: Nano-satellite testbeds for gossamer technologies[C]. 54th AIAA/ASME/ASCE/AHS/ASC Structures, Structural Dynamics, and Materials Conference, Boston, 2013.

[51] Fernandez J M, Viquerat A, Lappas V J, et al. Bistable over the whole length CFRP booms for solar sails[M]//Macdonald M. Advances in Solar Sailing. Heidelberg: Springer, 2014.

[52] 崔兴志. 碳纤维增强环氧树脂复合材料的制备及性能研究[D]. 青岛: 中国海洋大学, 2014.

[53] 温卫东, 徐惠珍. 纤维增强树脂基复合材料结构的优化设计[J]. 南京航空航天大学学报, 1999, 31(4): 436-446.

[54] Christensen Y M. 粘弹性力学引论[M]. 郝松林, 老亮, 译. 北京: 科学出版社, 1990.

[55] 蔡峨. 粘弹性力学基础[M]. 北京: 北京航空航天大学出版社, 1989.

[56] Cai Y M, Sun H Y. Prediction on viscoelastic properties of three-dimensionally braided

composites by multi-scale model[J]. Journal of Materials Science, 2013, 48(19): 6499-6508.

[57] Akoussan K, Boudaoud H, Carrera E. Vibration modeling of multilayer composite structures with viscoelastic layers[J]. Mechanics of Advanced Materials and Structures, 2015, 22(1/2): 136-149.

[58] 周光泉. 粘弹性理论[M]. 合肥: 中国科学技术大学出版社, 1996.

[59] Chailleux E, Davies P. Modelling the non-linear viscoelastic and viscoplastic behaviour of aramid fibre yarns[J]. Mechanics of Time-Dependent Materials, 2003, 7(3/4): 291-303.

[60] 赵荣国, 李其棒, 刘亚风, 等. 几种典型黏弹性固体模型的松弛模量与蠕变柔量表达式比较研究[C]. 全国流变学学术会议, 广州, 2014.

[61] 张泽斌, 阚前华, 董诗玉, 等. 基于时温等效原理的热致形状记忆聚合物模型[J]. 四川理工学院学报(自科版), 2016, 29(3): 66-69.

[62] Williams M L, Landel R F, Ferry J D. The temperature dependence of relaxation mechanisms in amorphous polymers and other glass-forming liquids[J]. Journal of the American Chemical Society, 1955, 77(14): 3701-3707.

[63] 蔡长庚, 朱立新, 贾德民. 动态力学分析在复合材料界面中的应用[J]. 纤维复合材料, 2004, 21(1): 46-49.

[64] 徐颖, 张勇. 测量玻璃化转变温度的几种热分析技术[J]. 分析仪器, 2010, (3): 57-60.

[65] 杨国腾, 于艳华, 杜永强. 聚合物基复合材料玻璃化转变温度测量方法的研究[C]. 2013 年航空试验测试技术峰会, 桂林, 2013.

[66] 朱远. 木塑复合材料静态粘弹性研究[D]. 杭州: 浙江农林大学, 2012.

[67] 沈观林, 胡更开. 复合材料力学[M]. 北京: 清华大学出版社, 2006.

[68] 吴宗敏. 散乱数据拟合的模型、方法和理论[M]. 北京: 科学出版社, 2007.

[69] 金日光, 华幼卿. 高分子物理[M]. 3 版. 北京: 化学工业出版社, 2007.

[70] Gooch J W. Boltzmann Superposition Principle[M]. New York: Springer, 2011.

[71] McCrum N G, Buckley C P, Bucknall C B. Principles of Polymer Engineering[M]. Oxford: Oxford University Press, 1997.

[72] 陈建桥. 复合材料力学[M]. 武汉: 华中科技大学出版社, 2016.

[73] 周鹏. 异型空间板壳结构力学性能研究[D]. 长沙: 中南林业科技大学, 2013.

[74] 高金海, 刘书国, 冯笑男, 等. 高温环境下板壳结构局部屈曲理论研究[J]. 推进技术, 2015, 36(2): 285-291.

[75] Tian X M, Zeng L, Wei B, et al. The measurement of thermal expansion coefficient of Co-Cr alloy fabricated by selective laser melting[J]. Shanghai Kou Qiang Yi Xue, 2015, 24(6): 687-689.

[76] And Y Q R, Blanton T N. Polymer nanocomposites with a low thermal expansion coefficient[J]. Macromolecules, 2010, 41(3): 935-941.

[77] Moore M, Ziaei-Rad S, Firouzian-Nejad A. Temperature-curvature relationships in asymmetric angle ply laminates by considering the effects of resin layers and temperature dependency of material properties[J]. Journal of Composite Materials, 2014, 48(9): 1071-1089.

[78] 陈丹迪, 张征, 柴国钟. 双稳态复合材料层合结构的黏弹性模型[J]. 复合材料学报, 2016, 33(10): 2336-2343.

[79] 徐杏华. 基于最小势能原理的悬臂梁弯曲研究[J]. 陕西理工学院学报(自科版), 2009, 25(1): 12-16.

[80] 古滨. 材料力学[M]. 2 版. 北京: 北京理工大学出版社, 2016.

[81] Greaves G N, Greer A L, Lakes R S, et al. Poisson's ratio and modern materials[J]. Nature Materials, 2011, 10(11): 823-838.

[82] 袁欣, 孙慧玉. 黏弹性树脂基三维编织复合材料的变温松弛模量[J]. 航空学报, 2012, 33(6): 1036-1043.

[83] 路纯红, 白鸿柏. 粘弹性材料本构模型的研究[J]. 高分子材料科学与工程, 2007, 23(6): 28-31.

第 7 章　黏弹性实验与模拟

7.1　双稳态结构黏弹性实验

双稳态复合材料层合结构在稳态转变过程中所需的突变载荷较大，因此采用机械加载的方式驱动结构进行稳态转变[1]。利用温度箱[2]、拉伸试验机[3]、数码相机以及相应的数字图像处理技术[4]，获取结构稳态转变过程的载荷-位移曲线以及第二稳态曲率的变化情况，从而可以得到温度与加载时间对其双稳态特性的影响。

7.1.1　实验准备

实验的对象为双稳态复合材料层合结构，形状为半圆柱壳，材料采用 T700 碳纤维增强环氧树脂基体复合材料[5]，主要几何参数如表 7.1 所示。

表 7.1　反对称铺设圆柱壳结构试件的设计

参数	铺层方式	长度 L/mm	初始横截面半径 R_1/mm	初始圆心角β/(°)	单层厚度 th/mm
取值	[45°/−45°/45°/−45°]	100	25	180	0.14

首先将碳纤维预浸料布裁剪成所需的形状，且进行铺层贴合；然后放到模具中，在高温 150℃中固化 45min 后，冷却至 40～50℃开始开模；最后自然冷却到室温 20℃，得到双稳态复合材料层合结构。

根据温度影响下双稳态复合材料层合结构的实验要求，需要通过机械加载使其进行双稳态的转变，同时还需要研究温度对其双稳态特性的影响。因此，实验过程采用附带温控箱的拉伸试验机平台，试验机型号为 REGER 3010，温控箱的可控温度变化范围为 20～350℃，如图 4.8 所示。通过温控箱来模拟环境温度，通过拉伸试验机加载使双稳态复合材料层合结构进行稳态转变，可以从圆形透明玻璃窗口观察稳态转变过程。在实验过程中，实验温度选择为 40℃、60℃、80℃和 100℃，在不同温度下使试件进行稳态转变，得到稳态转变的载荷-位移曲线。

实现双稳态复合材料层合结构试件的稳态转变过程采用两点加载法，圆柱壳底部利用两个可以固定的滑块进行支撑，在壳顶部的中间部位进行加载，当压头往下移动时，圆柱壳的两条直边会被压弯，使其从第一稳态向第二稳态转变。

7.1.2　松弛位置影响

考虑到黏弹性材料的性能是与加载历程相关的，因此采用不同的松弛位置可能会对结构的双稳态特性产生一定的影响。先对试件在固定温度下进行无松弛的加载，得到其在该温度下发生 Snap-through[6,7] 的位移 L_d；然后在该温度下进行松弛位置分别为 $1/3L_d$ 和 $2/3L_d$、加载时间为 3600s 的稳态转变实验，得到不同松弛位置的 Snap-through 的载荷-位移曲线，如图 7.1 所示。实验分别在 40℃、60℃、80℃和 100℃下进行。从图 7.2～图 7.5 可以看出，无松弛的 Snap-through 过程的稳态

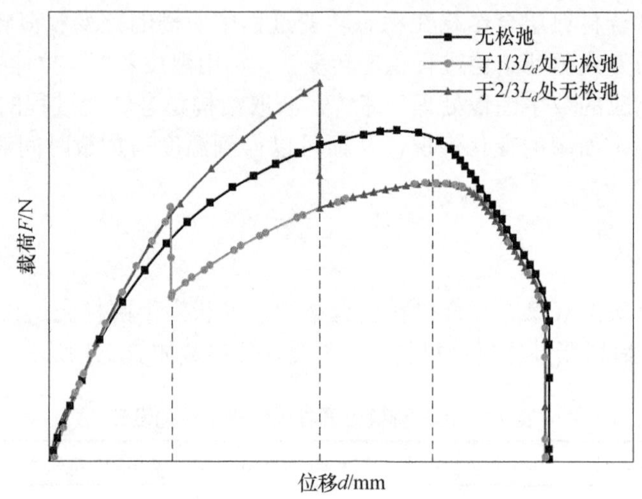

图 7.1　松弛位置的选取示意图

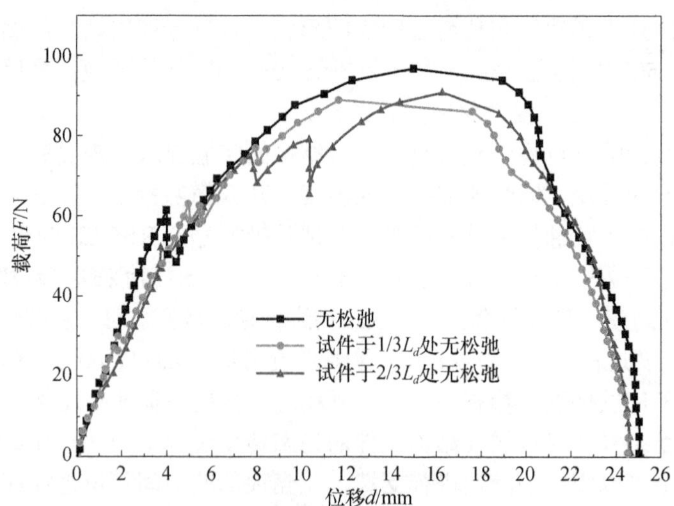

图 7.2　T=40℃时不同松弛位置的 Snap-through 过程的载荷-位移曲线

转变载荷和最大位移都比有松弛的 Snap-through 过程要大，这与理论和模拟中稳态转变载荷及最大位移随加载时间增长而减小的规律相一致。比较松弛位置为 $1/3L_d$ 和 $2/3L_d$ 的 Snap-through 的载荷-位移曲线可以看出，在 $1/3L_d$ 之前两者的曲线基本重合，在 $1/3L_d$ 与 $2/3L_d$ 之间由于松弛位置的不同曲线不一致，在 $2/3L_d$ 之后曲线又基本保持一致。

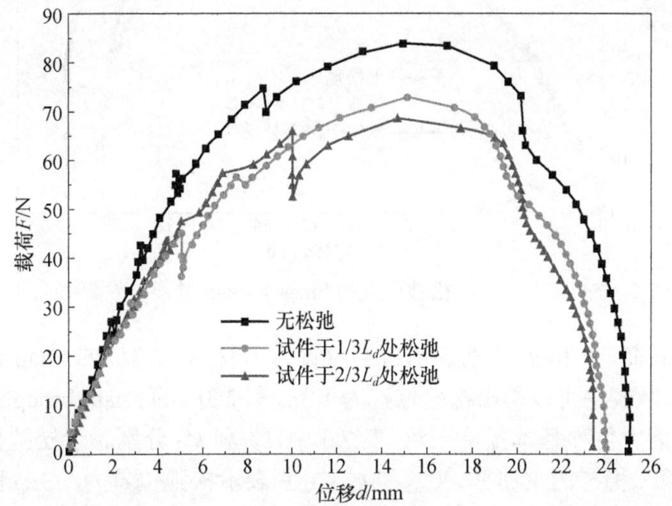

图 7.3　T=60℃时不同松弛位置的 Snap-through 过程的载荷-位移曲线

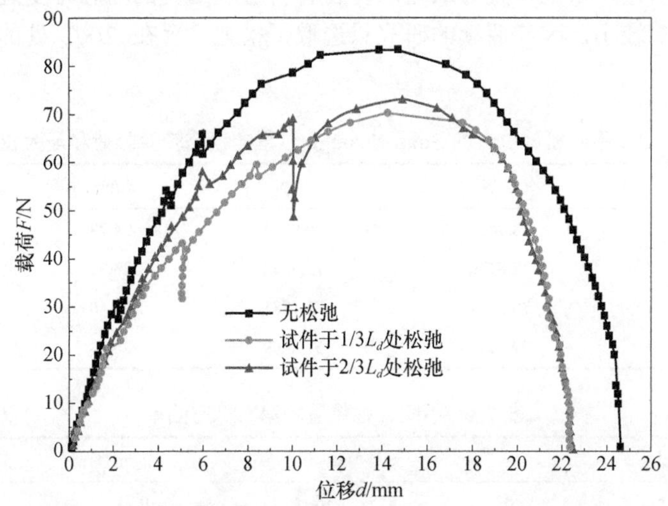

图 7.4　T=80℃时不同松弛位置的 Snap-through 过程的载荷-位移曲线

在表 7.2 中，F_1 和 F_2 分别表示松弛位置为 $1/3L_d$ 和 $2/3L_d$ 的 Snap-through 过程

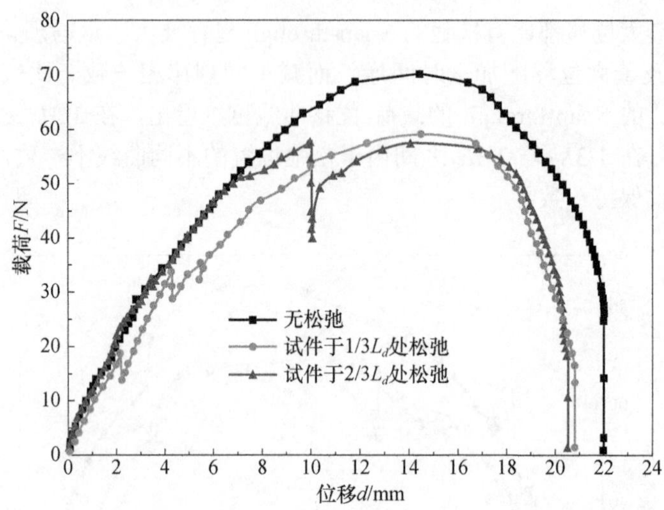

图 7.5　T=100℃时不同松弛位置的 Snap-through 过程的载荷-位移曲线

的稳态转变载荷，d_1 和 d_2 分别表示松弛位置为 $1/3L_d$ 和 $2/3L_d$ 的 Snap-through 过程的最大位移，从表中可以得出松弛位置为 $1/3L_d$ 和 $2/3L_d$ 的 Snap-through 过程的稳态转变载荷与最大位移基本保持一致。表 7.3 中，k_{x2}^1 和 k_{x2}^2 分别表示松弛位置为 $1/3L_d$ 和 $2/3L_d$ 的第二稳态的主曲率，k_{xy2}^1 和 k_{xy2}^2 分别表示松弛位置为 $1/3L_d$ 和 $2/3L_d$ 的第二稳态的扭曲率，从表中可知松弛位置为 $1/3L_d$ 和 $2/3L_d$ 的第二稳态曲率无较大的差异。综上所述，松弛位置对双稳态复合材料层合结构的稳态转变过程和第二稳态曲率的影响较小，因此后续的研究只选取了松弛位置在 $2/3L_d$ 处的实验数据来进行讨论。

表 7.2　不同松弛位置的 Snap-through 过程的稳态转变载荷和最大位移

温度/℃	F_1/N	F_2/N	d_1/mm	d_2/mm
40	88.9457	90.8814	24.78	24.75
60	72.8170	73.4255	23.93	23.41
80	70.1371	72.1785	22.40	22.50
100	59.3116	57.8609	20.14	20.84

表 7.3　不同松弛位置的第二稳态曲率

温度/℃	k_{x2}^1/m^{-1}	k_{x2}^2/m^{-1}	k_{xy2}^1/m^{-1}	k_{xy2}^2/m^{-1}
40	36.02	36.14	0.71	0.74
60	38.71	38.13	1.11	1.07
80	39.34	38.94	1.91	1.93
100	43.21	45.34	1.97	2.01

7.1.3　加载时间影响

在参考温度 T 为 40℃时加载时间分别为 0s、3600s、7200s 的三种情况下进行稳态转变实验，得到不同加载时间下的 Snap-through 过程的载荷-位移曲线。如图 7.6 所示，在没有松弛阶段的稳态转变过程中，载荷先随着位移的增加而快速增大，在达到峰值后又迅速下降到零，这表明结构完成了稳态转变的过程。对于含有松弛阶段的稳态转变过程，载荷先随着位移的增加而增加，达到松弛位置时，位移停止增加，载荷随着松弛时间的增加而逐渐减小，松弛阶段结束后，位移继续增加，载荷随之上升到峰值后再下降到零。根据加载时间的大小可以看出，随着加载时间的增加，稳态转变载荷逐渐下降，稳态转变的最大位移也逐渐下降。比较加载时间分别为 3600s 和 7200s 的情况，可以看出加载时间越长，松弛阶段载荷下降的幅度也越大。

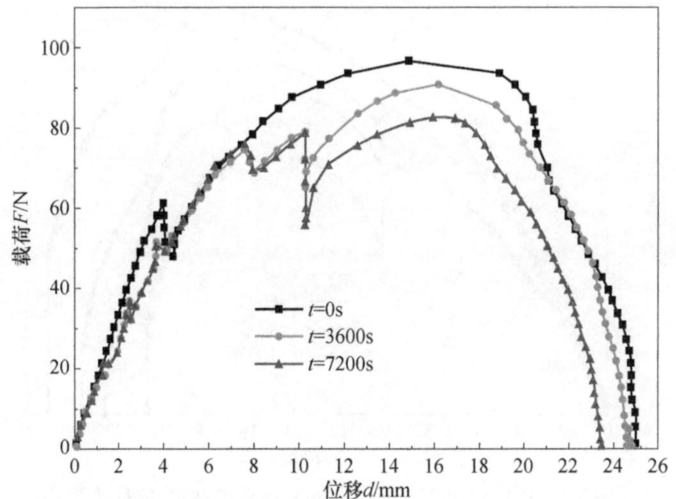

图 7.6　不同加载时间下 Snap-through 过程的载荷-位移曲线

由表 7.4 可知，随着加载时间的增加，第二稳态主曲率 k_{x2} 不断增大，而第二稳态扭曲率 k_{xy2} 不断减小，增加加载时间可以减小结构第二稳态的扭转。

表 7.4　不同加载时间下的第二稳态曲率

加载时间/s	第二稳态主曲率 k_{x2}/m^{-1}	第二稳态扭曲率 k_{xy2}/m^{-1}
0	30.11	1.13
3600	33.10	0.91
7200	37.24	0.84

7.1.4 温度影响

在温度为 40℃、60℃、80℃和 100℃，加载时间为 3600s 的情况下，分别进行双稳态复合材料层合结构的稳态转变实验，得到不同温度下 Snap-through 过程的载荷-位移曲线[8,9]。根据图 7.7 可知，Snap-through 过程的稳态转变载荷和最大位移都是随着环境温度的升高而不断降低。

根据表 7.5 可以发现，随着温度的增加，第二稳态主曲率 k_{x2} 不断增大，这是松弛模量随着温度升高而下降导致的；第二稳态扭曲率 k_{xy2} 也在不断增大，这是因为温度升高产生的热应变会导致结构发生扭转；但是 k_{xy2} 的增长速率在不断下降，这是因为温度升高会导致加载时间延长，而加载时间的延长导致了 k_{xy2} 的下降，在与热应变的综合作用下表现为 k_{xy2} 的增长速率不断下降。

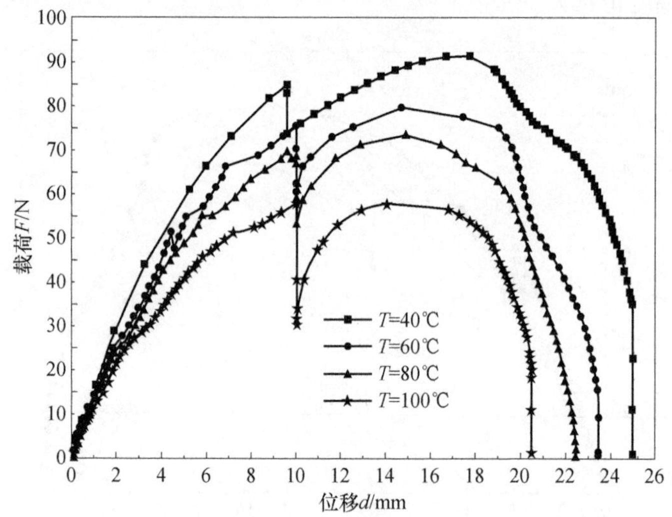

图 7.7 不同温度下 Snap-through 过程的载荷-位移曲线

表 7.5 不同温度下的第二稳态曲率

温度/℃	第二稳态主曲率 k_{x2}/m^{-1}	第二稳态扭曲率 k_{xy2}/m^{-1}
40	35.10	1.30
60	39.41	2.02
80	41.84	2.41
100	44.21	2.65

7.1.5 SEM 实验

双稳态复合材料层合结构在经历温度载荷和机械载荷后，其微观结构也会随之产生一定的变化。因此，对不同温度的试件使用型号为 HITACHI S-4700 的扫描电镜（SEM）[10,11]进行微观形貌的观察，得到不同温度下双稳态复合材料层合结构的 SEM 图像。

对碳纤维树脂基体复合材料进行 SEM 实验时[12,13]，由于树脂是不导电的，必须对其进行喷金处理。观察试件表面与截面的工具不同，如图 7.8 所示。

(a) 观察试件表面的载具

(b) 观察试件截面的载具

图 7.8　SEM 实验工具

图 7.9 和图 7.10 分别为碳纤维树脂基体复合材料表面和截面的 SEM 图。由图 7.9 可以看出，在温度为 40℃时，材料的表面非常平滑完整，随着温度升高，材料表面出现了破损，可以看到纤维露出且出现了颗粒状物体；温度越高，材料表面的破损情况越来越严重，颗粒状物体数量也越来越多，但是体积越来越小，这可能是材料表面的树脂在高温下发生分解导致的。由图 7.10 可以看出随着温度升高，碳纤维与树脂之间发生脱离的情况变得更加严重，这可能是由于树脂与碳纤维的热膨胀系数不同，在高温下产生的热应变不同，温度越高则两者之间的应变差异就越大，二者的界面应力过大从而产生脱离的现象。

综上所述，温度对微观结构的影响主要表现在基体和界面上，这些微观结构上的变化都会削弱碳纤维复合材料的力学性能；从宏观角度看，就可能表现为松弛模量的降低，这与应力松弛过程中松弛模量的变化规律一致。因为温度升高相当于松弛时间的延长，从而表现为松弛模量的降低。

通过对试件的 SEM 图像的观察，发现环境温度的升高，会造成试件表面的树脂基体发生分解以及纤维与树脂基体之间的分离和脱层，从微观层面解释了材料黏弹性性能随温度的变化规律。

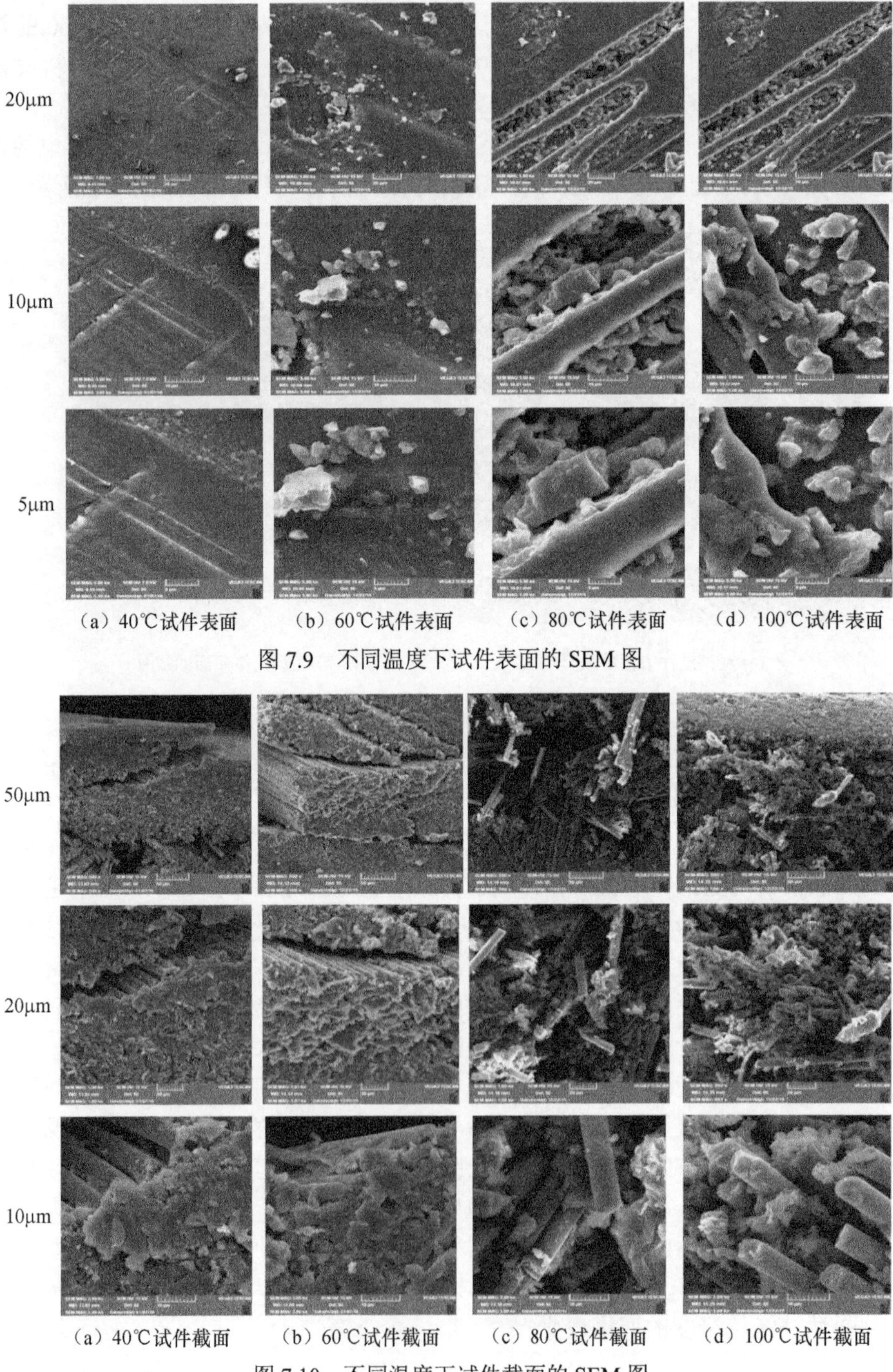

（a）40℃试件表面　（b）60℃试件表面　（c）80℃试件表面　（d）100℃试件表面

图 7.9　不同温度下试件表面的 SEM 图

（a）40℃试件截面　（b）60℃试件截面　（c）80℃试件截面　（d）100℃试件截面

图 7.10　不同温度下试件截面的 SEM 图

7.2　双稳态结构黏弹性有限元模拟

7.2.1　有限元模型

双稳态复合材料层合结构的有限元模型[14,15]按照实验平台进行建模，压头和支撑板采用解析刚体来建模，层合结构采用变形体壳模型来建模，采用 S4R 壳单元来划分网格[16]，网格密度为 52×68，分别定义壳与压头、壳和支撑板之间的接触类型为 Surface to Surface。复合材料壳的铺层方式为[45°/−45°/45°/−45°]，单层厚度为 0.14mm，相应的设置在 Composite Layup 中完成，模拟主要针对 Snap-through 过程。如图 7.11 所示，分析过程分为 5 步：第一步为升温过程，通过 Predefined Field 对层合结构施加一个整体温度场并在后续载荷步中保持；第二步为加载过程，在压头上施加一定的位移场，使层合结构产生变形但又不发生稳态转变；第三步为松弛过程，保持这个位移一段时间；第四步为加载过程，继续加载完成稳态转变；第五步为卸载过程，撤去压头的载荷，而双稳态层合结构将保持在第二稳态。在每个步骤中需要开启非线性大变形选项，即 Nlgeom 设置为 On，同时按照默认参数设置 Automatic Stabilization 以使模拟结果更易收敛[17,18]。

双稳态复合材料层合结构的材料为各向异性材料[19,20]，由于 ABAQUS/CAE 软件没有各向异性材料的黏弹性模块，因而采用 UMAT 子程序[21,22]定义材料的本构模型，用 UMAT 来定义材料必须更新材料的应力矩阵[23]和雅可比（Jacobian）矩阵[24]，其中应力矩阵和雅可比矩阵由式（3.2）中的复合材料单层板的应力-应变关系得到。

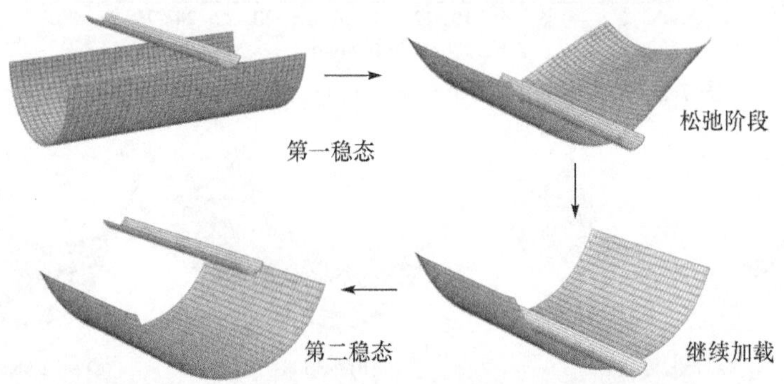

图 7.11　双稳态复合材料层合结构的 Snap-through 过程

7.2.2　加载时间影响

通过模拟在参考温度 T 为 40℃下加载时间分别为 0s、3600s 和 7200s 的三种情况的稳态转变过程，得到不同加载时间下 Snap-through 过程的载荷-位移曲线和

von Mises 应力分布云图。

如图 7.12 所示，在没有松弛阶段的稳态转变过程中，载荷先随着位移的增加而快速增大，在达到峰值后又迅速下降到零，这表明结构完成了稳态转变过程。对于含有松弛阶段的稳态转变过程，载荷先随着位移的增加而增加，达到松弛位置时位移停止增加，载荷开始减小，松弛阶段结束后位移继续增加，载荷随之上升到峰值后再下降到零。根据加载时间的大小可以看出，随着加载时间的增加，稳态转变载荷逐渐下降，稳态转变的最大位移也逐渐下降。比较加载时间分别为 3600s 和 7200s 的情况可以看出，加载时间越长，松弛阶段载荷下降的幅度也越大。从图 7.13 可以看出结构第二稳态的 von Mises 应力分布是呈反对称分布的，这与其反对称铺层相关，同时可以看出 von Mises 应力大小是随加载时间的增长而不断下降的，这与材料的应力松弛[25,26]过程中应力的变化规律一致。

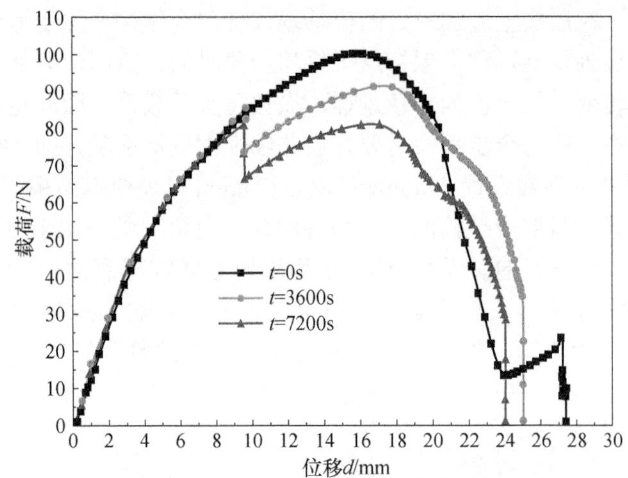

图 7.12　不同加载时间下 Snap-through 过程的载荷-位移曲线

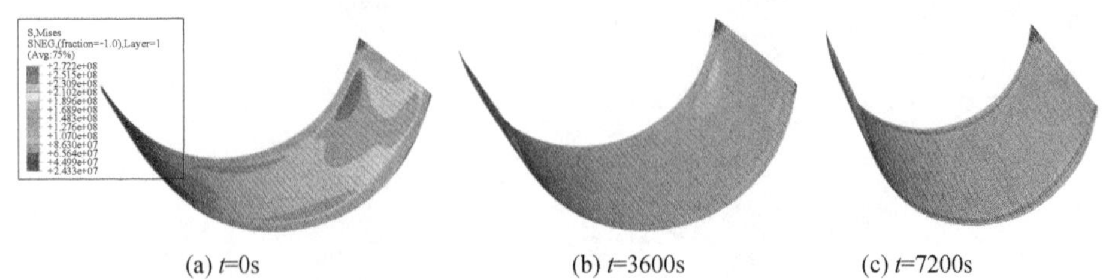

(a) t=0s　(b) t=3600s　(c) t=7200s

图 7.13　不同加载时间下的第二稳态的 von Mises 应力云图

由表 7.6 可知，随着加载时间的增加，第二稳态主曲率 k_{x2} 不断增大，而第二稳态扭曲率 k_{xy2} 在不断减小，增加加载时间可以减小结构第二稳态的扭转，这与理论和实验的结果保持一致。

表 7.6　不同加载时间下的第二稳态曲率

加载时间/s	第二稳态主曲率 k_{x2}/m^{-1}	第二稳态扭曲率 k_{xy2}/m^{-1}
0	27.08	1.01
3600	29.10	0.81
7200	33.24	0.74

7.2.3 温度影响

通过模拟在加载时间为 3600s，环境温度分别为 40℃、60℃、80℃和 100℃的情况下进行稳态转变，得到不同温度下 Snap-through 过程的载荷-位移曲线。由图 7.14 可以看出，随着温度的升高，Snap-through 过程的稳态转变载荷在不断下降，Snap-through 过程的最大位移也在不断下降。当结构处于松弛阶段时，温度越高，其载荷下降的幅度就越大。这是因为根据时温等效原理[27,28]，温度越高等效于加载时间越长，则松弛模量下降就越大。

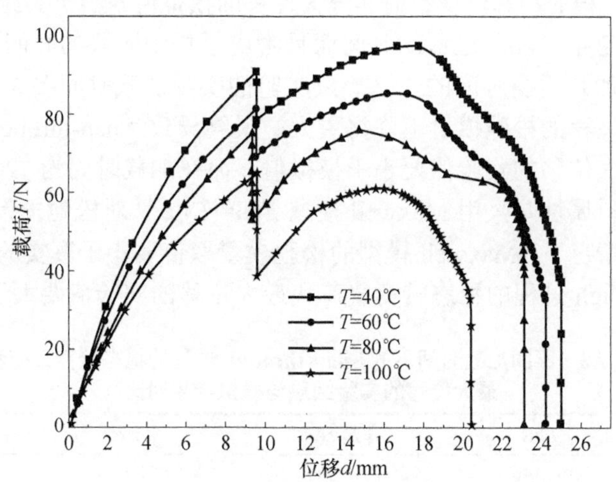

图 7.14　不同温度下 Snap-through 过程的载荷-位移曲线

由表 7.7 可知，随着温度的增加，第二稳态主曲率 k_{x2} 不断增大，第二稳态扭曲率 k_{xy2} 也在不断增大，但是 k_{xy2} 的增长速率在不断下降，这与理论和实验的结果类似。

表 7.7　不同温度下的第二稳态曲率

温度/℃	第二稳态主曲率 k_{x2}/m^{-1}	第二稳态扭曲率 k_{xy2}/m^{-1}
40	28.10	1.13
60	31.81	1.82
80	34.74	2.01
100	39.10	2.05

7.2.4 模拟结果与理论结果、实验结果对比

1. 加载时间对双稳态结构的影响

通过对比模拟和实验的稳态转变过程，可以发现两者的载荷-位移曲线具有较好的一致性，都是随着加载时间的增加，稳态转变载荷逐渐下降，稳态转变的最大位移也逐渐下降。比较加载时间分别为 3600s 和 7200s 的情况可以看出，加载时间越长，松弛阶段载荷下降的幅度也越大。

表 7.8 中，$F_{\mathrm{t}}^{\mathrm{f}}$ 表示 Snap-through 过程的稳态转变载荷的模拟值，$F_{\mathrm{t}}^{\mathrm{e}}$ 表示 Snap-through 过程的稳态转变载荷的实验值；同理，$d_{\mathrm{t}}^{\mathrm{f}}$ 表示 Snap-through 过程的最大位移的模拟值，$d_{\mathrm{t}}^{\mathrm{e}}$ 表示 Snap-through 过程的最大位移的实验值。对比模拟和实验结果可以发现，在加载时间为 0s 和 3600s 的情况下，Snap-through 过程的稳态转变载荷和最大位移的模拟值都大于实验值；而在加载时间为 7200s 的情况下，Snap-through 过程的稳态转变载荷和最大位移的模拟值都小于实验值。这是因为在模拟过程中忽略了加载过程的时间而只考虑了松弛阶段的时间，而在实验过程中载荷的增加是需要时间的，这导致实验的实际加载时间要大于模拟的加载时间，则实验过程的松弛模量下降得更大，最终导致 Snap-through 过程的稳态转变载荷和最大位移的实验值要小于模拟值。而在加载时间为 7200s 的情况下，由于模拟的材料属性是采用 Maxwell 模型 $E(t)=(E)_0\mathrm{e}^{-t/\tau}$ 对松弛模量进行拟合的，在时间较大的情况下，Maxwell 模型的松弛模量取值要小于真实的取值，这就导致在 Snap-through 过程的稳态转变载荷和最大位移的实验值要大于模拟值。

表 7.8 不同加载时间下的 Snap-through 过程的稳态转变载荷和最大位移的实验结果与模拟结果对比

加载时间/s	$F_{\mathrm{t}}^{\mathrm{f}}$/N	$F_{\mathrm{t}}^{\mathrm{e}}$/N	$d_{\mathrm{t}}^{\mathrm{f}}$/mm	$d_{\mathrm{t}}^{\mathrm{e}}$/mm
0	100.1467	97.5464	27.41	25.04
3600	91.4914	85.5261	25.11	24.75
7200	81.2855	83.1916	22.08	23.50

由图 7.15 可知，随着加载时间的增加，第二稳态主曲率 k_{x2} 是不断上升的，理论、实验和模拟的趋势一致，但是实验值要大于模拟值和理论值。这是因为实验的实际加载时间要大于模拟的加载时间，而第二稳态主曲率是随着加载时间的增加而增加的，导致第二稳态主曲率的实验值要大于模拟值和理论值。

由图 7.16 可知，随着加载时间的增加，第二稳态扭曲率 k_{xy2} 是不断下降的，理论、实验和模拟的趋势一致，但实验值较大，可能是因为在模拟和理论中都是假设结构的初始状态是没有扭转的，而实际的试件在实验前就已经出现或多或少的扭转，所以实验值、模拟值和理论值之间会存在误差。

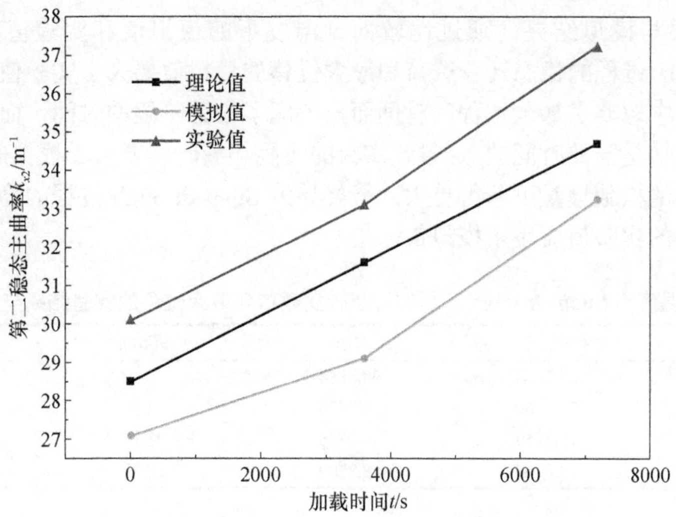

图 7.15 不同加载时间下的第二稳态主曲率 k_{x2}

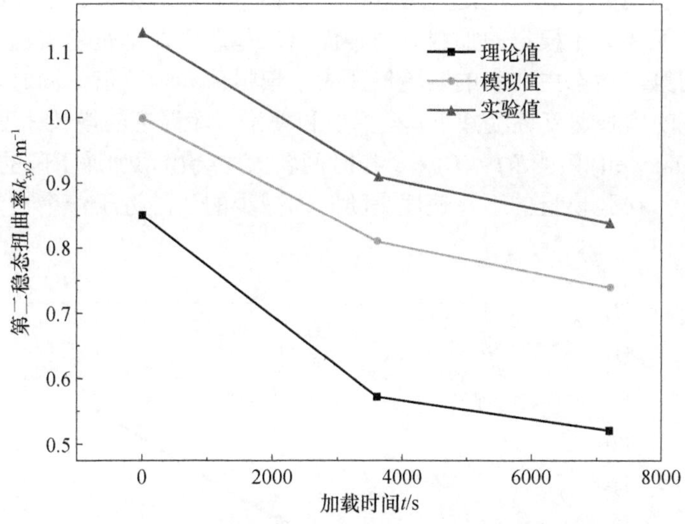

图 7.16 不同加载时间下的第二稳态扭曲率 k_{xy2}

2. 温度对双稳态结构的影响

通过对比模拟和实验的稳态转变过程，可以发现两者的载荷-位移曲线具有较好的一致性，都能得到 Snap-through 过程的稳态转变载荷和最大位移是随着环境温度的升高而不断降低的；在松弛阶段，温度越高，则载荷下降的幅度就越大，这是因为根据时温等效原理，温度越高等效于加载时间更长，则松弛模量下降得就越大，表 7.9 给出了不同温度下 Snap-through 过程的稳态转变载荷和最大位移的实验结果与模拟结果。通过比较同一温度下的模拟值和实验值，可以得到 Snap-through 过程的稳态转变载荷和最大位移的模拟值要大于实验值。这是因为在模拟过程中忽略了加载过程的时间而只考虑了松弛阶段的时间，而在实验过程中载荷的增加是需要时间的，这导致实验的实际加载时间要大于模拟的加载时间，则实验过程的松弛模量下降得更大，最终导致 Snap-through 过程的稳态转变载荷和最大位移的实验值要小于模拟值。

表 7.9　不同温度下 Snap-through 过程的稳态转变载荷和最大位移的实验结果与模拟结果对比

温度/℃	F_t^f/N	F_t^e/N	d_t^f/mm	d_t^e/mm
40	97.5464	90.8884	25.08	24.75
60	85.5260	75.8425	24.22	23.41
80	76.1159	73.1785	23.13	22.50
100	60.0104	58.8209	20.39	20.05

由图 7.17 可知，随着温度的增加，第二稳态主曲率 k_{x2} 是不断上升的，理论、实验和模拟的趋势一致，但是实验值要大于模拟值和理论值。这是因为实验的实际加载时间要大于模拟的加载时间，而第二稳态主曲率是随着温度的增加而增加的，则第二稳态主曲率的实验值要大于模拟值和理论值。同时，观察到实验值随温度的增长速度逐渐减小，模拟值和理论值随温度的增长速度越来越快。这是因为 Maxwell 模型 $E(t)=(E)_0 e^{-t/\tau}$ 在时间较大时会出现加速下降的趋势，而在真实情况下，松弛模量的下降速度是随时间减少的，趋近于一个恒定值，而不是加速减少。

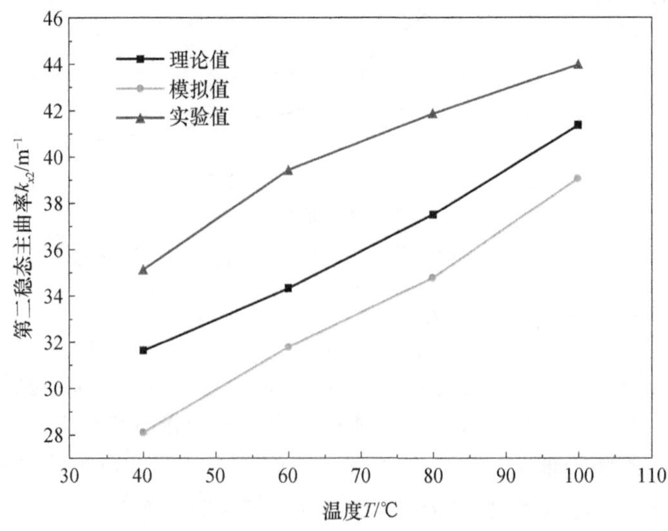

图 7.17　不同温度下的第二稳态主曲率 k_{x2}

由图 7.18 可知，随着温度的增加，第二稳态扭曲率 k_{xy2} 是不断上升的，但是上升的速率在不断下降，这是因为温度升高会导致加载时间延长，而加载时间的增长会使 k_{xy2} 下降，这两者相互抵消的作用使得 k_{xy2} 上升的速率在不断下降。比较可知理论、实验和模拟的趋势都是一致的，但是在温度为 40℃、60℃和 80℃时，k_{xy2} 的实验值要大于模拟值和理论值，这可能是因为试件存在初始的扭转；在温度为 100℃时，k_{xy2} 的实验值要比模拟值小，这是因为在模拟过程中忽略了加载过程的时间而只考虑了松弛阶段的时间，在实验过程中载荷的增加是需要时间的，这导致实验的实际加载时间要大于模拟的加载时间，而温度的升高可以等效为将加载时间增长，则实验中的加载时间要大于模拟过程的加载时间，而加载时间的增加会引起 k_{xy2} 的下降。因此从 80℃到 100℃实验值下降的幅度比模拟值的幅度要大，从而使得在温度为 100℃时 k_{xy2} 的实验值要比模拟值小。

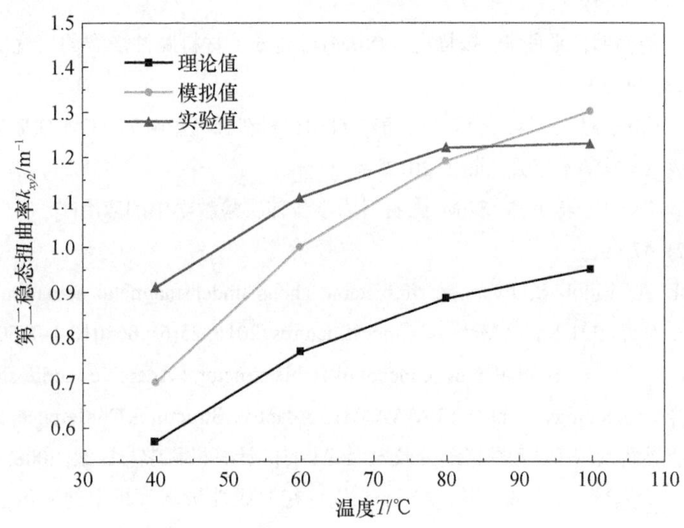

图 7.18　不同温度下的第二稳态扭曲率 k_{xy2}

参 考 文 献

[1] 陈丹迪. 双稳态复合材料层合结构的粘弹性行为研究[D]. 杭州: 浙江工业大学, 2016.

[2] 胡欢平, 徐守品. 智能温控箱的设计与开发[J]. 九江职业技术学院学报, 2009, (2): 31-32.

[3] 陈国华, 陈铃. 万能电子拉伸试验机简易改造及其应用[J]. 实验室研究与探索, 2006, 25(10): 1199-1200.

[4] 蔡军, 王欣. 数字图像处理技术[J]. 科技信息, 2012, (31): 132-132.

[5] Guo H, Huang Y, Liu L, et al. Effect of epoxy coatings on carbon fibers during manufacture of carbon fiber reinforced resin matrix composites[J]. Materials and Design, 2010, 31(3):

1186-1190.

[6] Hu J Q, Dai F H. Cured shapes and snap-through loads analysis of bi-stable polyimide film hybrid composite laminates[C]. ASME Conference on Smart Materials, Adaptive Structures and Intelligent Systems, American Society of Mechanical Engineers, Stowe, 2016.

[7] Gomez M, Moulton D E, Vella D. Critical slowing down in purely elastic 'snap-through' instab- ilities[J]. Nature Physics, 2017, 13: 142-145.

[8] Liu J, Qiao W, Liu J, et al. High temperature indentation behaviors of carbon fiber composite pyramidal truss structures[J]. Composite Structures, 2015, 131: 266-272.

[9] Foster B K, Bisby L A. High temperature residual properties of externally-bonded FRP systems[J]. Aci Special Publication, 2005: 1235-1252.

[10] 吉元，王丽，卫斌，等. 扫描电镜中纳米材料的原位操纵和动态观察[J]. 北京工业大学学报, 2008, 34(4): 429-433.

[11] 白忠勤，刘伟明，邵月华. 扫描电镜(SEM)对高分子材料脆性断裂的研究[J]. 科技信息, 2010, (13): 30-30.

[12] 易海洋，孔琳，赵天，等. 纤维方位角对 GFRP 材料强度影响的 SEM 实验研究[C]. 北京力学会第 18 届学术年会, 北京, 2012.

[13] 耿红霞，李航飞，蒋小林. SEM 在材料力学拉伸实验教学中的应用[J]. 实验技术与管理, 2017, (2): 47-49.

[14] Seffen K A, Vidoli S. Eversion of bistable shells under magnetic actuation: A model of nonlinear shapes[J]. Smart Materials and Structures, 2016, 25(6): 065010-1-065010-12.

[15] Lee J G, Ryu J, Lee H, et al. New concept bi-stable structure: Adaptive saddle-shaped bi-stable panel[C]. Proceedings of the 23rd AIAA/AHS Adaptive Structures Conference, Florida, 2015.

[16] 古成中，吴新跃. 有限元网格划分及发展趋势[J]. 计算机科学与探索, 2008, 2(3): 248-259.

[17] 杨国华，徐光辉，常林晶，等. Abaqus 软件在非线性仿真分析中的应用[J]. 建筑技术, 2016, 47(2): 157-160.

[18] 王慎平，刘北英. ABAQUS 中的非线性模拟[J]. 机械制造与自动化, 2006, 35(2): 20-22.

[19] Banks-Sills L, Wawrzynek P A, Carter B, et al. Methods for calculating stress intensity factors in anisotropic materials Part Ⅱ—Arbitrary geometry[J]. Engineering Fracture Mechanics, 2007, 74(8): 1293-1307.

[20] 王文婕，田歌，傅向荣，等. 各向异性材料平面问题基本解析解的特征方程解法[J]. 工程力学, 2012, 29(9): 11-16.

[21] 杨曼娟. ABAQUS 用户材料子程序开发及应用[D]. 武汉：华中科技大学, 2005.

[22] 张帆，王强. ABAQUS 用户材料子程序(UMAT)浅谈[J]. 土木工程建造管理, 2009, (4): 265-268.

[23] 丁科，殷水平. 有限单元法[M]. 北京：北京大学出版社, 2012.

[24] 何理, 张军. 基于简化形式的Jacobian矩阵的牛顿迭代法求解6自由度机器人逆解算法[J]. 机床与液压, 2015, 43(21): 107-108.

[25] 张晓萌, 姚占勇, 张硕, 等. 应力松弛对 PET/炭黑/碳纤维复合材料影响规律分析[J]. 工程塑料应用, 2017, 45(4): 99-103.

[26] 刘妍, 张厚江, 黄妍. 基于薄板类材料检测系统的应力松弛特性研究[J]. 林业机械与木工设备, 2013, (5): 27-31.

[27] 张泽斌, 阚前华, 董诗玉, 等. 基于时温等效原理的热致形状记忆聚合物模型[J]. 四川理工学院学报(自科版), 2016, 29(3): 66-69.

[28] Rui M G. A viscoelastic model for a biomedical ultra-high molecular weight polyethylene using the time-temperature superposition principle[J]. Polymer Testing, 2011, 30(3): 294-302.

第 8 章　非规则铺设和初始缺陷影响特例

8.1　非规则反对称层合圆柱壳的双稳态特性

通过前面的理论、实验及有限元数值模拟研究发现，可以通过改变圆柱壳的初始半径和铺设角设计具有不同第二稳态卷曲半径的反对称双稳态结构[1,2]。但是，改变初始半径会使得模具[3,4]制造成本较大，而第二稳态卷曲半径对铺设角的变化又过于敏感，即铺设角的略微改变便会引起第二稳态卷曲半径的明显变化。例如，在[40°,50°]区间内，当试件 100-25-180-4antiα_shell 的铺设角 α 由 40°增大到 45°和 50° 时，其第二稳态卷曲半径相应减小 13.8mm 和 23.0mm，半径变化跨度较大。而铺设角的增量过小在制备时容易引起系统误差，不利于反对称双稳态结构的设计。为了解决这一问题，本章提出了一种非规则反对称的铺层方式[5]，引入一种除第 2 章所述的五个几何参数外能够改变反对称层合圆柱壳双稳态性能的设计参数。

8.1.1　四层圆柱壳理论分析

根据第 2 章的理论推导结论可知，对于规则反对称层合圆柱壳结构，改变铺层顺序并不会改变其双稳态特性，即[$+\alpha/-\alpha/+\alpha/-\alpha$]和[$-\alpha/+\alpha/-\alpha/+\alpha$]铺设的反对称层合圆柱壳所呈现的双稳态特性一致。但对于非规则反对称层合圆柱壳结构，可以通过改变铺层顺序来获得不同的第二稳态卷曲半径，即采用[$+\alpha_1/-\alpha_2/+\alpha_2/-\alpha_1$]和[$+\alpha_2/-\alpha_1/+\alpha_1/-\alpha_2$]铺层方式的反对称层合圆柱壳所呈现的双稳态特性有所不同。

对于[$+\alpha_1/-\alpha_2/+\alpha_2/-\alpha_1$]铺设的非规则反对称层合圆柱壳，将 $k_y \approx 0$ 及式（2.25）代入式（2.24），即可得出圆柱壳处于第二稳态时的总应变能与铺设角 α_1、α_2 之间的变化关系[6]。假设圆柱壳的初始横截面半径 R_1=25mm、初始圆心角β=180°，单层板材料参数同表 2.1 所述，得到该圆柱壳的第二稳态应变能云图如图 8.1 所示。从图中可以看出，[$+\alpha_1/-\alpha_2/+\alpha_2/-\alpha_1$]反对称层合圆柱壳的第二稳态总应变能随着 α_1 或（和）α_2 的增大而增大。当（α_1,α_2）达到（90°,90°）时，圆柱壳结构的第二稳态总应变能的最大值为 280.1J。

根据式（2.25）可知，反对称层合圆柱壳结构的第二稳态卷曲半径与结构长度和初始圆心角无关。由图 2.4 可知，初始半径 R_1=25mm、铺设方式为[$+\alpha/-\alpha/+\alpha/-\alpha$]的规则反对称层合圆柱壳的第二稳态卷曲半径随着铺设角 α 的增大先减小而后又增大，第二稳态卷曲半径在 α=63° 时取得最小值 23.1mm。同样，也可以根据

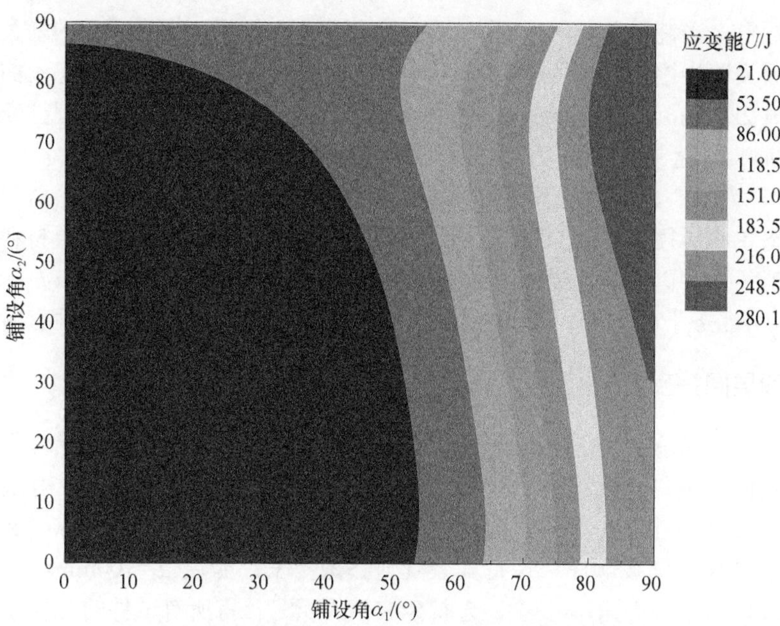

图 8.1　$[+\alpha_1/-\alpha_2/+\alpha_2/-\alpha_1]$反对称层合圆柱壳的第二稳态总应变能分布云图($R_1$=25mm, β=180°)

式（2.25）和式（2.26）得到非规则反对称层合圆柱壳的第二稳态卷曲半径随铺设角 α_1、α_2 变化的关系。图 8.2 给出了初始半径 R_1=25mm、铺设方式为$[+\alpha_1/-\alpha_2/+\alpha_2/-\alpha_1]$的非规则反对称层合圆柱壳的第二稳态卷曲半径变化云图。从图

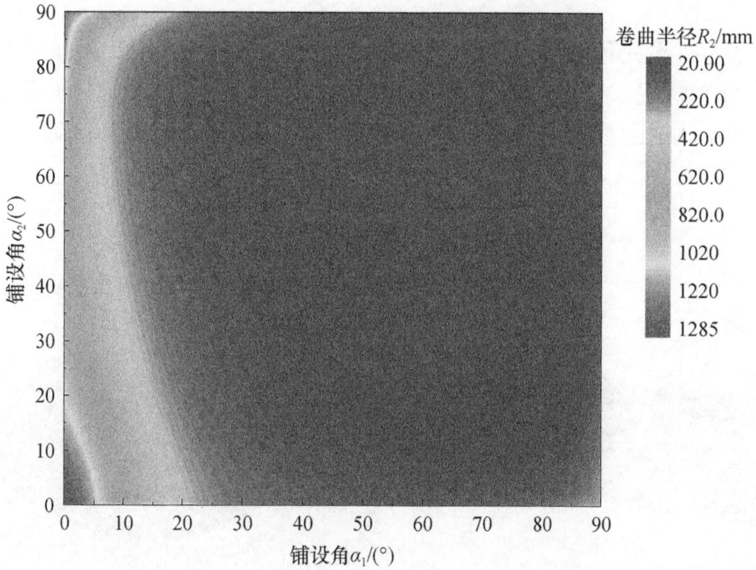

图 8.2　铺设角对$[+\alpha_1/-\alpha_2/+\alpha_2/-\alpha_1]$反对称层合圆柱壳第二稳态卷曲半径的影响（$R_1$=25mm）

中可以看出，当铺设角 α_2 一定时，圆柱壳的第二稳态卷曲半径随 α_1 的增大先明显减小而后又逐步增大。当（α_1,α_2）取（66°,55°）时，壳结构的第二稳态卷曲半径取得最小值 22.4mm。若取 $\alpha_1=\alpha_2$，即得到图 2.4 描述的规则反对称层合圆柱壳的第二稳态卷曲半径随铺设角的变化关系。从第二稳态卷曲半径云图可以看出，以点（66°,55°）为中心，存在一系列的第二稳态卷曲半径等高线。这表明，对于要求的第二稳态卷曲半径值，通过引入不同的铺设角能够为反对称双稳态复合材料结构的设计和制备提供更多的选择。从图 8.1 和图 8.2 中也可以看出，[$+\alpha_1/-\alpha_2/+\alpha_2/-\alpha_1$]与[$+\alpha_2/-\alpha_1/+\alpha_1/-\alpha_2$]（$\alpha_1\neq\alpha_2$）铺设的反对称层合圆柱壳呈现的双稳态特性有所不同。

8.1.2　四层圆柱壳数值模拟

按照第 3 章所述的有限元模拟方法[7,8]，建立[$+\alpha_1/-\alpha_2/+\alpha_2/-\alpha_1$]反对称层合圆柱壳的几何模型，研究铺设角和铺层顺序对双稳态性能的影响规律。有限元分析时使用的层合圆柱壳的单层板材料参数见表 2.1。只改变非规则反对称层合圆柱壳试件的铺设角和铺设顺序，保持其余几何参数不变：长度 L=100mm，初始半径 R_1=25mm，初始圆心角β=180°。选取 S4R 壳单元[9]，将所有试件的几何模型划分成 30×30 的网格模型。分析过程包含以下两个分析步：

（1）压头持续向下移动，驱动圆柱壳试件变形直到完成稳态转变，该分析步具体的参数设置为 Nlgeom=On，Automatic Stabilize=0.0002，allsdtol=0.005。

（2）压头返回至初始位置完成卸载，圆柱壳试件维持在第二稳态。设置 Nlgeom=On，关闭 Automatic Stabilize 功能以避免阻尼力对分析结果的精度产生影响。

图 8.3 为有限元预测的[40°/−45°/45°/−40°]层合圆柱壳的第二稳态形状及中面应力[10,11]分布情况。从图中可以看出，试件中面上的应力关于壳中心呈点对称分布，最大 von Mises 应力为 453.1MPa，出现在壳边角附近的两块区域。

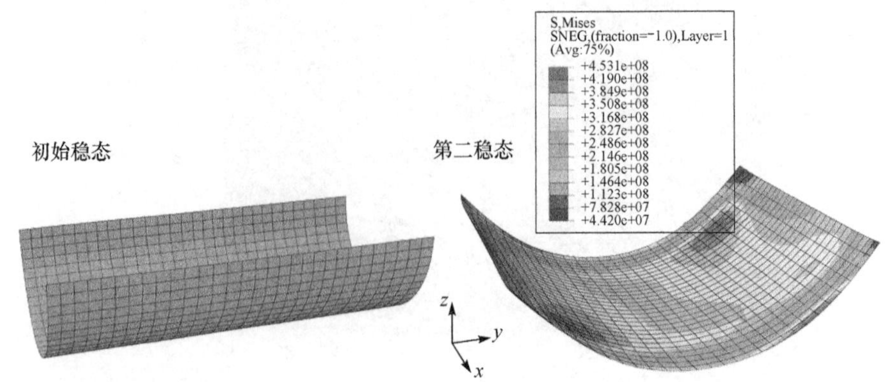

图 8.3　有限元预测的[40°/−45°/45°/−40°]层合圆柱壳第二稳态形状

图 8.4 给出了几种[$+\alpha_2/-\alpha_1/+\alpha_1/-\alpha_2$]层合圆柱壳试件的载荷-位移曲线。从图中可以看出，在加载初期，试件所受载荷随位移的增大而呈近似线性增大，随着加载位移的继续增大，载荷达到峰值。随后，载荷开始下降至一个局部极小值，经过小幅上升后载荷急剧下降为零，表明试件达到第二稳态。图中的载荷峰值即对应试件发生稳态转变所需的最大载荷，载荷在到达局部最小值后发生明显的突变(即迅速增大)，表明试件发生局部弹性突变，结构刚度[12]发生变化。根据第 3 章的实验分析结果可知，当载荷到达峰值时，试件处于近似展平状态。随着加载的继续，试件开始纵向卷曲，此时载荷开始减小，并伴随着试件的局部弹性突变。对于具有相同铺设角的两个层合圆柱壳，不同铺层顺序下的载荷-位移曲线会有所区别，且试件发生稳态转变所需的最大载荷也会不同。

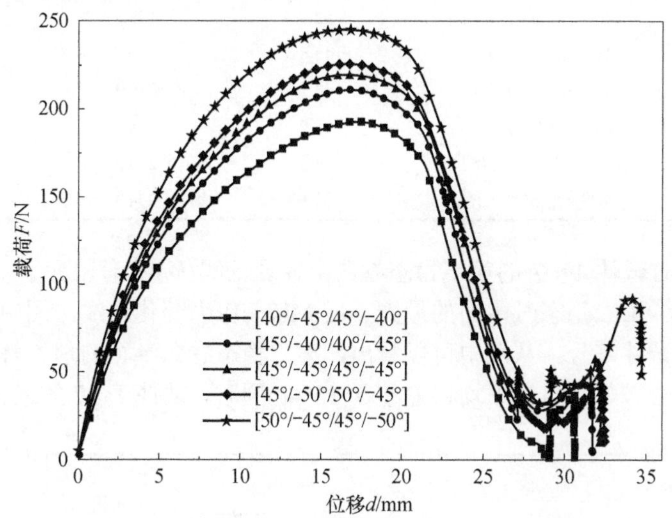

图 8.4　[$+\alpha_1/-\alpha_2/+\alpha_2/-\alpha_1$]层合圆柱壳的载荷-位移曲线

表 8.1 给出了铺设角或铺层顺序不同的 7 个[$+\alpha_1/-\alpha_2/+\alpha_2/-\alpha_1$]圆柱壳试件的有限元模拟结果。其中，试件 1、4、7 为规则反对称铺层，其余试件[$+\alpha_1/-\alpha_2/+\alpha_2/-\alpha_1$]($\alpha_1 \neq \alpha_2$)为采用全排列方式的非规则反对称铺层，表中符号意义同第 3 章所述。从表中可以看出，试件 1～7 的第二稳态卷曲半径按照表中的试件铺层顺序依次减小，而稳态转变载荷和第二稳态最大 von Mises 应力则依次增大。对比表中试件的第二稳态卷曲半径、稳态转变载荷及最大 von Mises 应力可知，铺设角和铺层顺序的改变均会导致试件的双稳态性能发生变化，且有以下结论：①对于给定的两个铺设角 α_1、α_2，当 $\alpha_1 < \alpha_2$ 时，相对于[$+\alpha_2/-\alpha_1/+\alpha_1/-\alpha_2$]铺层试件，[$+\alpha_1/-\alpha_2/+\alpha_2/-\alpha_1$]铺层试件的第二稳态卷曲半径更大，但相应的稳态转变载荷和最大 von Mises 应力较小；②铺设角 α_1 或 α_2 增大，均会导致试件第二稳态卷曲半径的减小，这

与图 8.2 给出的结论一致；③对于表中给出的三个铺设角：40°、45°、50°，采用[$+\alpha/-\alpha/+\alpha/-\alpha$]规则反对称铺层只能获得三种不同的双稳态结构，且铺设角增加5°，第二稳态卷曲半径分别减小 13.8mm（即 56.9～43.1mm）和 8.0mm（即 43.1～35.1mm）。在同样的条件下，若采用[$+\alpha_1/-\alpha_2/+\alpha_2/-\alpha_1$]铺层方式则可获得九种不同的反对称层合壳结构（表 8.1 未列出[40°/−50°/50°/−40°]和[50°/−40°/40°/−50°]两种铺层试件），在 56.9～35.1mm 范围内可供选择的第二稳态卷曲半径值更多，能够为反对称双稳态结构的设计提供更多选择[13-15]。

表 8.1　[$+\alpha_1/-\alpha_2/+\alpha_2/-\alpha_1$]反对称层合圆柱壳的有限元模拟结果

试件	铺层方式	R_{2f}/mm	F_t/N	σ_{max} /MPa
1	[40°/−40°/40°/−40°]	56.9	185.6	451.3
2	[40°/−45°/45°/−40°]	52.8	192.7	453.1
3	[45°/−40°/40°/−45°]	45.6	210.5	513.0
4	[45°/−45°/45°/−45°]	43.1	219.4	520.4
5	[45°/−50°/50°/−45°]	41.0	225.4	536.9
6	[50°/−45°/45°/−50°]	36.5	244.9	649.4
7	[50°/−50°/50°/−50°]	35.1	254.1	896.9

图 8.5 对试件 1～7 的第二稳态卷曲半径理论解 R_{2a} 和有限元解 R_{2f} 进行了对比，并给出了第二稳态时中面的最大 von Mises 应力变化曲线，图中横坐标对应表 8.1 中的试件编号。从图中可以看出，第二稳态卷曲半径的理论解与有限元解变化趋势吻合较好，两者平均误差小于 15%。同时，试件 1～7 的最大 von Mises

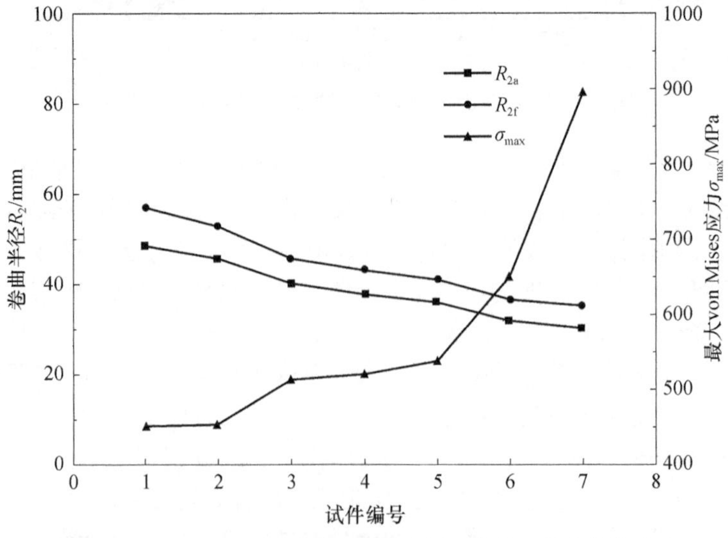

图 8.5　[$+\alpha_1/-\alpha_2/+\alpha_2/-\alpha_1$]反对称层合圆柱壳的双稳态特性曲线

应力依次递增，随着铺设角的增大，应力曲线斜率变大。图 8.6 为试件 1～7 的稳态转变载荷变化曲线，可以看出试件 1～7 的稳态转变载荷大体上是线性递增的。

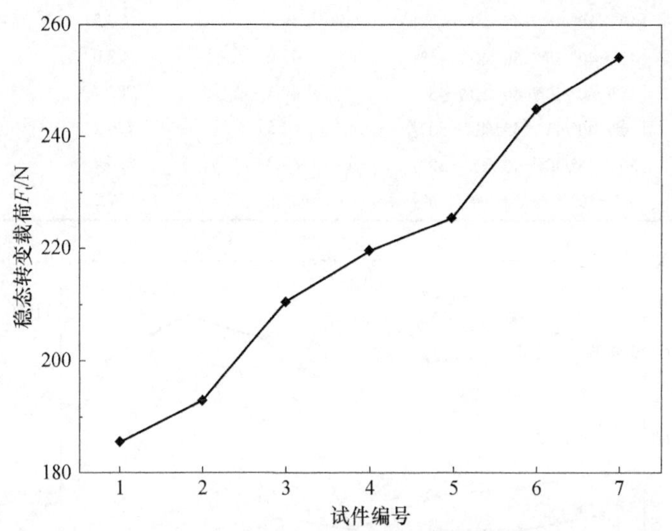

图 8.6　[$+\alpha_1/-\alpha_2/+\alpha_2/-\alpha_1$]反对称层合圆柱壳的稳态转变载荷变化曲线

8.1.3　六层圆柱壳数值模拟

对于铺层数为 6 的非规则反对称层合圆柱壳，即[$+\alpha_1/-\alpha_2/+\alpha_3/-\alpha_3/+\alpha_2/-\alpha_1$]，取铺设角分别为 40°、45°和 50°。选取的 7 个试件及其铺层方式见表 8.2，其中试件 1～6 为全排列方式，试件 7 为规则反对称层合圆柱壳。

表 8.2 给出了[$+\alpha_1/-\alpha_2/+\alpha_3/-\alpha_3/+\alpha_2/-\alpha_1$]铺设的反对称层合圆柱壳的有限元模拟结果。对比表中试件 1～6 的铺层方式和第二稳态参数可知，尽管选取的三个铺设角相同，但由于铺层顺序不同，得到的第二稳态性能也不同。图 8.7 对表 8.2 中所列试件的第二稳态卷曲半径理论解和有限元解进行了对比，并给出了中面最大 von Mises 应力随表 8.2 所列铺层顺序的变化曲线。从图中可以看出，按照表 8.2 所列的铺层顺序，试件 1～7 的第二稳态最大应力总体上有所增大，而第二稳态卷曲半径总体呈下降趋势。相对于铺层数为 4 时，[$+\alpha_1/-\alpha_2/+\alpha_3/-\alpha_3/+\alpha_2/-\alpha_1$]层合圆柱壳的第二稳态卷曲半径理论解和有限元解之间的误差有所增大，但两者总体趋势吻合较好。图 8.8 给出了表 8.2 中所有试件的稳态转变载荷随铺设方式的变化规律。从图中可以看出，试件 1～7 的稳态转变载荷按照表 8.2 的铺层规律整体上是增大的。

表 8.2 $[+\alpha_1/-\alpha_2/+\alpha_3/-\alpha_3/+\alpha_2/-\alpha_1]$反对称层合圆柱壳的有限元模拟结果

试件	铺层方式	R_{2f}/mm	F_t/N	σ_{max} /MPa
1	[40°/−45°/50°/−50°/45°/−40°]	52.6	667.8	798.7
2	[40°/−50°/45°/−45°/50°/−40°]	49.2	697.5	777.5
3	[45°/−40°/50°/−50°/40°/−45°]	47.6	698.0	798.6
4	[45°/−50°/40°/−40°/50°/−45°]	40.1	782.7	874.8
5	[50°/−40°/45°/−45°/40°/−50°]	42.5	774.2	1069
6	[50°/−45°/40°/−40°/45°/−50°]	38.3	826.4	1096
7	[50°/−50°/50°/−50°/50°/−50°]	34.9	817.2	1049

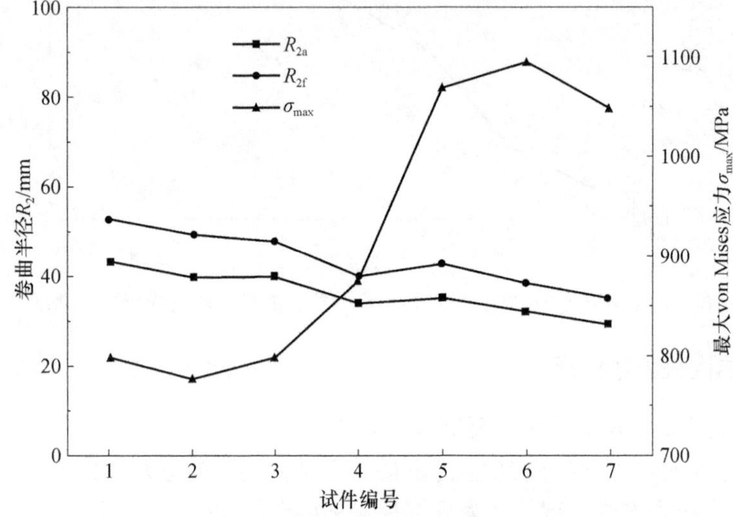

图 8.7 $[+\alpha_1/-\alpha_2/+\alpha_3/-\alpha_3/+\alpha_2/-\alpha_1]$反对称层合圆柱壳的双稳态特性曲线

实际上，对于$[+\alpha_1/-\alpha_2/+\alpha_3/-\alpha_3/+\alpha_2/-\alpha_1]$层合圆柱壳，包括三种规则反对称铺层，共有 27 种不同的铺设方式。这里仅对 $\alpha_1=\alpha_2=\alpha_3$ 和 $\alpha_1\neq\alpha_2\neq\alpha_3$ 的情况进行了相关分析和讨论，其他情况可根据需要采用类似的方法进行分析，此处不再赘述。

通过理论计算和数值模拟，发现在反对称层合圆柱壳试件的制备过程中引入大小不同的铺设角，通过改变铺设角的大小和铺层顺序可以获得不同的双稳态特性。理论计算和数值模拟结果均表明，在不增加制备成本的前提下，采用非规则反对称铺层（如$[+\alpha_1/-\alpha_2/+\alpha_2/-\alpha_1]$）可以很好地弥补规则反对称铺层的第二稳态卷曲半径变化跨度大的不足，为双稳态试件的设计和制备提供更多的选择。相对于改变其他参数（如铺层数、初始横截面半径和单层板厚度等）来获得所需的双稳态特性，改变非规则铺层的铺设角和铺层顺序则显得更为经济、实用，这对于反对称双稳态层合圆柱壳的设计和制备具有重要的指导意义。

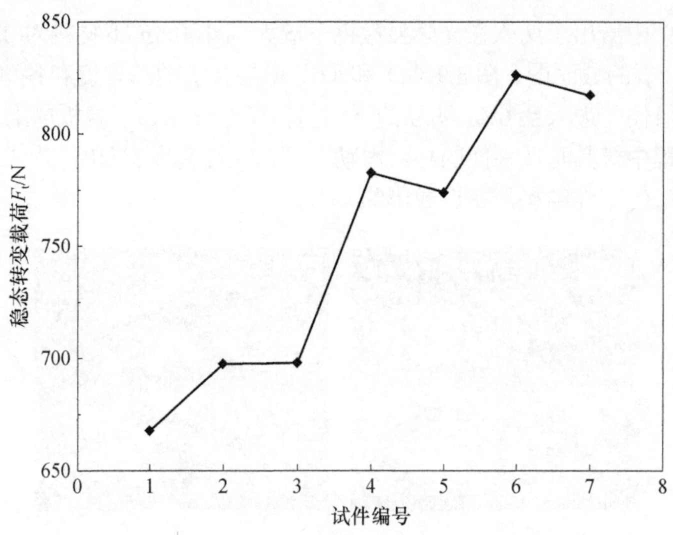

图 8.8　$[+\alpha_1/-\alpha_2/+\alpha_3/-\alpha_3/+\alpha_2/-\alpha_1]$反对称层合圆柱壳的稳态转变载荷变化曲线

8.2　初始缺陷对双稳态结构影响

双稳态复合材料结构在加工制备过程中不可避免地包含了初始缺陷，这些不确定的初始缺陷可能存在于所选材料的材料属性、双稳态复合材料结构的构成或结构尺寸和未知的周围环境影响。英国的 Brampton 等[16]通过理论量化研究初始缺陷的影响，初始缺陷中的非对称正交铺设层合板所用材料的材料属性、层合板的结构尺寸以及加工环境的温度和湿度等影响，目的是研究哪些属性对加工制备的非对称正交铺设层合板结构尺寸产生较大的影响。Hamamoto 等[17]在理论上给出初始缺陷如层合板的铺设缺陷、厚度缺陷以及冷却过程中不一致的温度影响的缺陷等对非对称正交铺设层合板的影响。结果表明，层合板厚度只需要改变 1%就足够使温度和曲率关系图中的突变点消失，其中突变点为在理论上层合板固化后形成马鞍形或半圆柱形稳态结构的转变点。Betts 等[18]进行了各种初始缺陷对于任意铺设层合板高温固化后室温下结构形状影响的敏感性研究，结果表明初始缺陷中的温度变化、铺层中各层厚度的变化、自由边的影响以及多余树脂层的影响较大。通过对比理论结果和实验测量结果，量化了各种初始缺陷造成的影响。其中，在初始缺陷中的多余树脂层方面，Moore 等[19,20]也进行了相关研究。Giddings 等[21]使用有限元软件 ANSYS 进行模拟，为了更精确地预测加工出的层合板结构，在模拟中考虑了制备过程中的缺陷。在模拟中对该层合板结构考虑在温度 20～110℃变化，得到各温度下的垂直于平面上最大形变量的有限元预测值和实验测量值对比误差较小。同时，该模型能够捕捉在层合板四条边和四个端点处厚度方向上的局部剪切应力。图 8.9 中给出了两张在光学显微镜下放大到 100μm 下材料为 T800/M21 的 $[0/90]_T$ 层合板的截面图。图 8.9（a）和（b）中层合板的总厚度和各单层厚度都与理想的厚度值偏差最大至 6%，明显的不均匀树脂层分布在层合板的上表面。此外，加工制备过程中模具与试件间的相对滑动[22,23]，以及模具表面的初始曲率[24-26]，也会对加工成形的试件结构形状造成影响。

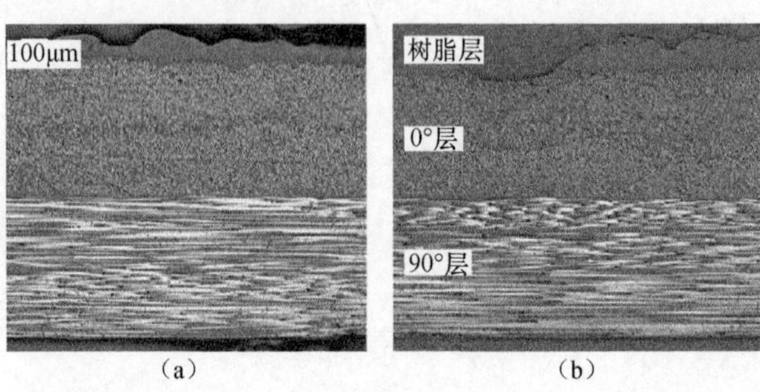

图 8.9 两张放大到 100μm 下的 T800/M21 $[0/90]_T$ 层合板试件横截面图[22]

实际制备得到的反对称铺设圆柱壳结构可能存在微小的扭转角而与理论及有限元模型的初始结构形状存在偏差，之后累积形成一系列的系统误差[27]。如何能够精确地预测双稳态结构的稳态转变过程及其稳态结构形状对于在航空航天领域中可变形结构[28,29]的应用与能量收集[30,31]领域的应用具有十分重要的意义。在现有的反对称铺设圆柱壳的研究中，已有学者对改变结构尺寸及铺设方式对其双稳态特性的影响进行了相关研究[32]，如改变两纵向直边的长度 L、改变横截面中面上圆弧圆心角β、改变横截面中面上圆弧曲率半径 R 以及双稳态结构的铺设角α。但是，目前研究的前提同样是需要满足反对称铺设圆柱壳结构。对于前述考虑湿热环境因素在小范围内影响圆柱壳结构时，其在某种程度上可作为一种初始缺陷[33]。这里主要研究多余树脂层缺陷、厚度缺陷和铺设角缺陷对圆柱壳结构双稳态特性的影响。某些具有初始缺陷的双稳态结构在严格意义上不属于反对称铺设圆柱壳，主要是通过有限元模拟进行研究。对于一些特殊缺陷构造的反对称铺设圆柱壳结构，可采用有限元模拟、理论方法进行对比研究。

8.2.1 多余树脂层缺陷影响

反对称铺设圆柱壳结构是由最大固化温度 150℃ 并在半圆柱形钢制模具中保压冷却制得。由于加工制备的误差，加工的试件在试件紧密地接触钢制模具面处，树脂因钢制模具表面较光滑可能会流动到其他的表面。此外，还有手工铺设及放置过程，以及高压导致的单层纤维和树脂分布不均匀等因素而产生多余树脂层缺陷[21]、厚度缺陷[18,34]和铺设角缺陷三种缺陷。目前，已有学者通过光学显微镜[35]

观察非对称正交铺设层合板的横截面，发现部分制得的试件具有以上三种缺陷[21]。

1. 理论研究

含多余树脂层缺陷的模型如图 8.10 所示。图 8.10（a）规定了理论分析需要的反对称铺设圆柱壳结构的坐标方向，即定义 x 方向为纵向、y 方向为横向以及 z 方向为厚度方向。图 8.10（b）为理论简化后的含有树脂层缺陷的圆柱壳构造模型。该模型考虑了树脂层为层状均匀铺设在复合材料圆柱壳中的两层之间，其与实际的多余树脂的缺陷有显著的不同。实际的树脂缺陷可能为存在两层中间的局部某区域，且树脂层在 z 方向上的厚度也不一致。对于通过光学显微镜观察到的多余树脂层，可以通过优化理论模型获取，因此对于如图 8.10（b）所示的理想均匀铺设的树脂层的研究同样具有研究意义。

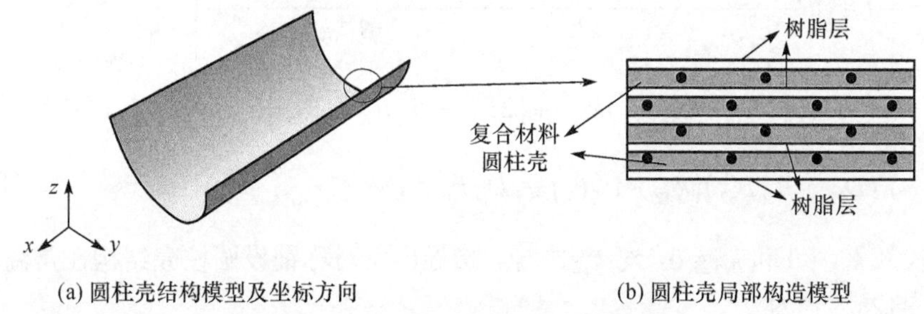

(a) 圆柱壳结构模型及坐标方向 (b) 圆柱壳局部构造模型

图 8.10 含多余树脂层缺陷的理论模型图

理论上，可以推导出如图 8.10（b）中任意排列组合的含树脂层的反对称铺设圆柱壳结构。因为当考虑树脂层分布不随中面对称时，含树脂层的反对称铺设圆柱壳结构的矩阵 $\boldsymbol{A}$、$\boldsymbol{B}$、$\boldsymbol{D}$ 不再满足如式（2.11）所示的反对称铺设方式的矩阵 $\boldsymbol{A}$、$\boldsymbol{B}$、$\boldsymbol{D}$。为简化理论推导而采用已有的反对称铺设圆柱壳模型，理论上只考虑了中间层为树脂层的模型，因为其同样满足式（2.11）所示的反对称铺设方式的矩阵 $\boldsymbol{A}$、$\boldsymbol{B}$、$\boldsymbol{D}$。类似地，与中面对称分布的树脂层仍然满足。

环氧树脂材料为各向同性材料，有 $E_1= E_2=E$，$\nu_{12}= \nu_{21}=\nu$，$G_{12} = \dfrac{E}{2(1+\nu)}$，将它们代入式（2.2），则树脂层的转换刚度矩阵为

$$\bar{\boldsymbol{Q}} = \begin{bmatrix} \bar{Q}_{11} & \bar{Q}_{12} & \bar{Q}_{16} \\ \bar{Q}_{21} & \bar{Q}_{22} & \bar{Q}_{26} \\ \bar{Q}_{61} & \bar{Q}_{62} & \bar{Q}_{66} \end{bmatrix} = \begin{bmatrix} \dfrac{E}{1-\nu^2} & \dfrac{\nu E}{1-\nu^2} & 0 \\ \dfrac{\nu E}{1-\nu^2} & \dfrac{E}{1-\nu^2} & 0 \\ 0 & 0 & \dfrac{E}{2(1+\nu)} \end{bmatrix} \tag{8.1}$$

把式（8.1）代入 $\boldsymbol{A}=\sum_{i=1}^{n}\overline{\boldsymbol{Q}}_i(z_i-z_{i-1}),\boldsymbol{B}=\sum_{i=1}^{n}\overline{\boldsymbol{Q}}_i\left(\frac{z_i^2-z_{i-1}^2}{2}\right),\boldsymbol{D}=\sum_{i=1}^{n}\overline{\boldsymbol{Q}}_i\left(\frac{z_i^3-z_{i-1}^3}{3}\right)$，同时只考虑中间层为树脂层，可以得到

$$\boldsymbol{A}=\mathrm{th}\begin{bmatrix}\dfrac{E}{1-v^2} & \dfrac{vE}{1-v^2} & 0\\ \dfrac{vE}{1-v^2} & \dfrac{E}{1-v^2} & 0\\ 0 & 0 & \dfrac{E}{2(1+v)}\end{bmatrix},\quad \boldsymbol{B}=0,\quad \boldsymbol{D}=\frac{\mathrm{th}^3}{12}\begin{bmatrix}\dfrac{E}{1-v^2} & \dfrac{vE}{1-v^2} & 0\\ \dfrac{vE}{1-v^2} & \dfrac{E}{1-v^2} & 0\\ 0 & 0 & \dfrac{E}{2(1+v)}\end{bmatrix} \tag{8.2}$$

当式（2.52）中不考虑温度和湿度的影响时，可以得到反对称铺设圆柱壳结构的总应变能表达式为[33]

$$\begin{aligned}U=&\frac{1}{2}LA_{11}\left[\frac{\beta R_1k_{x2}^2}{2k_{y2}^2}+\frac{\sin\left(\beta R_1k_{y2}\right)k_{x2}^2}{2k_{y2}^3}-\frac{4\sin^2\left(\beta R_1k_{y2}/2\right)k_{x2}^2}{\beta R_1k_{y2}^4}\right]\\&+\frac{1}{2}\beta R_1L\Big[\left(D_{11}+B_{16}B_{61}'\right)k_{x2}{}^2+\left(2D_{12}+B_{16}B_{62}'+B_{26}B_{61}'\right)k_{x2}\left(k_{y2}-1/R_1\right)\\&+\left(D_{22}+B_{26}B_{62}'\right)\left(k_{y2}-1/R_1\right)^2+D_{66}k_{xy2}{}^2\Big]\end{aligned} \tag{8.3}$$

代入 $k_{y2}\approx0$ 和 $k_{xy2}=0$，对 k_{x2} 求导，推导出反对称铺设圆柱壳结构在常温环境时 k_{x2} 的表达式为

$$\frac{\mathrm{d}U}{\mathrm{d}k_{x2}}=0,\quad k_{x2}=\frac{\left(2D_{12}+B_{16}B_{62}'+B_{26}B_{61}'\right)}{2\left(D_{11}+B_{16}B_{61}'\right)} \tag{8.4}$$

对于其余 4 层单层板同样按照第 2 章的推导过程。值得注意的是，由于圆柱壳模型中间增加了树脂层，各铺设层厚度方向的坐标发生了相应的变化。但是含有中间树脂层的反对称铺设圆柱壳的矩阵 $\boldsymbol{A}$、$\boldsymbol{B}$、$\boldsymbol{D}$ 同样符合式（2.11）所示的反对称铺设方式的矩阵 $\boldsymbol{A}$、$\boldsymbol{B}$、$\boldsymbol{D}$。因此，可以把含有中间树脂层的反对称铺设圆柱壳的矩阵 $\boldsymbol{A}$、$\boldsymbol{B}$、$\boldsymbol{D}$ 代入式（8.4）来预测其第二稳态主曲率 k_{x2}。

2. 模拟研究

采取与第 3 章中类似的有限元模拟方法，通过有限元模拟软件 ABAQUS 研究考虑含有初始缺陷的反对称铺设圆柱壳结构的结构尺寸变化，同时也模拟该圆柱壳结构的稳态转变过程。有限元模型中含中间树脂层的反对称铺设圆柱壳结构的结构尺寸为：铺设方式为[45°/−45°/0°/45°/−45°]，曲率半径为 25mm，圆心角为 180°，其两直边长度为 100mm，厚度属性按照表 8.3 中的设计进行改变。对于中间铺设角为 0° 的材料属性赋予树脂的材料属性。材料属性选择为第 2 章中在常温

环境 20℃时的材料属性，环氧树脂材料属性为 E_m=1.5GPa，v_m=0.4。反对称铺设圆柱壳模型使用 S4R 壳单元。具体划分为 1600 个网格单元，其节点数目为 1681 个，采用两点加载法来获取圆柱壳结构的两种稳态。对于有限元模拟过程，只需要增加两个静态分析步即可进行分析。在第一个分析步，需要设置压头位移加载的大小，即模拟加载过程；同时，限制圆柱壳结构中心点除位移加载方向以外的自由度，即（U1=U3=UR1=UR2=UR3=0）。在第二个分析步，设置压头返回到起始位置，即模拟卸载过程。

考虑中间层为树脂层时，对含有树脂层的反对称铺设圆柱壳进行机械加载，可以获得含有树脂层的反对称铺设圆柱壳的载荷-位移曲线，得到的第二稳态的圆柱壳结构通过有限元软件 ABAQUS 输出含有树脂层的反对称铺设圆柱壳的曲率和扭曲率信息。表 8.3 中的反对称铺设圆柱壳的铺设方式为[45°/−45°/0°/45°/−45°]，列举了中间树脂层厚度从 0mm 到 0.2mm 变化的有限元模拟结果，并把模型 1 至模型 5 树脂层厚度设定为 0mm、0.02mm、0.08mm、0.14mm、0.2mm。由表 8.3 可知，第二稳态主曲率 k_{x2} 随着中间树脂层厚度的增加先增加后减小，整体变化的幅度小于 0.4m^{-1}。第二稳态扭曲率 k_{xy2} 随着中间树脂层厚度的增加不断增加，且变化的幅度小于 0.02m^{-1}。

图 8.11 给出了通过理论和模拟方法获取的考虑中间树脂层厚度变化对第二稳态主曲率 k_{x2} 影响的曲线。第二稳态主曲率的有限元模拟结果和理论结果两者趋势较吻合，且两者相比的最大相对误差不大于 12.7%。

图 8.12 给出了模型 1-1 到模型 1-5 的中间树脂层厚度变化的载荷-位移曲线。

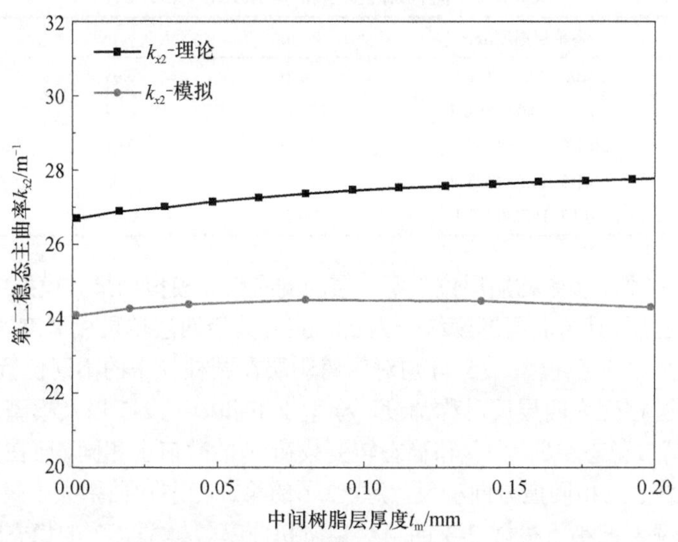

图 8.11　中间树脂层厚度变化对第二稳态主曲率 k_{x2} 的影响

由图 8.12 可知，对于含有不同树脂层厚度的反对称铺设圆柱壳模型，载荷都随着位移的增加先增加到最大值即稳态转变载荷 F_t，之后随着位移的增加迅速减小到一个局部最小值，最后经过短暂地增加后迅速减小到 0。对比不同的中间树脂层厚度模型可知，稳态转变载荷随着树脂层厚度的增加而显著增加，具体的稳态转变载荷值如表 8.3 所示。

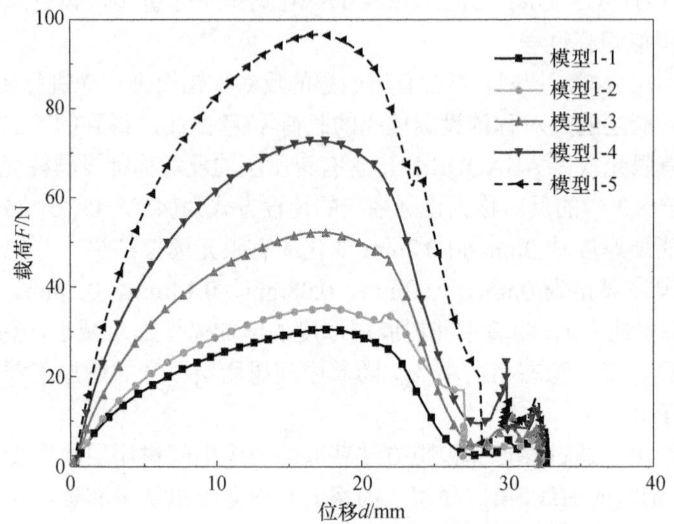

图 8.12　中间树脂层厚度变化对载荷-位移曲线的影响

表 8.3　中间树脂层缺陷的有限元模拟结果

模型编号	各单层厚度/mm	k_{x2}/m^{-1}	k_{xy2}/m^{-1}	F_t/N
1-1	0.1/0.1/0.1/0.1	24.10	0.03	30.46
1-2	0.1/0.1/0.02/0.1/0.1	24.28	0.04	35.34
1-3	0.1/0.1/0.08/0.1/0.1	24.50	0.04	52.34
1-4	0.1/0.1/0.14/0.1/0.1	24.48	0.05	72.76
1-5	0.1/0.1/0.2/0.1/0.1	24.32	0.05	96.51

表 8.4 列举了多余树脂层位于不同层间的有限元模拟结果。模拟中铺设角 0°的一层为树脂层，且树脂层厚度统一为 0.02mm，其余四层单层板厚度各为 0.1mm，同时标记模型 2-1 至模型 2-5 分别对应树脂层在圆柱壳中的不同位置。由表 8.4 可知，由于圆柱壳为四层反对称铺设，模型 2-1 和模型 2-5 以及模型 2-2 和模型 2-4 分别在第二稳态主曲率 k_{x2} 和稳态转变载荷 F_t 的数值上相同，而在第二稳态扭曲率 k_{xy2} 的数值上相同但方向相反。模型 2-1 的第二稳态扭曲率大于模型 2-2 的第二稳态扭曲率，但小于模型 2-3 的第二稳态扭曲率。模型 2-2 的稳态转变载荷大于模型 2-1 的稳态转变载荷，同时小于模型 2-3 的稳态转变载荷，且只有模型 2-2

的情况会存在一定的扭曲率，模型 2-1 和模型 2-3 的扭曲率可以忽略不计。这说明中间层为树脂层的情况相比树脂层在其他位置能得到更大的第二稳态主曲率和稳态转变载荷，若树脂层在第一层和第二层中间或第三层和第四层中间，则会造成第二稳态结构的扭转变形。

表 8.4　各层树脂层缺陷的有限元模拟结果

模型编号	铺设方式	k_{x2}/m^{-1}	k_{xy2}/m^{-1}	F_t/N
2-1	[0°/45°/−45°/45°/−45°]	23.97	−0.05	30.86
2-2	[45°/0°/−45°/45°/−45°]	23.45	2.67	33.11
2-3	[45°/−45°/0°/45°/−45°]	24.28	0.03	35.34
2-4	[45°/−45°/45°/0°/−45°]	23.49	−2.57	33.43
2-5	[45°/−45°/45°/−45°/0°]	23.98	0.12	30.86

8.2.2　厚度缺陷影响

采用与第 3 章相同的模拟方法进行模拟，模拟过程中反对称铺设圆柱壳的铺设方式[36,37]选取为[45°/−45°/45°/−45°]。对于厚度缺陷，考虑圆柱壳各单层增加厚度和只改变第一层厚度，具体如表 8.5 和表 8.6 所示。表 8.5 和表 8.6 中都选择铺设方式为[45°/−45°/45°/−45°]且单层厚度为 0.1mm 的规则反对称铺设圆柱壳作为参考。

由表 8.5 可知，模型 3-1 和模型 3-5 以及模型 3-2 和模型 3-4 分别在第二稳态主曲率 k_{x2} 和稳态转变载荷 F_t 的值上相同，且在第二稳态扭曲率 k_{xy2} 上数值相同、方向相反。模型 3-3 在第二稳态主曲率上小于模型 3-2 的第二稳态主曲率，同时大于模型 3-1 的第二稳态主曲率。在第二稳态扭曲率上，模型 3-1 显著大于模型 3-2，模型 3-3 扭曲率约为 0。模型 3-3 所需的稳态转变载荷小于模型 3-1 和模型 3-2 所需的稳态转变载荷。因此，任一单层厚度的增加都能增加反对称铺设圆柱壳的承载能力，表面两层厚度增加相比中间两层厚度增加更能使第二稳态结构发生扭转变形。

表 8.5　各单层厚度缺陷的有限元模拟结果

模型编号	各单层厚度/mm	k_{x2}/m^{-1}	k_{xy2}/m^{-1}	F_t/N
3-1	0.12/0.1/0.1/0.1	23.15	3.03	34.15
3-2	0.1/0.12/0.1/0.1	24.42	−0.15	35.80
3-3	0.1/0.1/0.1/0.1	24.10	0.03	30.46
3-4	0.1/0.1/0.12/0.1	24.41	0.21	36.00
3-5	0.1/0.1/0.1/0.12	23.21	−2.92	34.16

由表 8.6 可知，模型的第二稳态主曲率 k_{x2} 随着第一层厚度的增加总体呈现下降趋势，但是其稳态转变载荷 F_t 随着第一层厚度的增加而不断增加。对于第二稳态扭曲率 k_{xy2}，模型 4-1 和模型 4-5 以及模型 4-2 和模型 4-4 造成的影响程度相同，且模型 4-1 的第二稳态扭曲率 k_{xy2} 大于模型 4-2 的第二稳态扭曲率。由以上结果可知，第一层厚度的增加可以增强反对称铺设圆柱壳的承载能力，同时第一层厚度变化的程度越大越容易造成第二稳态结构的扭转变形。

表 8.6　第一层厚度缺陷的有限元模拟结果

模型编号	各单层厚度/mm	k_{x2}/m^{-1}	k_{xy2}/m^{-1}	F_t/N
4-1	0.08/0.1/0.1/0.1	24.27	−2.87	26.63
4-2	0.09/0.1/0.1/0.1	24.29	−1.38	28.66
4-3	0.1/0.1/0.1/0.1	24.10	0.03	30.46
4-4	0.11/0.1/0.1/0.1	23.74	1.47	33.56
4-5	0.12/0.1/0.1/0.1	23.15	3.03	34.15

在厚度缺陷中，一种特殊的对称厚度缺陷的类型符合反对称铺设方式圆柱壳的矩阵 $\boldsymbol{A}$、$\boldsymbol{B}$、$\boldsymbol{D}$。因此，可以通过理论分析和有限元模拟进行对比研究，理论模型上采用式（2.25）预测第二稳态主曲率 k_{x2}。表 8.7 列举了单层厚度为 0.08mm 至单层厚度为 0.12mm，且第一层和第四层以及第二层和第三层间隔为 0.02mm 对称变化的反对称铺设圆柱壳的有限元模拟结果。模拟过程中圆柱壳结构的铺设方式为[45°/−45°/45°/−45°]。由表 8.7 可知，对称厚度变化缺陷并不会对第二稳态扭曲率 k_{xy2} 造成影响。先保持第一层和第四层厚度不变，改变第二层和第三层厚度，发现随着内部两层厚度的增加，模型的第二稳态主曲率不断增加。类似地，保持第二层和第三层厚度不变而改变第一层和第四层厚度，发现随着第一层和第四层厚度的增加，第二稳态主曲率不断减小。此外，稳态转变载荷 F_t 随着模型 5-1～模型 5-7 的变化而不断增加，即随着对称厚度的增加模型所具有的承载能力越强。

表 8.7　对称厚度变化缺陷的有限元模拟结果

模型编号	各单层厚度/mm	k_{x2}/m^{-1}	k_{xy2}/m^{-1}	F_t/N
5-1	0.08/0.08/0.08/0.08	24.44	0.03	16.10
5-2	0.1/0.08/0.08/0.1	23.14	0.06	21.19
5-3	0.08/0.1/0.1/0.08	25.14	0.02	23.86
5-4	0.1/0.1/0.1/0.1	24.10	0.03	30.46
5-5	0.12/0.1/0.1/0.12	23.01	0.07	38.04
5-6	0.1/0.12/0.12/0.1	24.70	0.02	41.76
5-7	0.12/0.12/0.12/0.12	23.79	0.05	51.26

图 8.13 给出了模型 5-1～模型 5-7 的第二稳态主曲率 k_{x2} 的理论值和有限元模拟的预测值。由图 8.13 可知，两者在趋势上相符，而在各模型的数值对比上存在

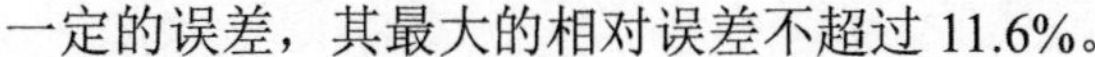
一定的误差，其最大的相对误差不超过 11.6%。

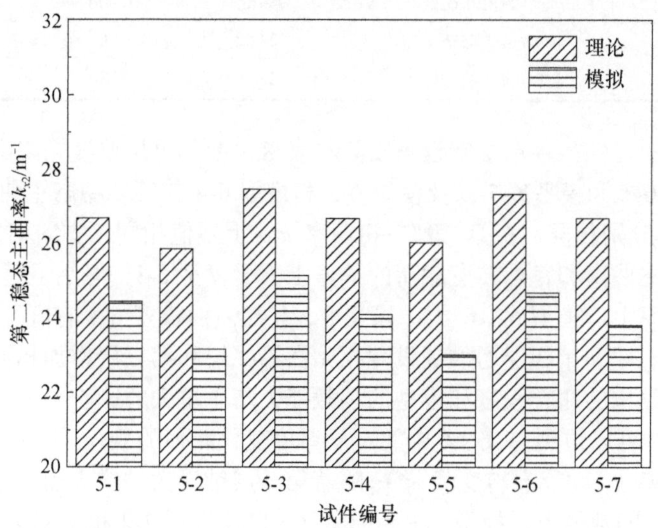

图 8.13　对称厚度变化缺陷的第二稳态主曲率 k_{x2} 的理论值和模拟预测值

8.2.3　铺设角缺陷影响

把有限元模型中各单层厚度定为 0.1mm，通过交替在各单层铺设角增加一定的角度以及单独增加和减小第一层铺设角的方法，研究铺设角缺陷对第二稳态结构的影响，具体的有限元模拟结果在表 8.8 和表 8.9 中列出。对于标准的铺设方式[45°/−45°/45°/−45°]，单层厚度为 0.1mm 的反对称铺设圆柱壳模型也在表 8.8 和表 8.9 中列出作为参考。

表 8.8　各单层铺设角缺陷的有限元模拟结果

模型编号	铺设方式	k_{x2}/m^{-1}	k_{xy2}/m^{-1}	F_t/N
6-1	[47°/−45°/45°/−45°]	24.82	3.03	31.17
6-2	[45°/−47°/45°/−45°]	24.32	−0.99	30.59
6-3	[45°/−45°/45°/−45°]	24.10	0.03	30.46
6-4	[45°/−45°/47°/−45°]	24.37	1.05	30.69
6-5	[45°/−45°/45°/−47°]	24.89	−2.96	31.52

表 8.9　第一层铺设角缺陷的有限元模拟结果

模型编号	铺设方式	k_{x2}/m^{-1}	k_{xy2}/m^{-1}	F_t/N
7-1	[40°/−45°/45°/−45°]	20.45	−8.29	28.51
7-2	[43°/−45°/45°/−45°]	23.06	−3.01	29.93
7-3	[45°/−45°/45°/−45°]	24.10	0.03	30.46

续表

模型编号	铺设方式	k_{x2}/m^{-1}	k_{xy2}/m^{-1}	F_t/N
7-4	[47°/−45°/45°/−45°]	24.82	3.03	31.17
7-5	[50°/−45°/45°/−45°]	25.16	7.80	32.34

由表 8.8 可知，各单层铺设角缺陷与表 8.5 中各单层厚度缺陷有相似的变化规律，模型 6-1 和模型 6-5 以及模型 6-2 和模型 6-4 的第二稳态主曲率 k_{x2}、稳态转变载荷 F_t 分别相同，在第二稳态扭曲率 k_{xy2} 上数值相同、方向相反。模型 6-2 在第二稳态主曲率和稳态转变载荷的数值上大于模型 6-3，但小于模型 6-1。在第二稳态扭曲率上，模型 6-1 最大，模型 6-2 其次，而模型 6-3 的值可以忽略不计。因此，在第一层和第四层增加铺设角相比在第二层和第三层增加相同的铺设角会对第二稳态结构的扭转程度和模型的承载能力产生更大的影响。

由表 8.9 可以得到与表 8.6 中第一层厚度变化相似的规律，表 8.9 中模型的第二稳态主曲率 k_{x2} 和稳态转变载荷 F_t 随着第一层铺设角的增大而增大。在第二稳态扭曲率 k_{xy2} 的数值上，模型 7-1 和模型 7-5 以及模型 7-2 和模型 7-4 分别相同，但方向相反。模型 7-1 的第二稳态扭曲率的值显著大于模型 7-2，这说明第一层铺设角的变化程度越大越会对第二稳态结构的扭转程度造成影响。

有限元模型中把各单层厚度固定为 0.1mm，之后与表 8.7 相似的方式，考虑第一层和第四层以及第二层和第三层对称铺设角变化的类型[32]，即铺设方式为[$\alpha_1/-\alpha_2/\alpha_2/-\alpha_1$]的模型改变 α_1 或 α_2。表 8.10 中列举了七种不同铺设方式的反对称铺设圆柱壳模型。保持第一层和第四层的铺设角不变，即铺设角 α_1 保持不变，第二稳态主曲率 k_{x2} 和稳态转变载荷 F_t 都随着第二层和第三层的铺设角 α_2 的增大而不断增加。之后保持第二层和第三层的铺设角 α_2 不变，第二稳态主曲率和稳态转变载荷都随着第一层和第四层的铺设角 α_1 的增大而不断增加。同时可以知道，这七种特殊铺设方式模型的第二稳态扭曲率值都较小，可以忽略不计。因此，对于特殊的铺设方式为[$\alpha_1/-\alpha_2/\alpha_2/-\alpha_1$]的模型，增加铺设角 α_1 或铺设角 α_2 都会增加其第二稳态结构的弯曲程度，并提高其承载能力。

表 8.10 对称铺设角变化缺陷的有限元模拟结果

模型编号	铺设方式	k_{x2}/m^{-1}	k_{xy2}/m^{-1}	F_t/N
8-1	[43°/−43°/43°/−43°]	21.77	0.03	29.96
8-2	[43°/−45°/45°/−43°]	22.31	0.02	29.11
8-3	[45°/−43°/43°/−45°]	23.53	0.04	30.13
8-4	[45°/−45°/45°/−45°]	24.10	0.03	30.46
8-5	[45°/−47°/47°/−45°]	24.64	0.02	30.84
8-6	[47°/−45°/45°/−47°]	25.93	0.05	31.88
8-7	[47°/−47°/47°/−47°]	26.49	0.04	32.32

对于对称铺设角变化缺陷的反对称铺设圆柱壳，也可以采用式（8.4）的理论表达式预测其第二稳态主曲率 k_{x2}。图 8.14 给出了通过理论分析和有限元法预测的反对称铺设圆柱壳的第二稳态主曲率的值。可以发现两者在趋势上一致，且两者数值上的最大相对误差为 9.8%。

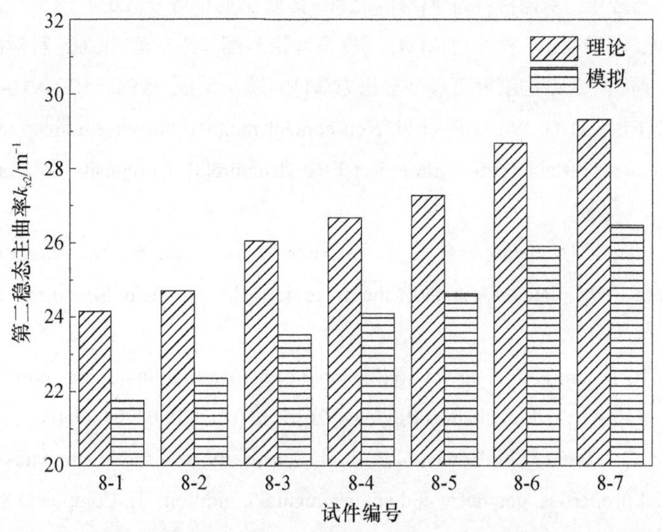

图 8.14　对称铺设角缺陷的第二稳态主曲率 k_{x2} 的理论值和模拟预测值

参 考 文 献

[1] Daton-Lovett A. An extendible member: UK, PCT/GB97/00839[P]. 2001-4-17[2017-2-18].

[2] Wu H L, Zhang Z, Bao Y M, et al. A novel experimental method and its numerical simulation for the bi-stable anti-symmetric composite shell[J]. Advanced Materials Research, 2012, 562-564: 439-442.

[3] 胡红军, 代兵, 周志明. 模具制造技术[M]. 重庆: 重庆大学出版社, 2014.

[4] 李德群. 现代模具设计方法[M]. 北京: 机械工业出版社, 2001.

[5] Zhang Z, Wu H L, Wu H P, et al. Bi-stable characteristics of irregular anti-symmetric lay-up composite cylindrical shells[J]. International Journal of Structural Stability and Dynamics, 2013, 13(06): 1350029-1-1350029-15.

[6] 吴和龙. 反对称双稳态复合材料结构的实验与数值模拟研究[D]. 杭州: 浙江工业大学, 2012.

[7] Zhang X, Gao R X, Yan R, et al. Analysis of laminated plates and shells using b-spline wavelet on interval finite element[J]. International Journal of Structural Stability and Dynamics, 2016: 1750062-1-1750062-18.

[8] Guo Q H, Zheng H, Chen W Z, et al. Finite element simulations on mechanical self-assembly of biomimetic helical structures[J]. Journal of Mechanics in Medicine and Biology, 2013, 13(6): 1340018-1-1340018-9.

[9] 庄茁. ABAQUS 非线性有限元分析与实例[M]. 北京: 科学出版社, 2005.

[10] 杨静宁, 马连生. 复合材料力学[M]. 北京: 国防工业出版社, 2014.

[11] 铁摩辛柯, 沃诺斯基. 板壳理论[M].《板壳理论》翻译组, 译. 北京: 科学出版社, 1977.

[12] 吕震宙, 冯元生. 结构刚度可靠性分析方法[J]. 航空学报, 1994, 15(8): 910-916.

[13] Zhang Z, Chen D D, Wu H P, et al. Non-contact magnetic driving bioinspired venus flytrap robot based on bistable anti-symmetric CFRP structure[J]. Composite Structures, 2016, 135: 17-22.

[14] Swaminathan K, Naveenkumar D T, Zenkour A M, et al. Stress, vibration and buckling analyses of FGM plates—A state of the art review[J]. Composite Structures, 2015, 120(120): 10-31.

[15] Emam S A, Inman D J. A review on bistable composite laminates for morphing and energy harvesting[J]. Applied Mechanics Reviews, 2015, 67(6): 080603-1-080603-15.

[16] Brampton C J, Betts D N, Bowen C R, et al. Sensitivity of bistable laminates to uncertainties in material properties, geometry and environmental conditions[J]. Composite Structures, 2013, 102(4): 276-286.

[17] Hamamoto A, Hyer M W. Non-linear temperature-curvature relationships for unsymmetric graphite-epoxy laminates[J]. International Journal of Solids and Structures, 1987, 23(7): 919-935.

[18] Betts D D, Salo A I T, Bowen C R, et al. Characterisation and modelling of the cured shapes of arbitrary layup bistable composite laminates[J]. Composite Structures, 2009, 92(7): 1694-1700.

[19] Moore M, Ziaeirad S, Firouziannejad A. Temperature-curvature relationships in asymmetric angle ply laminates by considering the effects of resin layers and temperature dependency of material properties[J]. Journal of Composite Materials, 2014, 48(9): 1071-1089.

[20] Moore M, Ziaei-Rad S, Salehi H. Thermal response and stability characteristics of bistable composite laminates by considering temperature dependent material properties and resin layers[J]. Applied Composite Materials, 2013, 20(1): 87-106.

[21] Giddings P F, Bowen C R, Salo A I T, et al. Bistable composite laminates: Effects of laminate composition on cured shape and response to thermal load[J]. Composite Structures, 2010, 92(9): 2220-2225.

[22] Cho M, Kim M H, Choi H S, et al. A study on the room-temperature curvature shapes of unsymmetric laminates including slippage effects[J]. Journal of Composite Materials, 1998,

32(5): 460-482.

[23] Cho M, Roh H Y. Non-linear analysis of the curved shapes of unsymmetric laminates accounting for slippage effects[J]. Composites Science and Technology, 2003, 63(63): 2265-2275.

[24] Ryu J, Kong J P, Kim S W, et al. Curvature tailoring of unsymmetric laminates with an initial curvature[J]. Journal of Composite Materials, 2012, 47(25): 3163-3174.

[25] Nawab Y, Jaquemin F, Casari P, et al. Evolution of chemical and thermal curvatures in thermoset-laminated composite plates during the fabrication process[J]. Journal of Composite Materials, 2013, 47(3): 327-339.

[26] Lee J G, Ryu J, Kim S W, et al. Effect of initial tool-plate curvature on snap-through load of unsymmetric laminated cross-ply bistable composites[J]. Composite Structures, 2015, 122: 82-91.

[27] 吴石林. 误差分析与数据处理[M]. 北京: 清华大学出版社, 2010.

[28] Sofla A Y N, Meguid S A, Tan K T, et al. Shape morphing of aircraft wing: Status and challenges[J]. Materials and Design, 2010, 31(3): 1284-1292.

[29] Reddy K, Manganshetty S. Finite element analysis of carbon fibre reinforced aircraft wing[J]. Journal of Mechanical and Civil Engineering, 2014, 11(4): 12-16.

[30] Harne R L, Wang K W. A review of the recent research on vibration energy harvesting via bistable systems[J]. Smart Materials and Structures, 2013, 22(2): 023001-1-0230001-12.

[31] Pellegrini S P, Tolou N, Schenk M, et al. Bistable vibration energy harvesters: A review[J]. Journal of Intelligent Material Systems and Structures, 2012, 24(11): 1303-1312.

[32] Daynes S, Potter K D, Weaver P M. Bistable prestressed buckled laminates[J]. Composites Science and Technology, 2008, 68(15/16): 3431-3437.

[33] Ford K R, Brake M R, Vangoethem D J, et al. Imperfection analysis of a bistable shell[C]. ASME International Mechanical Engineering Congress and Exposition, Las Vegas, 2011.

[34] Cantera M A, Romera J M, Adarraga I, et al. Modelling and testing of the snap-through process of bi-stable cross-ply composites[J]. Composite Structures, 2015, 120: 41-52.

[35] 邓仕超. 光学显微镜图像处理技术及应用研究[D]. 天津: 天津大学, 2010.

[36] 段尊义. 纤维增强复合材料框架结构拓扑与纤维铺角一体化优化设计[D]. 大连: 大连理工大学, 2016.

[37] 彭惠芬, 夏晔, 王鹏, 等. 复合材料层合结构层间应力分析[J]. 河北工业科技, 2015, 32(2): 139-142.